高等职业教育园林类专业"十二五"规划系列教材

U0352141

3ds Max/VRay
园林效果图制作

3ds Max/VRay Yuanlin Xiaoguotu Zhizuo

主　编　杨云霄　赵茂锦
副主编　李　娟　周罗军
主　审　尚　震

重庆大学出版社

内容提要

本书是高等职业教育园林类专业"十二五"规划系列教材之一,内容包括3ds Max基础知识操作技能、创建模型的操作技能、表现材质的操作技能、创建摄影机和灯光的操作技能和制作园林设计效果图项目实战五大部分,共计5个项目、21个任务、140个子任务组成。每个任务后面均有相应的实训练习。全书命令均为中英文对照,中英文版软件均可操作。本书从园林景观效果图表现的实际需求出发,以园林景观效果图制作的流程为主线,理论知识贯穿其中,在编写体例上具有"任务引领型""案例型""项目实训型"等特点,目的是让学生在学中练、练中学,熟练掌握上述3个软件的操作方法,迅速提高岗位技能。本书配有光盘,方便学生学习和操作。还配有电子教案,可在重庆大学出版社教学资源网下载,供教师教学参考。

本书内容新颖、适用面广、突出应用,适用于高职高专园林技术、园林工程、园林景观设计、环境艺术设计及相关专业教学,还可用于园林和古典建筑效果图方面专业人士或从事园林及古典建筑效果图制作的读者自学参考,并可作为各类培训班的培训教材。

图书在版编目(CIP)数据

3ds Max/VRay 园林效果图制作/杨云霄,赵茂锦主编.—重庆:重庆大学出版社,2013.9
高等职业教育园林类专业"十二五"规划系列教材
ISBN 978-7-5624-7352-7

Ⅰ.①3… Ⅱ.①杨…②赵… Ⅲ.①园林设计—计算机辅助设计—应用软件—高等职业教育—教材 Ⅳ.①TU986.2-39

中国版本图书馆 CIP 数据核字(2013)第 099940 号

3ds Max/VRay 园林效果图制作

主 编 杨云霄 赵茂锦
策划编辑:何 明 杨 漫
责任编辑:杨 漫 版式设计:莫 西 杨 漫
责任校对:贾 梅 责任印制:赵 晟

*

重庆大学出版社出版发行
出版人:邓晓益
社址:重庆市沙坪坝区大学城西路21号
邮编:401331
电话:(023)88617190 88617185(中小学)
传真:(023)88617186 88617166
网址:http://www.cqup.com.cn
邮箱:fxk@cqup.com.cn(营销中心)
全国新华书店经销
重庆升光电力印务有限公司印刷

*

开本:787×1092 1/16 印张:24 字数:599 千
2013 年 9 月第 1 版 2013 年 9 月第 1 次印刷
印数:1—3 000
ISBN 978-7-5624-7352-7 定价:49.00 元

编委会名单

编写人员名单

主　编　杨云霄　黑龙江生物科技职业学院

　　　　赵茂锦　江苏农业职业技术学院

副主编　李　娟　重庆工贸职技术学院

　　　　周罗军　广东科贸职业学院

参　编　鲁子棋　江苏农业职业技术学院

　　　　黄丽纯　黑龙江生物科技职业学院

　　　　丁丽英　黑龙江生物科技职业学院

主　审　尚　震　哈尔滨商业大学

总　序

　　改革开放以来,随着我国经济、社会的迅猛发展,对技能型人才特别是对高技能人才的需求在不断增加,促使我国高等教育的结构发生重大变化。据 2004 年统计数据显示,全国共有高校 2 236 所,在校生人数已经超过 2 000 万,其中高等职业院校 1 047 所,其数目已远远超过普通本科院校的 684 所;2004 年全国招生人数为 447.34 万,其中高等职业院校招生 237.43 万,占全国高校招生人数的 53% 左右。可见,高等职业教育已占据了我国高等教育的“半壁江山”。近年来,高等职业教育逐渐成为社会关注的热点,特别是其人才培养目标。高等职业教育培养生产、建设、管理、服务第一线的高素质应用型技能人才和管理人才,强调以核心职业技能培养为中心,与普通高校的培养目标明显不同,这就要求高等职业教育要在教学内容和教学方法上进行大胆的探索和改革,在此基础上编写出版适合我国高等职业教育培养目标的系列配套教材已成为当务之急。

　　随着城市建设的发展,人们越来越重视环境,特别是环境的美化,园林建设已成为城市美化的一个重要组成部分。园林不仅在城市的景观方面发挥着重要功能,而且在生态和休闲方面也发挥着重要功能。城市园林的建设越来越受到人们重视,许多城市提出了要建设国际花园城市和生态园林城市的目标,加强了新城区的园林规划和老城区的绿地改造,促进了园林行业的蓬勃发展。与此相应,社会对园林类专业人才的需求也日益增加,特别是那些既懂得园林规划设计,又懂得园林工程施工,还能进行绿地养护的高技能人才成为园林行业的紧俏人才。为了满足各地城市建设发展对园林高技能人才的需要,全国的 1 000 多所高等职业院校中有相当一部分院校增设了园林类专业,其招生规模得到不断扩大,与园林行业的发展遥相呼应。但与此不相适应的是适合高等职业教育特色的园林类教材建设速度相对缓慢,与高职园林教育的迅速发展形成明显反差。因此,编写出版高等职业教育园林类专业系列教材显得极为迫切和必要。

　　通过对部分高等职业院校教学和教材的使用情况的了解,我们发现目前众多高等职业院校的园林类教材短缺,有些院校直接使用普通本科院校的教材,既不能满足高等职业教育培养目标的要求,也不能体现高等职业教育的特点。目前,高等职业教育园林类专业使用的教材较少,且就园林类专业而言,也只涉及到部分课程,未能形成系列教材。重庆大学出版社在广泛调研的基础上,提出了出版一套高等职业教育园林类专业系列教材的计划,并得到了全国 20 多所高等职业院校的积极响应,60 多位园林专业的教师和行业代表出席了由重庆大学出版社组织的高等职业教育园林类专业教材编写研讨会。会议上代表们充分认识到出版高等职业教育园林类专业系列教材的必要性和迫切性，并对该套教材的定位、特色、编写思路和编写大纲进行了认真、深入的研讨，最后决定首批启动《园林植物》《园林植物栽培养护》《园林植物病虫害防治》《园林规划设计》《园林工程》等 20 本教材的编写，分春、秋两季完成该套教材的出版工作。主编、副主编和参加编写的作者，是全国有关高等职业院校具有该门课程丰富教学经验的专家和一线教师，且他们大多为"双师型"教师。

本套教材的编写是根据教育部对高等职业教育教材建设的要求，紧紧围绕以职业能力培养为核心设计的，包含了园林行业的基本技能、专业技能和综合技术应用能力三大能力模块所需要的各门课程。基本技能主要以专业基础课程作为支撑，包括有 8 门课程，可作为园林类专业必修的专业基础公共平台课程；专业技能主要以专业课程作为支撑，包括 12 门课程，各校可根据各自的培养方向和重点打包选用；综合技术应用能力主要以综合实训作为支撑，其中综合实训教材将作为本套教材的第二批启动编写。

本套教材的特点是教材内容紧密结合生产实际，理论基础重点突出实际技能所需要的内容，并与实训项目密切配合，同时也注重对当今发展迅速的先进技术的介绍和训练，具有较强的实用性、技术性和可操作性三大特点，具有明显的高职特色，可供培养从事园林规划设计、园林工程施工与管理、园林植物生产与养护、园林植物应用，以及园林企业经营管理等高级应用型人才的高等职业院校的园林技术、园林工程技术、观赏园艺等园林类相关专业和专业方向的学生使用。

本套教材课程设置齐全、实训配套，并配有电子教案，十分适合目前高等职业教育"弹性教学"的要求，方便各院校及时根据园林行业发展动向和企业的需求调整培养方向，并根据岗位核心能力的需要灵活构建课程体系和选用教材。

本套教材是根据园林行业不同岗位的核心能力设计的，其内容能够满足高职学生根据自己的专业方向参加相关岗位资格证书考试的要求，如花卉工、绿化工、园林工程施工员、园林工程预算员、插花员等，也可作为这些工种的培训教材。

高等职业教育方兴未艾。作为与普通高等教育不同类型的高等职业教育，培养目标已基本明确，我们在人才培养模式、教学内容和课程体系、教学方法与手段等诸多方面还要不断进行探索和改革，本套教材也将会随着高等职业教育教学改革的深入不断进行修订和完善。

编委会

2006 年 1 月

前 言

园林景观设计是一个专业性较强的领域,园 ⋯⋯ 对于传达设计师的设计思想具有非常重要的意义。园林景观设计离不开园林景 ⋯⋯ 表现,园林景观效果图表现的主要任务就是将抽象、枯燥的设计符号转化为形象、生动的视觉影象。

随着计算机硬件技术的飞速发展和计算机辅助设计软件功能的不断完善,计算机以其精度准、效率高,设计资料交流、存贮、修改方便,效果精美、逼真、可实现网络协同工作等强大的优势,成为园林景观表现的主要形式,因此"3ds Max/VRay 效果图制作"成为园林及相关专业重要的必修课程。

本教材编写组成员,均为高职高专院校一线教师,针对职业院校学生的学习特点,在教材的编写上采用了"项目驱动式"体例,从简单实例出发,图文并茂,以提高学生兴趣和求知欲为目的,使学生通过本课程的学习,掌握园林效果图绘图软件的使用,逐步达到能够独立运用园林设计的基本理论、基本知识、基本技能,借助计算机表达自己的设计意图,并能激发学生对园林学的自学欲望,获得独立分析、设计构思、综合运用各种园林效果表现的能力。既融合了 3ds Max 和 VRay 渲染器的新功能,又使读者接触到更多园林、古建筑等方面的知识。

全书分为 3ds Max 基础知识操作技能、创建模型的操作技能、表现材质的操作技能、创建摄影机和灯光的操作技能以及制作园林设计效果图项目实战五大部分,共计 5 个项目、21个任务、140 个子任务。本书详细介绍了 3ds Max 和 VRay 软件的实际操作技能,通篇所有命令均采用中英文对照的方式编写,不仅帮助读者在使用中文版软件时方便操作,使用英文版软件也会尽快上手;教材突出操作技能,将软件技术和园林设计有机结合在一起,以培养能力为目的,以必需、够用为度,对于软件只取其对制作园林效果图有用的部分。通过实例的制作,让学生在较短的时间内了解和掌握园林效果图的制作流程。为了加强学生实际能力的培养,方便读者创作和自学,每个任务的后面均设计了实训练习,同时还配有配套光盘,光盘中收录了书中所有实例造型线架、光域网文件、CAD 设计图、贴图和背景素材图片等,以方便读者的学习和操作。

本书由杨云霄、赵茂锦担任主编;赵茂锦编写任务 14、任务 15、任务 16;李娟编写任务 1、任务 2、任务 3、任务 4 和任务 5;鲁子祺编写任务 17 和任务 18;黄丽纯编写任务 19、任务 20和任务 21;周罗军编写任务 12 和任务 13;杨云霄、周罗军编写任务 6、任务 7,杨云霄编写任务8、任务9、任务10和任务11。全书由杨云霄统稿,尚震主审。

本书适用于高职高专园林技术、园林工程、园林景观设计、环境艺术设计及相关专业教学,还可用于园林和古典建筑效果图方面专业人士或从事园林及古典建筑效果图制作的读者自学参考,并可作为各类培训班的培训教材。

由于编者水平有限,不当之处在所难免,敬请广大读者批评指正。

编　者

2013 年 6 月

目　录

园林效果图电脑制作概述

1. 制作园林效果图的要领

电脑表现是园林效果图表现的一个重要手段,是艺术与技术的结合,正确掌握作图思路至关重要。针对制作园林效果图的特点,不可能面面俱到地平均对待所有问题,但又不能因为时间有限而粗制滥造地对付一个方案。因此要既快又要好地拿出一幅电脑园林效果图就必须注意以下几点。

(1)熟悉操作软件　如果想在很短的时间里制作出一幅园林效果图,必须熟练操作所需要掌握的电脑软件:3ds Max、VRay 和 Photoshop 等,至于 AutoCAD,只要了解一些简单的操作即可。虽然需要掌握的软件比较多,但是实际制作中真正需要的命令并不是很多,所以用不到的命令可以先不用去研究。

(2)快速看懂设计图纸　快速看懂建筑图纸是快速制作园林效果图的一个重要环节,虽然制作效果图对看图纸要求不是很高,但是一般的平面、立面图纸必须要看懂、理解,然后在 3ds Max 中按照对应的位置进行建模。在作图过程中,如遇到不明白的地方要及时与建筑设计师沟通,从而更好地表现设计意图。

(3)整理好作图所需要的资料　制作园林效果图一定要准备好资料,包括园林建筑模型库、材质库、贴图、后期资料及后期模板,然后将整理的资料放好位置。这些资料的用途如下:

◇ 模型库:即三维模型资料库,是用 3ds Max 制作的建筑构件、园林小品等可以直接调用的线架对象。

◇ 材质库:就是将常用的材质建立一个"材质库",建立完成模型后就可以直接将材质库调出,快速赋给模型,提高作图速度。

◇ 贴图:即调制材质过程中所需的图片。

◇ 后期资料:即 Photoshop 进行后期处理过程中用到的文件。

◇ 后期模板:即没有合并图层的各种场景的 PSD 文件,将 3D 渲染的文件直接拖拽到后期模板场景中,调整后即可完成一幅园林效果图的处理。

2. 制作园林效果图需要掌握的软件

制作一幅完美的园林效果图,是将园林建筑艺术与 AutoCAD、3ds Max、VRay 渲染插件和 Photoshop 等计算机软件技术的完美结合,所以软件基础、使用技术和使用技巧是必须掌握的内容,只有这样才能快速表现所需要的设计效果。

（1）AutoCAD　AutoCAD 是一款大众化的图形设计软件,其中"Auto"是英语 Automation 单词的词头,意思是"自动化";CAD 是英语 Computer-Aided-Design 的缩写,意思是"计算机辅助设计";而通常软件名称后面的年号则表示 AutoCAD 软件的版本号,如"2011"表示软件最新版更新的时间为 2011 年的意思。

当将 AutoCAD 成功安装到计算机上以后,系统会自动在桌面上创建一个 AutoCAD 的快捷图标■,同时在 Windows 任务栏【开始】/【程序】子菜单下添加 AutoCAD 的菜单项。可以通过双击桌面上的快捷方式图标■,或单击桌面上的■按钮,在弹出的菜单栏中选择【程序】/【Autodesk】/【AutoCAD】中的启动程序项,即可启动 AutoCAD,进入工作界面。

（2）3ds Max　3ds Max 是近年来销量最大的虚拟现实技术的应用软件,它集三维建模、材质制作、灯光设定、摄像机设置、动画设定及渲染输出于一身,提供了三维动画及静态效果图全面完整的解决方案,因此成为当今各行各业使用较为广泛的三维制作软件。在 3ds Max 软件中使用 VRay 渲染器进行渲染,制作者还可以随意地发挥想象力,创造、制作出照片级的效果图。

掌握并熟悉 3ds Max 软件的界面及基本命令是制作效果图的一个重要前提,当将 3ds Max 成功安装到计算机上以后,系统会自动在桌面上创建一个 3ds Max 的快捷图标■,同时在 Windows 任务栏【开始】/【程序】子菜单下添加 3ds Max 的菜单项。可以通过双击桌面上的快捷方式图标■,或单击桌面上的■按钮,在弹出的菜单栏中选择【程序】/【Autodesk】/【3ds Max】中的启动程序项,即可启动 3ds Max,进入工作界面。

（3）V-Ray　V-Ray 是由专业的渲染器开发公司 CHAOSGROUP 开发的渲染软件,是目前业界最受欢迎的渲染引擎,在中国目前仅由曼恒蔚图公司唯一授权推广。

V-Ray 渲染器提供了一种特殊的材质——VrayMtl。在场景中使用该材质能够获得更加准确的物理照明(光能分布)、更快的渲染,反射和折射参数调节更方便。使用 VrayMtl,可以应用不同的纹理贴图,控制其反射和折射,增加凹凸贴图和置换贴图,强制直接全局照明计算,选择用于材质的 BRDF(Bidirectional Reflectance Distribution Function,即双向反射分布函数)。

（4）Photoshop　Photoshop 是园林效果图后期处理的主要工具。随着功能的不断增强,该软件已成为当今最为流行的二维图像处理软件。在效果图后期处理过程中,Photoshop 主要用于完成颜色校正、环境构建、提高效果图的品质等。所以任何园林效果图在经 3ds Max 等三维软件渲染输出之后,都必须经过 Photoshop 平面处理软件后期处理,添加树木、园林小品、人物、汽车、天空、绿化、辅助建筑等配景,将整个画面进行色彩和色调上的调整,得到一个真实、逼真的场景,最后打印输出为最终效果。

Photoshop 成功安装到计算机上后,系统会自动在桌面上创建一个 Photoshop 的快捷图标■,同时在 Windows 任务栏【开始】/【程序】子菜单下添加 Photoshop 的菜单项。可以通过双击桌面上的快捷方式图标■,或单击桌面上的■按钮,在弹出的菜单栏中选择【程序】/【Abobe Photoshop】/【Abobe Photoshop】,即可启动 Photoshop,进入工作界面。

3. 园林效果图的制作流程

在使用计算机软件制作效果图的过程中,计算机软件仅仅起到一个工具的作用,如何使用这个工具进行创作、表达自己的艺术概念,完全取决于创建者自身,因此,制作效果图没有一个固定的先后步骤。但是,基于软件自身的特点,在使用软件进行制作效果图时,也有一个较为科学的流程。这个流程包括建模、赋予材质、设置灯光、设置相机、渲染输出及后期处理。

◇ 建模:也就是制作每一个园林构件的模块,是效果图的基础部分,为后期工作打下良好的基础。

◇ 制作材质:调整模块形态并赋予材质,每一部分园林构件造型制作完成之后,均应根据图纸设计的外部效果调制其材质并赋给建筑构件。

◇ 设置相机:为了使效果图有较强的感染力,往往需要在场景中添加一个或多个相机,以观察效果图的不同视角形态,场景中相机的设置要充分考虑到构图的形态,呈现出较强的层次感和立体透视感。

◇ 设置灯光:3ds Max 中的灯光设置非常接近摄影中的灯光布置,通常分为主体光、辅助光和背景光。

◇ 渲染输出:在 3ds Max 中,效果图场景设置全部完成后,就可以进行渲染输出,输出的图片大小要根据效果图的打印尺寸而定。

◇ 后期处理:在 3ds Max 中,渲染完成的效果图只是一个"粗坯",因为三维软件在处理环境氛围和制作真实配景时显得有些力不从心,用 Photoshop 等软件可以很好地完成此类任务,只需要将配景图片与最终输出场景图片相融合即可,如人物、植物等都可以直接用 Photoshop 等软件添加。

项目 1 3ds Max基础知识

操作技能

本项目是 3ds Max 的基础操作技能,例如认识用户界面、设置个性化界面、自定义用户界面、配置系统颜色、菜单及工具栏等。只有掌握了这些基本知识,才能熟练地运用 3ds Max 软件制作出园林效果图。

任务1　3ds Max 基本操作技能

子任务1　认识 3ds Max 的用户界面

①双击桌面上的 图标,启动英文版 3ds Max9。

②等待 5～10 秒,即可打开如图 1.1 所示的 3ds Max9 用户界面。

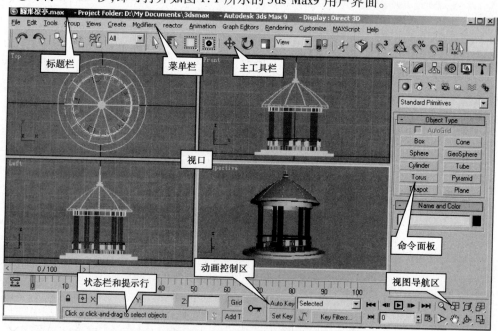

图 1.1　3ds Max9 的用户界面

③3ds Max9 的工作界面大致分为标题栏、菜单栏、工具栏、视图区、状态栏和提示行、动画控制区、视图控制区和命令面板等几大部分。

 **知识链接**

3ds Max9 工作界面每一个部分的含义

1）标题栏

标题栏位于屏幕界面的最上方蓝色带状处,显示程序名称和当前打开的文件名称。

2）菜单栏

菜单栏位于标题栏之下。它的结构和用法与标准的 Windows 文件菜单基本相同。它主要提供一些用于文件管理、编辑修改、渲染及寻找帮助的命令,将光标移动到某个菜单上单击,即可弹出相应的下拉菜单,可以从中选择所要执行的命令。

菜单中的命令项目如果带有"…"号的,表示会弹出相应的对话框,带有"▶"号的则表示还有次一级菜单,有快捷键命令的右侧显示快捷键的按键组合。

3）工具栏

（1）主工具栏　主工具栏位于菜单栏的下方,视图工作区的上方。包含对物体进行操作的常用命令按钮,系统默认情况下,屏幕只显示主工具栏。

在显示器分辨率低于 1 152×870 像素时,部分命令不会显示,这时只要将鼠标放在主工具栏的空白处或分界线处,停留片刻,鼠标箭头就会变成"小手"状,拖动鼠标,即可移动工具栏,将隐藏的命令按钮显示出来。

主工具栏中的按钮大致可分为选择工具、物体变形工具、坐标系操作工具、捕捉控制工具、材质和渲染工具等几大类。

（2）其他工具栏　除主工具栏之外,3ds Max9 中还有其他工具栏,如轴约束工具栏、层工具栏、附加工具栏等。可以通过菜单栏中的【Customize】（自定义）/【ShowUI】（显示 UI）/【Show Floating Toolbars】（显示浮动工具栏）命令将其他的工具栏调出（或将其隐藏）,也可以在主工具栏的空白处单击鼠标右键,选择并调出相应的工具栏。

4）视图区

进入 3ds Max9 界面,占大部分面积的就是视图区。视图区也叫工作区,即 3ds Max9 主界面上的 4 块带有栅格的区域,缺省状态下,它由 4 个视图区组成:Top（顶视图）、Front（前视图）、Left（左视图）和 Perspective（透视图）。

除这 4 个视图以外,还有一些其他的视图,这些视图之间均可以相互转换。操作时,激活需转换的视图,通过敲击键盘上的快捷键即可。快捷键设置为:T（顶视图）、B（底视图）、L（左视图）、U（用户视图）、F（前视图）、K（后视图）、P（透视图）、C（相机视图）等。

被激活的视图周围以黄色线框显示,物体的操作只能在被激活的视图中进行。

5）命令面板

命令面板在缺省条件下位于系统界面的右侧,它是 3ds Max 的核心,其应用比较复杂,所有的设计工作几乎都要通过该面板来完成。

3ds Max 的命令面板由 6 个标签组成,如图 1.2 所示。单击不同的标签可以进入相应的命令面板,包括【Create】(创建)命令面板、【Modify】(修改)命令面板、【Hierarchy】(层级)命令面板、【Motion】(运动)命令面板、【Display】(显示)命令面板和【Utilities】(工具)命令面板等内容。

图1.2　命令面板的6个标签

图1.3　子面板的7个图标

(1)【Create】(创建)命令面板　【Create】(创建)命令面板中的命令主要用于在场景中进行创建对象,其中包括7个子面板,如图1.3所示。单击●按钮可出现创建"三维物体"面板;单击●按钮可出现创建"二维图形"面板;单击●按钮可出现创建"灯光"面板,单击●按钮可出现创建"相机"面板,单击●按钮可出现创建"辅助物体"面板,单击●按钮可出现创建"空间扭曲"面板,单击●按钮可出现创建"系统"命令面板。

系统默认的命令面板当前显示状态为【Create】(创建)命令面板。

(2)【Modify】(修改)命令面板　【Modify】(修改)命令面板中的命令,主要用于修改已经存在并被选择的物体。例如对所选择的三维物体进行【Bend】(弯曲)、【Taper】(锥化)、【Twist】(扭曲)、【Edit Mesh】(编辑网格)等各种处理;对所选择的二维图形进行修改或通过拉伸、旋转、倒角等编辑器进行建模等一系列的操作,从而符合我们的创作要求。单击【Modify】"修改"命令面板中的"修改器列表"选项窗口右边的黑色小三角便可弹出所需要的各种修改命令。

(3)【Hierarchy】(层级)命令面板　该面板的各个选项用以建立和调整物体之间的层次关系。

(4)【Motion】(运动)命令面板　在制作动画时,可以利用【Motion】(运动)命令面板中的选项设置物体的运动参数,控制物体的运动轨迹。

(5)【Display】(显示)命令面板　当视图中的物体比较复杂时,我们可以通过【Display】(显示)命令面板中的选项对视图中的物体进行控制,使其显示、隐藏、冻结或解冻。

(6)【Utilities】(工具)命令面板　可以利用【Utilities】(工具)命令面板中的选项嵌入外部程序或打开资源浏览器等。

6)状态栏和提示栏

状态栏主要显示当前系统的状态信息;而提示栏用于提示下一步该进行怎样的操作。

在提示栏上有两个按钮,一个是【Selection Lock Toggle】(锁定被选择物体)按钮:用以锁定当前选择的物体,以免发生误操作;另一个是【Absolute Mode Transform Type-In】(绝对坐标方式变换输入)按钮:用以控制选择物体在视窗中的位置,以鼠标单击该按钮,可以实现绝对坐标方式之间的切换。

7)视图导航区

在界面的右下角有8个图标按钮,它们是当前激活视图的操纵工具,主要用于调整视图显示的大小和方位。可以对视图进行缩放、局部放大、满屏显示、旋转以及平移等显示状态的调整。其中有些按钮会根据当前被激活视窗的不同而发生变化。

8)动画控制区

动画控制区位于屏幕下方,其工具主要用于动画的录制、播放及动画长度的设置等。

子任务2　设置个性化界面

①双击桌面上的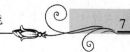图标,启动英文版 3ds Max9。

②选择菜单栏中的【Customize】(自定义)/【Load Custom UI Scheme…】(加载自定义 UI 方案)命令,在弹出的【Load Custom UI Scheme…】(加载自定义 UI 方案)对话框中选择 3ds Max9 安装路径下的 UI 文件夹,然后在文件夹内选择 ame-dark.ui 选项并单击【打开】按钮,如图 1.4 所示。

图 1.4　加载自定义 UI 方案

③此时 3ds Max9 系统即以 ame-dark.ui 系统界面显示,整体界面效果如图 1.5 所示。

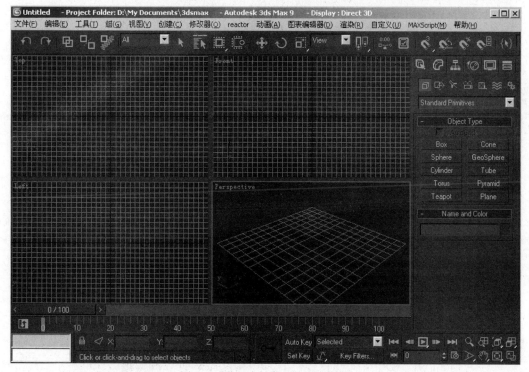

图 1.5　设置个性化界面后的效果

说明:加载 DefaultUI.ui 文件,可以恢复 3ds Max9 至默认的用户界面。

子任务3　自定义视图布局

①双击桌面上的图标,启动英文版3ds Max9。

②在视图名称上单击鼠标右键,弹出右键菜单,从中选择【Configure】(配置)命令,如图1.6所示。

③此时会弹出一个【Viewport Method】(视口配置)对话框,如图1.7所示,选择【layout】(布局)选项卡,在中间选择一个自己喜欢的视图布局,然后单击【OK】按钮即可。

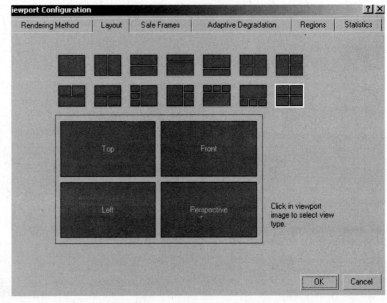

图1.6　右键快捷菜单　　　　　　　图1.7　视口配置对话框

说明:3ds Max共提供了14种布局方式,右下角的四视口布局模式是系统默认的视口形式。此外,在视口交界位置拖动鼠标,可以自由调整各个视口的大小比例。

子任务4　自定义菜单

①启动英文版3ds Max9。

②选择菜单栏中的【Customize】(自定义)/【Customize User Interface】(自定义用户界面)命令,在如图1.8所示的【Customize User Interface】(自定义用户界面)对话框中选择【Menus】(菜单)选项卡,单击【New】(新建)按钮打开【New Menu】(新建菜单)对话框,输入新菜单名称,单击【OK】按钮,【常用命令】菜单就会添加到左侧的Menu(菜单)列表框中。

③在菜单列表框中,拖动新建的【常用命令】菜单至右侧的主菜单栏列表中,如图1.9所示。

④为【常用命令】菜单添加命令,首先打开【Categoty】(类别)栏下的【Modifiers】(修改器),选择其中的【FFD Box Modifier】(FFD长方体修改器),将其拖动到已经展开的【常用命令】菜单栏的下方,如图1.10所示,这样就为新建的"常用命令"菜单添加了操作命令。

⑤完成以上的操作后,观察3ds Max9界面上方的菜单,可以发现【常用命令】菜单已经出现在如图1.11所示的菜单栏内。

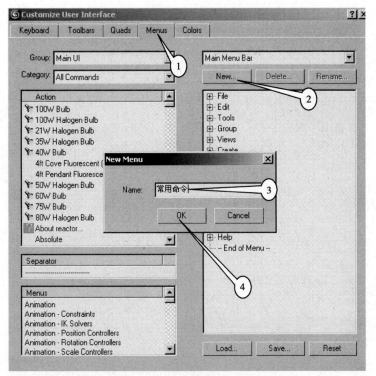

图1.8 【自定义用户界面】对话框

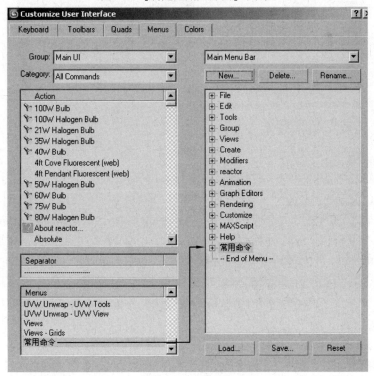

图1.9 添加菜单

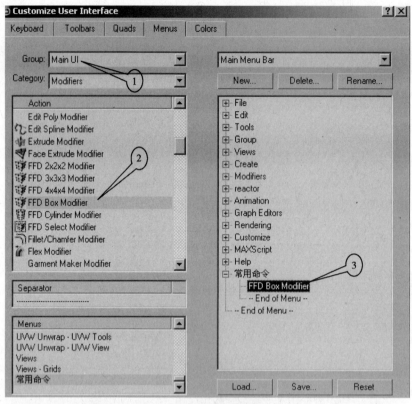

图 1.10　添加菜单命令

图 1.11　添加自定义菜单效果

子任务 5　自定义工具栏

①启动英文版 3ds Max9。

②选择菜单栏中的【Customize】（自定义）/【Customize User Interface】（自定义用户界面）命令,在弹出的【Customize User Interface】（自定义用户界面）对话框中,选择【Toolbars】（工具栏）选项卡,在下面的窗口中选择【Array】（阵列）,然后拖动到主工具栏相应的位置,此时在工具栏上就有了 ✱【Array】（阵列）按钮。

③用同样的方法,可以将其他需要的命令添加到主工具栏上,设置完毕后关闭【Customize User Interface】（自定义用户界面）对话框。

④将鼠标放在主工具栏的上方,当鼠标箭头变为张开的手掌形状时,单击鼠标右键会弹出右键菜单,选择其中的【附加】命令,此时在窗口中出现了【附加】工具栏。按住 Alt 键向主工具栏上拖动,可以快速添加工具按钮。

⑤如果要删除工具栏中多余的按钮,可以按住 Alt 键,单击并向视口中拖动要删除的按钮,在弹出的【Confirm】（确认）对话框中单击 是(Y) 按钮,即可将工具栏上的按钮删除。

说明:根据工具需要,可以在主工具栏中保留经常需要用到的工具,而将用不到的工具进行删除,从而精简工作界面,以提高工作准确度与效率。

子任务6 自定义快捷键

①启动英文版 3ds Max9。

②执行菜单栏中的【Customize】(自定义)/【Customize User Interface】(自定义用户界面)命令,在弹出的【Customize User Interface】(自定义用户界面)对话框命令列表中,选择【Keyboard】(键盘)选项卡,在下面的窗口中选择【Array】(阵列)命令,在【Hotkey】(热键)文本框中输入 Alt + Z,然后单击Assign按钮,就完成了【Array】(阵列)命令快捷键的指定,具体的操作步骤如图1.12 所示。

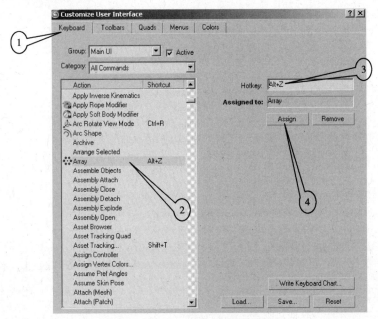

图 1.12 自定义用户界面对话框

说明:在进行快捷键的设置时,如果需要设置配合【Ctrl】或【Alt】键的快捷键,需要直接按住键盘上的相关键位,再按下要进行设置的字母键,而不能直接输入字母 Ctrl 或 Alt。

③3ds Max 的快捷键以.kbd 的文件进行保存,当重装软件或在其他计算机上使用时,可以选择【Customize】(自定义)/【Load Custom UI Scheme…】(加载自定义 UI 方案)命令,载入自定义的快捷文件。

子任务7 自定义右键菜单

①启动英文版 3ds Max9。

②选择菜单栏中的【Customize】(自定义)/【Customize User Interface】(自定义用户界面)命令,打开【Customize User Interface】(自定义用户界面)对话框,选择【Quads】(四元菜单)选

项卡,在命令列表中选择【Array】(阵列)命令,并将其拖动到右侧窗口中的相应位置,如图1.13 所示。

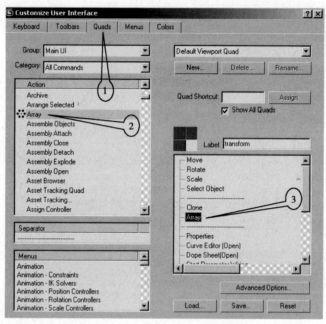

图 1.13　自定义用户界面对话框

③添加完成后,在视图中右击鼠标,就可以发现新添加的【Array】(阵列)命令。

子任务8　配置界面颜色

①启动英文版 3ds Max9。

②选择菜单栏中的【Customize】(自定义)/【Customize User Interface】(自定义用户界面)命令,打开【Customize User Interface】(自定义用户界面)对话框,选择【Colors】(颜色)选项卡,然后在【Elements】(元素)右侧的下拉列表中选择【Viewports】(视口),在其下的窗口中选择【Viewports Background】(视口背景)。

③单击选项卡右侧上方颜色色块,在弹出的【Color Selector】(颜色选择器)对话框中选择白色,即将【Viewports Background】(视口背景)颜色修改为白色。

④调整颜色完成后,在【Customize User Interface】(自定义用户界面)对话框中单击【Apply Colors Now】(立即应用颜色)按钮,视口背景的颜色就变成了前面设置的颜色。

> 说明:在使用 3ds Max9 时,一般不对系统默认的颜色方案进行修改,只有在系统默认的颜色影响视图观察时才进行对应的调整,例如系统默认"冻结"物体颜色与"视图"及"网格"的颜色过于接近,此时可以考虑对"冻结"物体颜色进行调整,以便于视图操作。

子任务9　自定义修改面板

①启动英文版 3ds Max9。单击命令面板中的 图标,进入修改命令面板,单击其中的 (配置修改器集)按钮,在弹出的菜单中选择【Show buttons】(显示按钮)命令,如图 1.14 所示。

②完成以上操作后，在修改命令面板中便会出现一个默认的修改器集按钮组，如图1.15所示，这些修改器在园林效果图制作中很少用到，可以将其替换为【Extrude】（挤出）、【Lathe】（车削）、【Bevel】（倒角）、【Bend】（弯曲）、【Taper】（锥化）、【lattice】（晶格）、【Edit Mesh】（编辑网格）、【FFD box】（FFD 长方体）等常用修改器。

③单击 （配置修改器集）按钮，在弹出的菜单中选择【Configure Modifier Sets】（配置修改器集）命令，打开【配置修改器集】对话框，在如图1.16所示【Modifier List】（修改器列表）中选择需要的修改器，按住鼠标左键将其拖动到右侧的按钮上即可，从而取代原修改器。

④按钮的个数也可以通过【Total Buttons】（按钮总数）参数后的数值进行设置，设置完成后可以将这个命令面板保存起来方便以后使用。

子任务10　设置单位

①启动英文版 3ds Max9。

②执行菜单栏中的【Customize】（自定义）/【Units Setup】（单位设置）命令，弹出【Units Setup】（单位设置）对话框。

图1.14　配置菜单

图1.15　显示按钮组

图1.16　配置修改器集

③在【Units Setup】（单位设置）对话框中选择【Metirc】（公制）选项，在下面的单位下拉列表中选择【Millimeters】（mm）选项，如图1.17所示。

④再单击【Units Setup】（单位设置）对话框中的【System Unit Setup】（系统单位设置）按钮，弹出【System Unit Setup】（系统单位设置）对话框，在【System Unit Scale】（系统单位比例）列表中选择【Millimeters】（mm）选项，单击【OK】按钮，如图1.18所示。

⑤返回到【Units Setup】（单位设置）对话框，单击【OK】按钮完成单位设置。

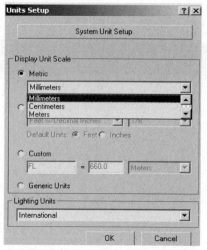

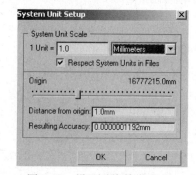

图1.17 设置显示单位为 mm   图1.18 设置系统单位为 mm

子任务11 掌握3ds Max文件的基本操作

1）新建文件

选择【File】（文件）/【New…】（新建）命令可以清除当前场景的内容，而无需更改系统设置（如视口配置、捕捉设置、材质编辑器、背景图像等）。进行新建时会弹出如图1.19所示的对话框，可以根据需要选择相应的选项，然后单击【OK】按钮。

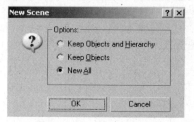

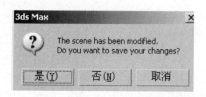

图1.19 新建文件对话框   图1.20 场景中创建了对象的新建文件对话框

如果场景中创建了对象，但还没有保存场景文件，进行【New】（新建）操作时，就会弹出如图1.20所示的对话框。选择【是】按钮将弹出【Save File As】（文件另存为）对话框，对文件进行保存；选择【否】按钮不保存文件；选择【取消】按钮，则取消操作，不进行文件的新建。

2）重置场景

选择【File】（文件）/【Reset】（重置）命令可以清除所有数据并重置程序设置（如视口配置、捕捉设置、材质编辑器、背景图像等）。使用【Reset】（重置）选项与退出和重新启动3ds Max的效果相同。

3）打开文件

选择【File】（文件）/【Open】（打开）命令，从【Open File】（打开文件）对话框中加载场景文件（MAX文件）、角色文件（CHR文件）或VIZ渲染文件（DRF文件）。

【Open File】（打开文件）对话框具有标准的Windows文件打开控件。右边的缩略图区域显示场景预览，如图1.21所示，在左边的列表框中选择文件，单击【打开】按钮即可打开一个场景文件。

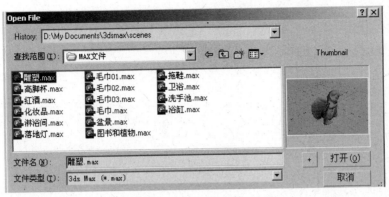

图1.21　打开文件

选择【File】(文件)/【Open Recent】(打开最近)命令,将显示打开和保存文件列表,列表按年代顺序进行排列,最近的文件排在首位,使用【Open Renect】(打开最近)命令能够快捷地打开最近编辑使用过的文件。

说明:要更改【Open Renect】(打开最近)列表中显示的文件数,可进行如下操作:选择菜单【Customize】(自定义)/【Preferences…】(首选项)命令,点击【Files】(文件)选项卡,在【File Handling】(文件处理)栏下,设置【Recent Files in File Menu】(文件菜单中最近打开的文件)值,上限为50。

4) 合并文件

选择【File】(文件)/【Merge】(合并)命令,可以将其他场景文件中的部分对象或全部对象合并到当前场景中。

当一个或更多的合并对象与场景中的对象名称相同时,会弹出如图1.22所示的对话框。

Merge (合并):使用用右边字段中的名称合并对象。为了避免两个对象同名,在处理前要先输入一个新名称。

Skip (跳过):不合并对象。

Delete Old (删除原有):合并对象前删除现有对象。

Auto-Rename (自动重命名):将对象自动命名并合并对象。

☐ Apply to All Duplicates (应用于所有重复情况):处理后续所有同名的合并对象,采用的方式与当前对象指定的方式相同,不会再出现警告。如果重命名当前对象,则该选项不可用。

Cancel (取消):取消合并操作。

当合并对象的材质与场景中的材质名称相同时,会弹出如图1.23所示的对话框。

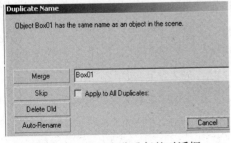

图1.22　提示名称重复的对话框

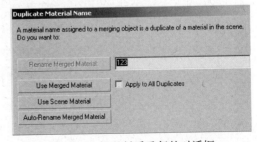

图1.23　提示材质重复的对话框

Rename Merged Material:（重命名合并材质）:为合并的材质定义名称。

Use Merged Materia（使用合并材质）:将合并材质的特性指定给场景中的同名材质。

Use Scene Material（使用场景材质）:将场景中的材质特性指定给合并的同名材质。

Auto-Rename Merged Material（自动重命名合并材质）:自动将合并材质重命名为新的名称,一般根据下一个可用材质命名。

Apply to All Duplicates（应用于所有重复情况）:处理后续同名的合并对象,采用的方式与为当前对象指定的方式相同。

5）保存文件

选择【File】（文件）/【Save】（保存）命令可以保存场景文件。

使用【Save】可通过覆盖上次保存的场景更新当前的场景。如果先前没有保存场景,则此命令的操作方式与【File】（文件）/【Save As】（另存为）命令相同。

选择【File】（文件）/【Save As】（另存为）,可以采用不同的文件名保存当前的场景文件,或在不同的目录下保存相同的文件。

6）自动备份

如果经常忘记保存文件,则启用 3ds Max 9 的"自动备份"功能。选择菜单【Customize】（自定义）/【Preferences】（首选项）/【File】（文件）/【Auto Backup】（自动备份）组,打开【Enable】（启用）选项并设置好【Backup Interval】（备份间隔）之后,系统将按指定时间间隔自动保存场景,如图 1.24 所示。

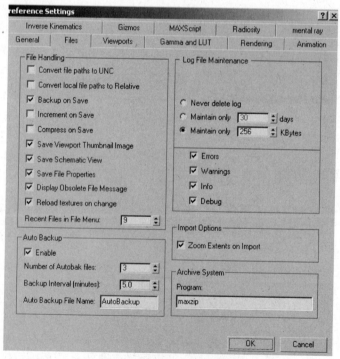

图 1.24　设置"自动备份"

子任务12　设置冻结和冻结颜色

①启动英文版3ds Max9。

②单击菜单【File】（文件）/【Import】（导入）命令，打开"本书素材/项目一/CAD/小区.dwg"文件，如图1.25所示。

③在视图中选择所有图形，单击鼠标右键，在弹出的右键菜单中选择【Freeze Selection】（冻结当前选择）命令，当前选择图形即被冻结，如图1.26所示。冻结的图形即不能被操作，再绘制其他图形时便不会出现误操作。

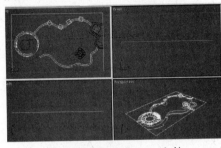
图1.25　导入的CAD文件

图1.26　图形被冻结

④观察发现，冻结颜色几乎看不清，以其做参考绘图时非常不方便，下面来设置冻结的颜色。单击【Customize】（自定义）/【Customize User Interface】（自定义用户界面）/【Colors】（颜色）/【Elements】（元素）/【Geometry】（几何体）/【Freeze】（冻结），单击右侧【Color】（颜色）后面的色块，设置颜色如图1.27所示。

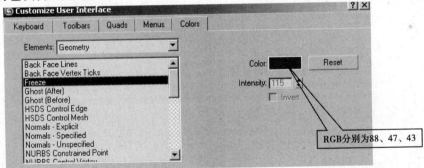
图1.27　设置颜色

⑤单击【Apply Colors Now】（立即应用颜色）按钮，关闭对话框，结果如图1.28所示。更改颜色成功，此时看得非常清晰。

子任务13　创建组

①启动英文版3ds Max9。

②单击菜单【File】（文件）/【Open】（打开）命令，打开"本书素材/项目一/任务1—3ds Max基本操作技能/模型/创建组—花坛.max"文件，可以看到场景中有花坛和花，如图1.29所示。

③在实际工作中需要移动或缩放花坛，如果花坛没有成组，在移动或缩放时容易漏选某个部件，造成模型不完整或部件比例失调。

④按【Ctrl+A】，选择场景中所有的模型，执行菜单中的【Group】（组）/【Group】（成组）命令，在弹出的【Group】（组）对话框中命名组为"花坛和花"，如图1.30所示，单击【OK】后，花坛和花成为一体，这样在移动、缩放等操作时，两者就会保持同步状态。

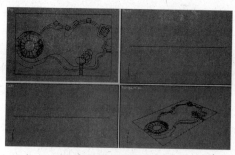

图1.28　更改冻结颜色

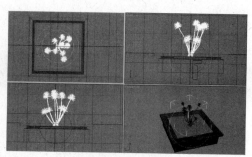

图1.29　打开的场景文件

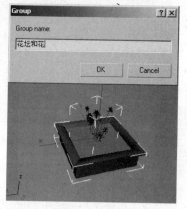

图1.30　创建组

图1.31　组的其他操作

> 说明:在物体成组后,还可以在【Group】(组)菜单中选择相关命令进行解组、打开、炸开等操作,如图1.31所示。

子任务14　复制物体

1)移动复制——制作楼梯

①选择菜单【File】(文件)/【Reset】(重置)命令,初始化3ds Max9。

②单击【Create】(创建)/【Geometry】(几何体)/【Box】(长方体)按钮,在顶视图中创建一个长方体,并将其命名为"台阶",如图1.32所示。

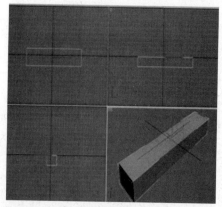

图1.32　创建长方体

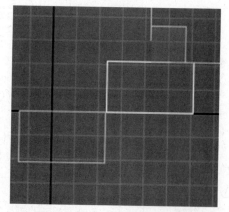

图1.33　向右上移动台阶位置

③激活左视图,单击🕂按钮,按住【Shift】键不放,启用顶点捕捉,将立方体复制移动到如图 1.33 所示的位置,释放鼠标,出现【Clone Options】(克隆选项)对话框,设置参数如图 1.34 所示。

④单击【OK】按钮,完成复制。按【Shift + Ctrl + Z】组合键全屏显示。移动复制生成的楼梯踏步造型如图 1.35 所示。

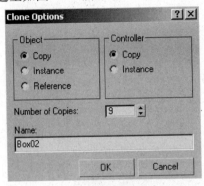

图 1.34　克隆选项对话框

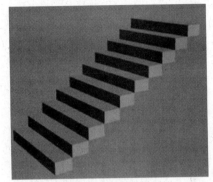

图 1.35　移动复制结果

2) 旋转复制——茶壶和茶杯的摆放位置

①在顶视图中创建一个茶壶和一个圆锥体,位置如图 1.36 所示。

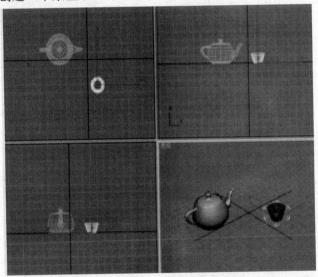

图 1.36　创建茶壶和茶杯使用

②选择圆锥体,点击工具栏中的【Reference Coordinate System】(参考坐标系统)下拉项,从中选择【Pick】(拾取)项,如图 1.37 所示,到视窗中拾取茶壶,并选择【Use Transform Coordinate Center】(使用变换坐标中心)命令🔳按钮,单击【Select and Rotate】(选择并旋转)🔄按钮,打开【Angle Snap Toggle】(角度捕捉)🔼按钮,按住【Shift】键不放,用鼠标旋转茶杯到 60°的位置,释放鼠标,在【Clone Options】(克隆选项)对话框中设置参数如图 1.38 所示,单击【OK】按钮完成复制,结果如图 1.39 所示。

3) 缩放复制——制作同心管状体

在顶视图中创建一个管状体,选择物体,点击🔳【Select and Uniform Scale】(选择并缩放)按钮,按住【Shift】键不放,用鼠标放大物体一定距离,释放鼠标,在【Clone Options】(克隆选项)对话框中设置副本数为3,单击【OK】按钮,完成复制,透视图效果如图1.40所示。

图1.37   拾取坐标

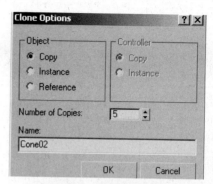

图1.38   克隆选项对话框

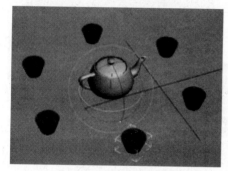

图1.39   旋转复制结果

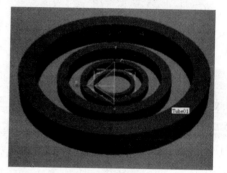

图1.40   缩放复制结果

子任务15   阵列对象

1)直线阵列

①单击【Create】(创建）/【Geometry】(几何体) 按钮,在透视图中创建一个半径为20的茶壶。

②在主工具栏空白处单击鼠标右键,弹出右键菜单,从中选择【附加】,在出现的浮动工具栏上点击【Array】(阵列)按钮,弹出阵列对话框,设置参数如图1.41所示,单击【OK】按钮。第一次阵列完成,结果如图1.44(a)所示。

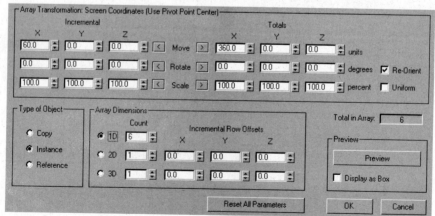

图1.41   茶壶第一次阵列参数设置

③第二次阵列。选择视口中所有的对象,单击【Array】(阵列)命令,设置对话框中的参数如图1.42所示,阵列完成结果如图1.44(b)所示。

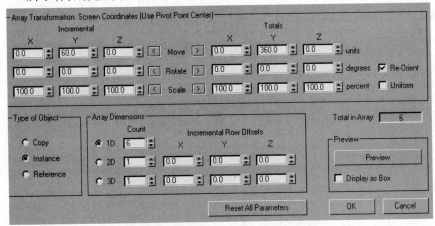

图1.42　茶壶第二次阵列变换参数设置

④第三次阵列,选择视口中的所有对象,单击【Array】(阵列)命令,设置对话框中的参数如图1.43所示,阵列完成结果如图1.44(c)所示。

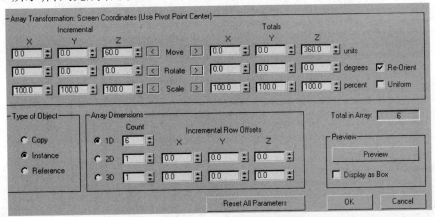

图1.43　茶壶第三次阵列变换参数设置

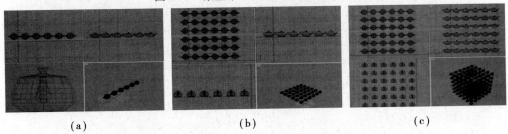

(a)　　　　　　　　　　(b)　　　　　　　　　　(c)

图1.44　茶壶第一次、第二次、第三次阵列结果

(a)第一次阵列;(b)第二次阵列;(c)第三次阵列

⑤也可以按照图1.45所示的设置一次性完成上面的阵列。

2)旋转阵列

①重置3ds Max9,在顶视图中创建一个圆柱体,选择圆柱体,单击【Select and Uniform Scale】(选择并缩放) ■ 按钮,在顶视图中沿着Y轴对圆柱体进行压扁操作,做出单个花瓣。

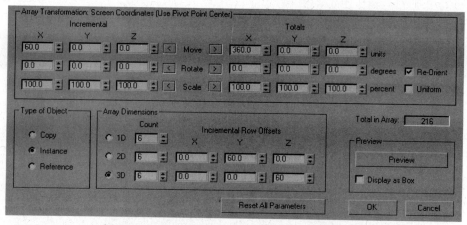

图1.45 一次性完成茶壶三维直线阵列的参数设置

②单击 【Hier archy】（层次）按钮，打开层次面板，按下【Affect Pivot Only】（仅影响轴）按钮，调整花瓣的影响轴到花心部分，如图1.46所示，取消【Affect Pivot Only】（仅影响轴）按钮的按下状态。

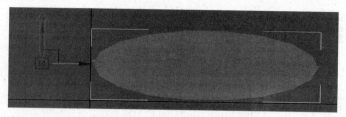

图1.46 调整花瓣的影响轴

③打开【Tools】（工具）菜单，选择【Array】（阵列）项，在弹出的阵列对话框中设置参数如图1.47所示，单击【OK】按钮。阵列效果如图1.48所示。

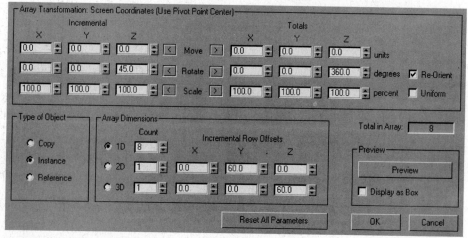

图1.47 花瓣旋转阵列的参数设置

3）间隔阵列——【Spacing Tool】（间隔工具）的使用

①单击【Create】（创建）/【Shapes】（图形）/【Line】（直线）按钮，并在【Line】（直线）命令的参数面板中选择【Smooth】（平滑）选项，然后在顶视图中创建一条曲线路径。

②单击【Create】（创建）/【Geometry】（几何体）按钮，再单击【Standard Primi-

tives】（标准基本体）下拉列表,从中选择【AEC Extended】（AEC 扩展）选项,点击【Foliage】（植物）按钮。在植物列表中选择一种植物,然后在顶视图中单击鼠标左键创建一株植物,单击【Select and Uniform Scale】（选择并缩放）□按钮,将其调整到合适的大小,如图1.49 所示。

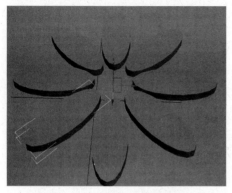

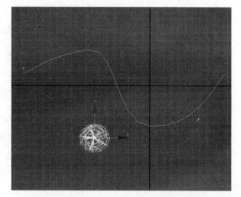

图1.48　花瓣旋转阵列效果　　　　图1.49　创建的植物和曲线路径

③选择植物,按住 ✦ 按钮不放,在弹出的工具中选择【Spacing Tool】（间隔工具）按钮,此时会弹出间隔工具对话框,设置参数如图1.50 所示。

单击【Pick Path】（拾取路径）按钮,在顶视图中单击曲线路径,然后单击【Apply】（应用）/【Close】（关闭）按钮完成操作,选择多余的植物,按【Delete】键删除,保留 10 株植物,得到最终效果,如图1.51 所示。

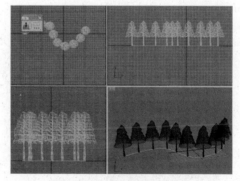

图1.50　间隔工具参数设置　　　　图1.51　树木间隔阵列效果

子任务16　对齐物体

①重置 3ds Max9 系统,在透视图中分别创建一个立方体和一个茶壶,选择茶壶（原物体）,单击【Align】（对齐）按钮,在场景中拾取立方体（目标物体）,在出现的【Align Selection（Box01）】对话框中设置如图1.52 所示。

②单击【Apply】（应用）按钮,继续在【Align Selection（Box01）】对话框中设置如图1.53 所示。

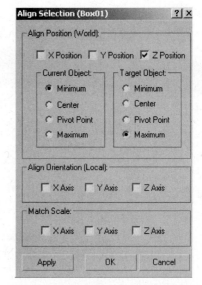

图1.52　对齐当前选择设置　　　　图1.53　继续对齐当前选择设置

③单击【OK】按钮,对齐结果如图1.54所示。

子任务17　捕捉物体

①启动英文版3ds Max9。

②单击菜单【File】(文件)/【Open】(打开)命令,打开"本书素材/项目一/任务1—3ds Max基本操作技能/模型/捕捉—墙体.max"文件,可以看到场景中的墙体有3个窗洞,但当前只绘制了一个窗户模型,如图1.55所示。接下来就利用移动工具结合【Snaps Toggle】(捕捉开关)快速完成其他窗户模型的创建。

图1.54　物体的对齐结果　　　　图1.55　打开的场景文件

③激活前视图并最大化,在工具栏 按钮上按住不放,在弹出的按钮列表中选择 ![按钮](2.5维捕捉),然后在该按钮上单击鼠标右键,在弹出的【Grid and Snap Settings】(栅格和捕捉设置)对话框中分别设置【Snaps】(捕捉)及【Options】(选项)两个选项卡具体设置,如图1.56和图1.57所示。

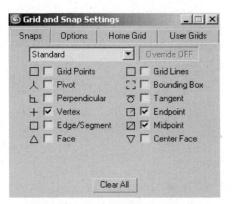

图 1.56　【Snaps】（捕捉）选项卡　　　　　图 1.57　【Options】（选项）选项卡

说明：二维捕捉只能捕捉当前活动栅格及栅格平面上的几何体，将忽略 Z 轴或垂直尺寸，因而只适用于捕捉当前栅格平面上的对象；2.5 维捕捉不但可以捕捉到当前活动栅格及栅格平面上的几何体，也可以捕捉到三维空间对象在当前栅格平面上的投影点或边缘，常用于绘制从 AutoCAD 中导入的墙体轮廓；三维捕捉直接捕捉空间中的点、线等，可用于三维空间中移动对象和绘制曲线。

④设置好捕捉参数后，选择窗户模型，单击工具栏✛按钮，捕捉当前窗框模型的左上角顶点，如图 1.58 所示，按下【F5】键将移动锁定至 X 轴，然后按住【Shift】键向右侧窗洞拖动复制，当捕捉到右侧窗洞左上角顶点时松开鼠标，如图 1.59 所示，在弹出的【Clone Options】（克隆选项）对话框中将【Number of Copies】（副本）数量设置为 2，单击【OK】按钮，即可完成复制。

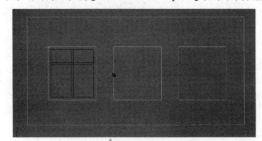

图 1.58　捕捉顶点　　　　　　　　图 1.59　拖动复制

⑤窗户模型最终复制效果如图 1.60 所示。

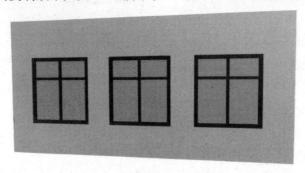

图 1.60　复制窗户效果

说明：X 轴、Y 轴和 Z 轴轴向约束对应快捷键分别为 F5、F6 和 F7，按 F8 键可以切换成 XY 轴、YZ 轴和 ZX 轴平面约束。

巩固训练

1. 按照自己的喜好设置个性化界面。

2. 根据系统提供的布局类型自定义视图布局。

3. 在主工具栏中，自定义常用命令。

4. 将【Array】（阵列）命令定义为快捷键。

5. 请自定义一个右键菜单。

6. 将界面配置成自己喜欢的颜色。

7. 自定义修改面板。

8. 导入一个 CAD 文件（本书素材/项目一/CAD/花池平面图.dwg），如图 1.61 所示。试将其冻结，并自行设置冻结的颜色。

9. 打开"本书素材/项目一/任务 1——3ds Max 基本操作技能/模型/房子.max"文件，如图 1.62 所示，试将场景中所有的物体一起成组。

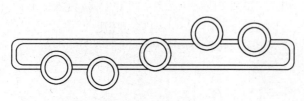

图 1.61　CAD 文件

图 1.62　打开的场景文件

10. 将上面第 9 题中的房子复制 5 个，并摆放成连排房。

11. 自己绘制图形，练习旋转复制和缩放复制。

12. 自己绘制图形，练习直线阵列、旋转阵列和间隔阵列。

13. 分别绘制一个圆柱体和一个圆锥体，然后对它们进行对齐操作。

任务 2　二维图形的创建与编辑的操作技能

子任务 1　编辑二维形体子对象【Vertex】（顶点）

①在顶视图中创建一个三角形，进入修改命令面板，从【Modifier List】（修改器列表）下拉列表中选择【Edit Spline】（编辑样条线）命令，进入二维对象的子对象级，点击【Vertex】（顶点）或点击 ⋮⋮ 按钮，选择视图中的顶点。

②在所编辑的顶点上按鼠标右键出现贝塞尔角点、贝塞尔、角点、平滑 4 种调节方式，分别如图 1.63、图 1.64、图 1.65 和图 1.66 所示，可以实现对顶点的调整。

③按【Refine】（优化）按钮可以在曲线上添加顶点，按【Delete】键可以删除顶点。

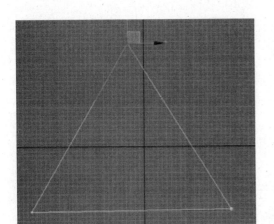

图1.63　贝塞尔角点方式

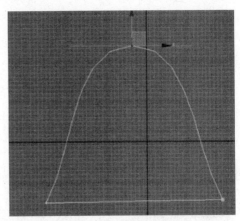

图1.64　贝塞尔方式

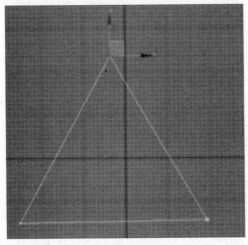

图1.65　角点方式

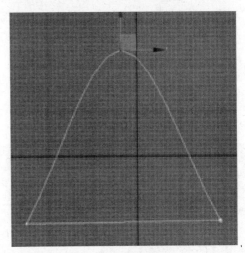

图1.66　平滑方式

子任务2　编辑二维形体子对象【Segment】（线段）

①在顶视图中创建一个矩形，进入修改命令面板，从【Modifier List】（修改器列表）下拉列表中选择【Edit Spline】（编辑样条线）命令，进入二维对象的子对象级，单击【Segment】（线段）或■按钮，选择视图中的线段。

②进入编辑状态，单击相应的按钮即可以对线段进行移动、旋转、缩放的编辑，如图1.67所示。

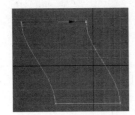

图1.67　线段的移动、旋转和放大

子任务3　编辑二维形体子对象【Edit Spline】(样条线)

1)线的轮廓

①在顶视图中创建一个三角形,进入修改命令面板,从【Modifier List】(修改器列表)下拉选框中选择【Edit Spline】(编辑样条线)命令,进入二维对象的子对象级,单击【Segment】(样条线)或 ⁀ 按钮。

②选择视图中的三角形,变红色,然后单击【Outline】(轮廓)按钮,将光标移动到线上拖拽鼠标松手后即可产生偏移,如图1.68所示。或在【Outline】(轮廓)窗口内设置一个合适的数值,回车,视图中就会出现一个偏移线。如果勾选【Center】(中心)选项,则可以按原线形的中心线来产生偏移,对曲线编辑,一般常用【Outline】(轮廓)来产生新的形体,如墙体的厚度。

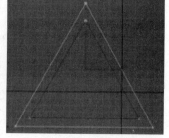

图1.68　线段的偏移

2)二维形体的布尔运算

在顶视图中创建三角形、圆形和矩形,位置形态如图1.69所示。

选择矩形,进入修改命令面板,从【Modifier List】(修改器列表)下拉选框中选择【Edit Spline】(编辑样条线)命令,然后激活【Geometry】(几何体)下面的【Attach】(附加)按钮,在视图中依次选择圆形和三角形,结果如图1.70所示。

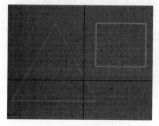

图1.69　图形创建

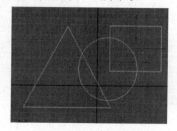

图1.70　图形连接

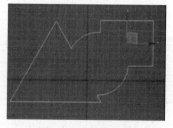

图1.71　布尔运算

激活 ⁀ 按钮,在视图中任意选一个图形,使其变红色,再单击【Boolean】(布尔)按钮,选择【Union】(并集) ⊘ ,点击其余两个图形,结果如图1.71所示。激活【Outline】(轮廓)按钮,在视图中拖拽图形,偏移结果如图1.72所示。

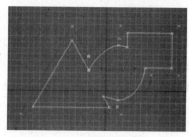

图1.72　轮廓

 知识链接

二维图形的创建与编辑

二维,即长、宽两度空间。二维形体,是由曲线、直线所构成的图形、圆形、方形、椭圆形、星形、多边形等一系列图形均是标准的二维模型。3ds Max的二维建模是指用二维创建命令面板中的各种标准二维模型进行创建和编辑图形的过程。

1)二维形体的创建方法

单击创建命令面板的【Shapes】(图形) ⬡ 按钮,选择图形面板【Object Type】(对象类型)下的命令按钮,进行创建。

◇ 在视图中拖拽光标进行初步建模后,再在修改命令面板中的【Parameters】(参数)栏下修改图形的参数完成绘制。

◇ 在 Keyboard Entry (键盘输入)栏中,用键盘输入二维形体的坐标点和创建参数。

默认状态下顶端的【Start New Shape】(开始新图形)是勾选的,表示每建立一个二维图形,都是一个新的独立的物体;如果将它关闭,建立的多条曲线就都作为一个物体对待。

下面以创建"线"为例来说明具体的创建方法和各选项的含义:

单击图形面板上的【Line】(线)命令按钮,创建时可以在视图中直接单击开始创建;也可在【Keyboard Entry】(键盘输入)栏下,用键盘输入坐标点,然后单击【Add Point】(增加点)。

在图形面板上出现的选项的含义:

Name and Color (名称和颜色):设置线段的名称和颜色。

Rendering (渲染):勾选【可渲染】项,绘制的二维线形即能够被渲染。

Creation Method (创建方法):设置以怎样的方式绘制线。

Keyboard Entry (键盘输入):利用键盘输入坐标点的方法绘制线段。

Interpolation (插值):此项主要是用于对样条曲线【Steps】步数的设置,它包括【Steps】(步数)、【Optimize】(优化)和【Adaptive】(自适应)3个选项。

【Steps】(步数):设置的值大小决定曲线的圆滑程度。

【Optimize】(优化):激活该项,计算机会自动对图形进行检测。

【Adaptive】(自适应):当勾选此项时,系统会将曲线自动设置为最佳圆滑状态。

2)二维形体的编辑修改

在3ds Max9中,所有的二维线都是由点定义的,即两点确定一条直线,若干条相连的线段又组成了样条曲线。而两点之间的线段实际上是各点之间不可见的步数的分布轨迹。针对二维形体,3ds Max提供了强大的编辑工具,如编辑样条线、挤出、车削、放样等。

编辑样条线,就是对物体、顶点、线段(分段)、样条线4个级别的编辑修改。

(1)物体级　在图形面板中单击任何一个二维形体的创建命令,在视图中拖拽光标完成创建后,单击【Modify】(修改)按钮,在 Modifier List (修改器列表)的下拉列表中选择【Edit Spline】(编辑样条线),出现【Gecmetry】(几何体)命令选项,如图1.73所示。

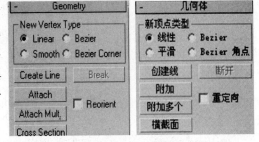

图1.73　【Gecmetry】(几何体)命令面板

主要选项的含义:

【Create Line】(创建线):绘制新的曲线并把它加入到当前曲线中。

【Attach】(附加):按下此按钮,在视图中点取其他的样条曲线,可以将视图中的二维线形连接起来,成为原线形的一部分,如果勾选了【Reorient】(重定向)选项,则连接进来的二维线形与原线形位置对齐。

【Attach Mult】(附加多个):可以将多个二维线形依次连接起来。

(2)顶点次物体级　和上面的操作相同,单击【Modifier List】(修改器列表)下拉列表中的【Edit Spline】(编辑样条线)后,单击【Selection】(选择)下的【Vertex】(顶点)按扭,出现

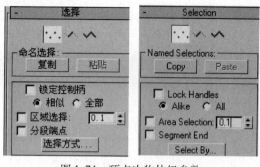

图 1.74　顶点次物体级参数

顶点次物体级参数,如图 1.74 所示。

主要选项含义:

【Copy】(复制):将当前次物体级中命名的选择集合复制到剪贴板中。

【Paste】(粘贴):将剪贴板中复制的选择集合指定到当前次物体级别中。

【Lock Handles】(锁定控制柄):在选择了多个顶点时,如果它们属于贝塞尔或贝塞尔角点性质,会显示出绿色的调节手柄。不勾选此选项,调节每个手柄都仅仅影响所选点的曲度;如果勾选此选项,会影响所有与它相似或全部带手柄的点的曲度。常用它调节一组顶点的弯曲效果。

【Area Selection】(区域选择):选择顶点时,在设置区域范围内的所有顶点都会被同时选择,区域的范围由右侧的数值决定。

【Select By...】(选择方式...):如果在线段或任何级别中已经选择了子对象,则在顶点级别下可以将其在线段或样条线级别的选择转化为相应的顶点选择。

【Show Vertex Numbers】(显示顶点编号):在视窗中显示顶点的编号,起始顶点的编号为1,其余顶点的编号依次向下排列。利用此选项,可以检查曲线是否封闭。

(3)线段次物体级　单击图 1.2 中的【Segment】(分段)按扭 ✏,出现相应选项,卷展栏中与顶点次物体级中相同的参数意义同上,不赘述。

主要选项含义:

【Delete】(删除):将选择的线段删除。

【Divide】(拆分):将选择的线段一次插入若干个顶点,右侧的数据框中的数值决定了插入顶点的数目。

【Detach】(分离):将当前选择的线段分离出去,成为一个独立的曲线物体,勾选【Same Shp】(同一图形)选项,则分离出去的线段不改变方向;勾选【Reorient】(重定向)项目,会保留当前的线段,分离出去的只是一个复制品。

(4)样条曲线次物体级　单击图 1.2 中的【Spline】(样条线)按扭 ⋀,出现相应选项,卷展栏中与顶点次物体级中相同的参数意义同上,不赘述。

主要选项含义:

【Reverse】(反转):将一条曲线的首端和末端相互颠倒,常用于放样路径和运动路径方向的调整。

【Outline】(轮廓):将曲线扩展成为闭合的偏移曲线,如果勾选【Center】(中心)选项,则扩展的曲线以原曲线为中心,同时向两侧扩展。

【Boolean】(布尔):提供并集、差集、交集三种运算方式,先确定运算方式,然后单击此按钮,在视图中点取另一个运算图形。进行布尔运算,参加运算的线形必须是封闭的,并且线形必须有重合的部分,还必须同属于一个物体。

【Mirror】(镜像):先选择要镜像的曲线,再选择镜像的方式(水平镜像 ▯▮、垂直镜像 ▤、双向镜向 ◈),然后单击此按钮就可以将曲线镜像了。如果在镜像之前勾选【Copy】(复制)选项,则会产生一个镜像复制品,勾选【About Pivot】(以轴为中心)选项,则曲线以轴心为镜像的轴心进行镜像。

【Trim】(修剪):将曲线以另外一条曲线为基准进行剪切。

【Exiend】(延伸):将曲线以另外一条曲线为基准进行延长。

【Close】(闭合):将非闭合的样条线首尾相连,生成闭合曲线。

【Detach】(分离):选择样条线次物体级,选择其中任意一条样条曲线,使其呈红色,单击命令面板上的【Detach】(分离)按钮,弹出【Detach】(分离)对话框,单击【OK】,选定的线被分离。

【Explode】(炸开):勾选【Splines】(样条线),能将曲线中的每一条线段都变成独立的曲线;勾选【Objects】(对象),可将曲线中的每一条线段都变成独立的物体。

巩固训练

1. 如图 1.75 所示,在视图中创建"图形 A"和"图形 B",试对二维形体子对象的【Vertex】(顶点)进行编辑,将"图形 A"编辑成"图形 C"的形态,将"图形 B"编辑成"图形 D"的形态。

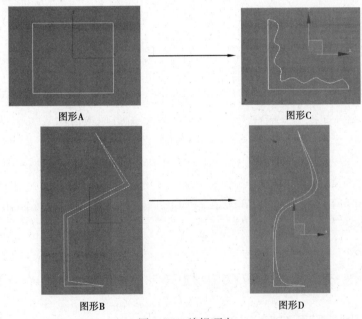

图形A 图形C

图形B 图形D

图 1.75 编辑顶点

2. 绘制一个二维闭合线形,对其进行【Outline】(轮廓)操作,分别设置轮廓数值为正数和负数,观察结果;绘制一个二维开放线形,对其进行【Outline】(轮廓)操作,分别设置轮廓数值为正数和负数,观察结果。

3. 绘制两个二维图形,分别进行差集、并集和交集布尔运算,观察运算结果。

项目2 创建模型的操作技能

　　3ds Max 建模功能十分强大,基本方法概括为二维线形建模、基本几何体建模和三维修改器建模等。

　　二维线形在效果图建模中是使用频率最高的建模方式,通常制作三维模型时可先创建二维平面线形,然后添加相应的修改命令来完成;并且二维线形也可以通过产生自身厚度直接使用;同时由于二维线形提供了【Vertex】(顶点)、【Segment】(线段)和【Spline】(样条线)等修改级别,因此对图形调整十分灵活。

　　3ds Max 内建了几十种基本几何体,包括标准基本体和扩展基本体。许多园林模型正是由这些简单的基本几何体组合而成,如阶梯、墙体等。可以使用这些基本几何体,像搭积木一样迅速搭建起建筑造型,它是 3ds Max 建模的基础。

　　3ds Max 内建数十个修改器,可以对所有创建的对象和子对象进行精细加工,从而得到所需的模型,是 3ds Max 的重要组成部分。需重点接触【Bend】(弯曲)、【lattice】(晶格)、【Noise】(噪波)、【FFD3×3×3】、【Edit Mesh】(编辑网格)、【Boolean】(布尔)以及【ProBoolean】(超级布尔)等这些常用的三维修改命令。

任务1　二维线形建模的操作技能

子任务1　制作铁艺栏杆

　　①在菜单栏中单击【File】(文件)/【Reset】(重置)命令,对系统进行重新设置,并设置单位为"mm"。

　　②单击视图右侧创建面板中的【Creact】(创建) /【Shapes】(图形) /【Line】(线)命令,在前视图绘制一条垂线,并以右键单击结束操作,如图 2.1 所示。此时可以按【Shift + Q】组合键进行渲染,可以发现直线并不能被渲染。

　　③单击 按钮,在右侧的参数面板中单击【Rendering】(渲染)按钮将此卷展栏打开,然后按图 2.2 所示设置参数。

　　④此时,不仅在视图中直线变成了一个圆柱状的实体,而且渲染时也可以看到这个圆柱状的实体,如图 2.3 所示。这就是二维图形【Rendering】(渲染)功能的体现。

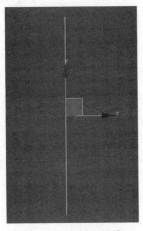

图2.1　绘制的垂线

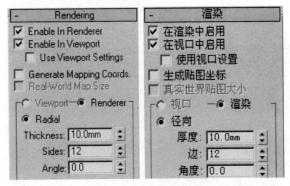

图2.2　渲染参数面板

说明:默认情况下,二维图形不可渲染,只有在【Rendering】(渲染)卷展栏中进行了相应的设置二维图形才能渲染。为了方便读者,本书中部分"参数设置"图采用了中英文对照的方式显示。

⑤单击【Line】(线)命令,然后在【Creation Method】(创建方式)卷展栏中,选择【Smooth】(平滑)选项,如图2.4所示。

⑥设置完成后,在前视图中绘制如图2.5所示的曲线图形(可以一条一条地绘制,然后将所绘制的所有曲线附加在一起)。

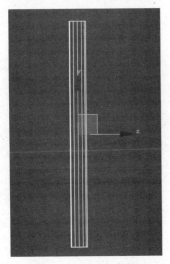

图2.3　设置渲染参数后

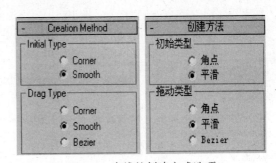

图2.4　直线的创建方式选项

⑦选择曲线图形,单击❰按钮,将【Rendering】(渲染)参数栏中的【Thickness】(厚度)设置为5,此时曲线图形也生成了一个圆柱状的实体。单击主工具栏上的❰(镜像)按钮,在弹出的对话框中按图2.6设置参数,最后单击【OK】按钮,这样就会向右侧镜像复制了一条曲线。

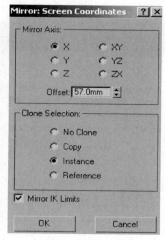

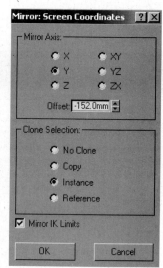

图2.5　绘制曲线　　　　　　　图2.6　参数设置　　　　　　图2.7　参数设置

⑧按住【Ctrl】键同时选择两个曲线图形,然后单击 （镜像）按钮,在弹出的对话框中按图2.7进行设置,单击【OK】按钮,这样会将两条曲线向下边进行镜像复制。此时,栏杆上的铁艺弯花就绘制完成了,如图2.8所示。

⑨同时选择视图中所有的图形,然后将它们成组复制。

⑩重复前面的操作,绘制栏杆扶手,最终铁艺栏杆渲染效果如图2.9所示。

图2.8　铁艺弯花

图2.9　铁艺栏杆渲染效果

子任务2　制作铁艺花架

①在菜单栏中单击【File】(文件)/【Reset】(重置)命令,对系统进行重新设置,并将单位设置为“mm”。

②单击【Create】(创建) /【Shapes】(图形) /【Rectanle】(矩形)命令,在前视图中创建一个300×500的辅助矩形,如图2.10所示。

③单击【Line】(直线)命令,在前视图中的辅助矩形内绘制如图2.11所示的花架支架的大致造型。

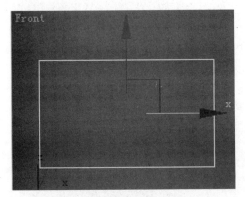

图2.10 创建的辅助矩形

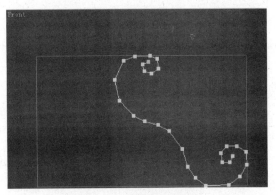

图2.11 绘制花架支架

④选择创建好的线形,按数字键【1】进入【Vertex】(顶点)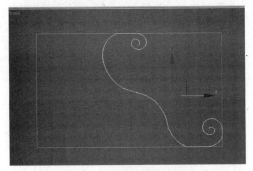子对象层级,对其顶点进行调整,得到如图2.12所示的线形。

⑤用相同的方法完成其他支架的绘制,如图2.13所示。

⑥删除辅助矩形,设置所有花架支架的渲染参数如图2.14所示,

图2.12 调整好的支架线形

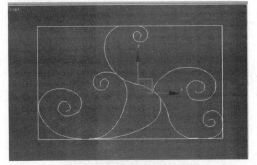

图2.13 绘制的所有支架

此时的花架支架如图2.15所示。

⑦选择视图中所有的物体,单击主命令中的【Group】(组)/【Group】(成组)命令,在弹出的【Group】对话框中,将其命名为"花架支架",如图2.16所示。

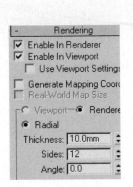

图2.14 参数设置

图2.15 花架支架

⑧单击【OK】按钮,所有对象成组。在顶视图,对"花架支架"进行移动复制,如图2.17所示。

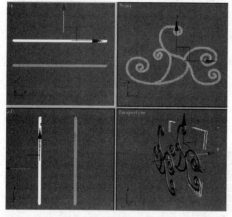

图2.16　【Group】(组)对话框

⑨单击【Circle】(圆)按钮,在顶视图绘制一个半径为68 mm的圆,再用【Line】(直线)命令在圈内绘制曲线并阵列10个,然后将其成组命名为"花盆座",如图2.18所示。

⑩将"花盆座"复制两个,放在花架上面,花架模型的整体造型如图2.19所示。

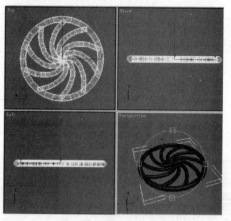

图2.17　复制花架支架　　　　　　　图2.18　绘制的花盆座

⑪单击【File】(文件)/【Merge】(合并)命令,将"本书素材/项目一/任务2/线架/装饰花束.max"文件合并到场景中,将其进行缩放、移动、复制操作,放于合适的位置,最终结果如图2.20所示。

图2.19　花架模型的整体造型

图2.20　花架造型

巩固训练

1.绘制如图2.21所示的两款铁艺花架模型。

2.绘制如图2.22所示的铁艺大门模型。

3.绘制如图2.23所示的两款铁艺护栏模型。

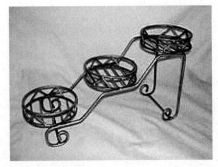

图 2.21　铁艺花架

图 2.22　铁艺大门

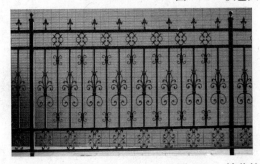

图 2.23　铁艺护栏

任务 2　基本体模型的操作技能

子任务 1　创建茶几模型

①单击【Create】(创建) ▣ /【Geometry】(几何体) ▣ /【Standard Primitives】(标准基本体)/【Box】(长方体)命令,在顶视图中创建一个 1 190×1 192×89 的长方体作为桌面,如图 2.24 所示。

②在视图中将长方体以【Copy】(复制)的方式移动复制一个,并在修改命令面板中修改其参数,如图 2.25 所示。

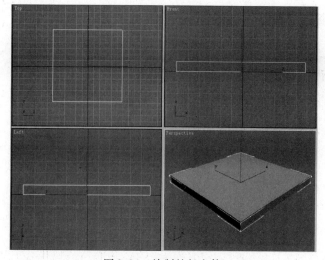

图2.24　绘制的长方体　　　　　　　　　　图2.25　参数设置

③在前视图中将复制的长方体移动到桌面的上方,其位置如图2.26所示。

④单击【Box】(长方体)命令,在顶视图中再创建一个120×120×285的长方体作为桌腿,位置如图2.27所示。

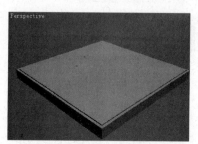

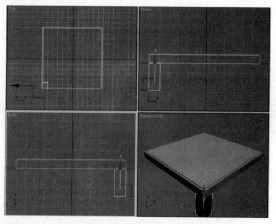

图2.26　调整长方体的位置　　　　　　　　图2.27　桌腿的位置

⑤在顶视图中将桌腿以【Instance】(实例)的方式移动复制3个,位置如图2.28所示。

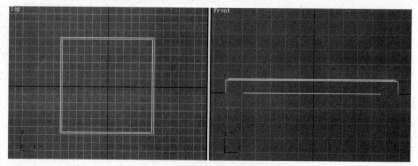

图2.28　复制长方体并调整位置后

⑥渲染透视图,效果如图2.29所示。

图 2.29　茶几渲染效果

子任务 2　制作柱式草坪灯模型

①重置 3ds Max9 系统。单击【Create】(创建) ⚡/【Geometry】(几何体) ⚪/【Standard Primitives】(标准基本体)/【Cylinder】(圆柱体)命令,在顶视图中创建一个圆柱体,命名为"灯柱",参数设置及结果如图 2.30 所示。

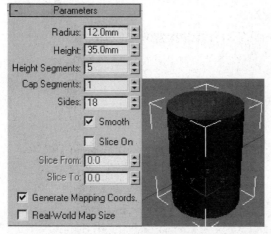

图 2.30　参数设置及结果

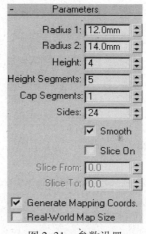

图 2.31　参数设置

②单击【Create】(创建) ⚡/【Geometry】(几何体) ⚪/【Standard Primitives】(标准基本体)/【Cone】(圆锥体)命令,在顶视图中创建一个圆锥体,命名为"灯托"。参数设置如图2.31所示。

③选择"灯托",单击【Align】(对齐)命令,在任意视图中单击"灯柱",弹出【Align Selection】(对齐当前选择)对话框,勾选为 X、Y、Z 轴,如图 2.32 所示,然后单击【OK】按钮。

④单击【Select and Move】(选择并移动) ✛ 按钮,在前视图中沿 Y 轴向上移动"灯托",使其与"灯柱"相接,如图 2.33 所示。

⑤单击【Cylinder】(圆柱体)命令,在顶视图中再创建一个圆柱体,命名为"灯管",利用【Align】(对齐)、【Select and Move】(选择并移动)工具,调整其位置,参数设置及位置如图 2.34所示。

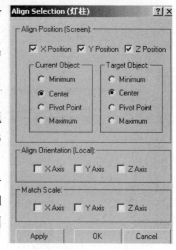

图 2.32　对齐设置

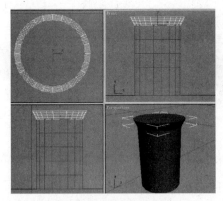

图2.33　"灯托"的位置

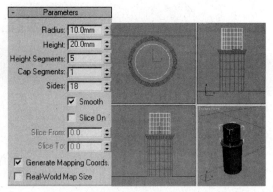

图2.34　"灯管"的参数设置及位置

⑥单击【Create】(创建) /【Geometry】(几何体) /【Standard Primitives】(标准基本体)/【Tube】(管状体)按钮,在顶视图中创建一个圆管,命名为"灯罩",利用【Align】(对齐)、【Select and Move】(选择并移动)工具,调整其位置,参数设置及位置如图2.35所示。

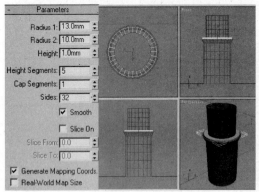

图2.35　"灯罩"的参数设置及位置

⑦选择"灯罩"造型,在前视图中按住【Shift】键,沿Y轴向上移动一定的距离释放鼠标,在弹出的【Clone Options】(克隆选项)对话框中设置如图2.36所示。单击【OK】按钮。

⑧单击【Create】(创建) /【Geometry】(几何体) /【Standard Primitives】(标准基本体)/【Sphere】(球体)按钮,在顶视图中创建一个球体,命名为"灯帽",参数设置如图2.37所示。

⑨单击【Cylinder】(圆柱体)按钮,在顶视图中创建一个半径为6,高度为20的圆柱体做为灯芯,放于上部中心位置。使用【Align】(对齐)、【Select and Move】(选择并移动)工具,调整其位置,最终效果如图2.38所示,命名为"柱式草坪灯.max"。

图2.36　克隆参数设置

图2.37　球体参数设置

图2.38　草坪灯模型

子任务3　制作风铃模型

①重置3ds Max9系统,设置单位为"mm"。

②单击【Create】（创建） /【Geometry】（几何体） /【Standard Primitives】（标准基本体）/【Tube】（管状体）按钮，在顶视图中创建一个管状体，命名为"管状体"，参数设置及结果如图2.39所示。

③单击【Create】（创建） /【Geometry】（几何体） /【Standard Primitives】（标准基本体）/【Sphere】（球体）命令，在顶视图中创建一个球体，命名为"球体"，参数设置和球体的位置如图2.40所示。

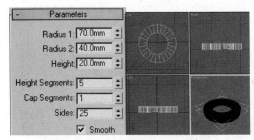

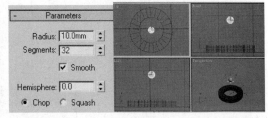

图2.39 管状体的参数设置及结果　　　　　图2.40 球体的参数设置及位置

④单击【Tube】（管状体）命令，在顶视图中再创建一个管状体，命名为"风铃管"，参数设置及位置如图2.41所示。

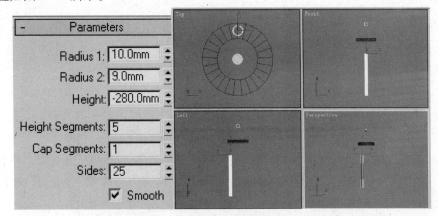

图2.41 管状体的参数设置及位置

⑤单击【Create】（创建） /【Shapes】（图形） /【Star】（星形）命令，在前视图绘制一个三角形的线段，命名为"吊环"，参数设置及结果如图2.42所示。

⑥打开【Rendering】（渲染）卷展栏，勾选【Enable In Renderer】（在渲染中启用）和【Enable In Viewport】（在视口中启用）选项，并设置【Thickness】（厚度）为2，如图2.43所示。

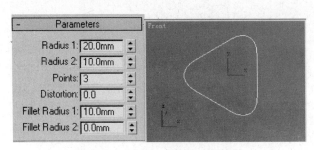

图2.42 星形的参数设置及结果　　　　　图2.43 渲染参数设置

⑦单击 ↻ 按钮，在前视图旋转"吊环"的角度，并将其移动到"风铃管"的上方，具体位置如图2.44所示。

⑧单击【Shapes】(图形) ⚙/【Line】(线)命令，在左视图中绘制一条线，命名为"吊绳"，勾选【Enable In Renderer】(在渲染中启用)和【Enable In Viewport】(在视口中启用)选项，设置【Thickness】(厚度)为2，结果如图2.45所示。

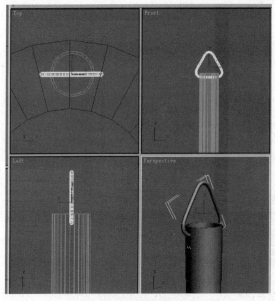

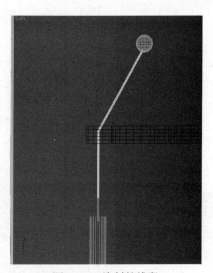

图2.44　"吊环"的位置　　　　　　　　　图2.45　绘制的线段

⑨单击 ✥ 按钮，在其他视图移动这条线的位置，结果如图2.46所示。

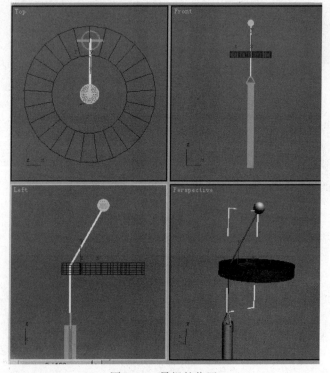

图2.46　吊绳的位置

⑩激活顶视图,将工具栏中的 ![] (使用轴点中心)按钮修改为 ![] (使用变换坐标中心)按钮,在视图中同时选择"吊绳""吊环"和"风铃管",单击【附加】工具条中的 ![] 按钮,在弹出的【Array】(阵列)对话框中,设置各项参数如图 2.47 所示。

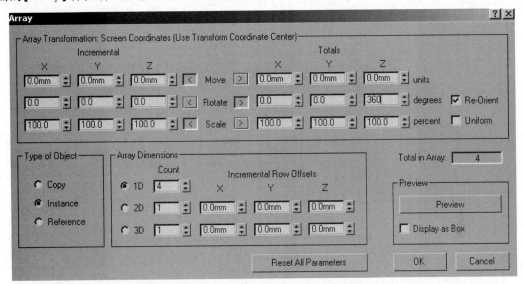

图 2.47 【Arrray】(阵列)对参数设置

⑪单击【OK】按钮,结果如图 2.48 所示。

⑫单击【Shapes】(图形) ![] /【Line】(线)按钮,在左视图中绘制挂钩线段,命名为"挂钩",勾选【Enable In Renderer】(在渲染中启用)和【Enable In Viewport】(在视口中启用)选项,设置【Thickness】(厚度)为 2,结果如图 2.49 所示。

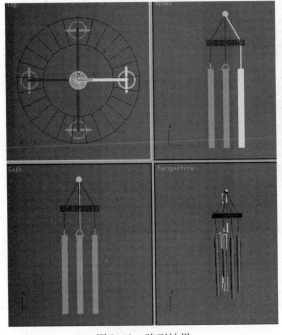

图 2.48 阵列结果

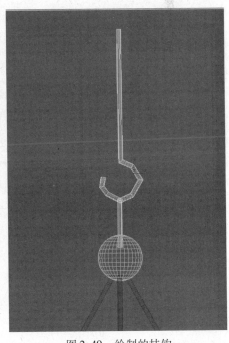

图 2.49 绘制的挂钩

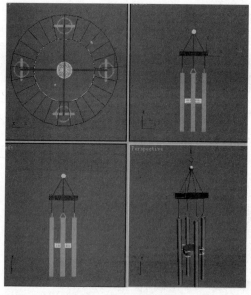

图 2.50　圆柱体的位置

⑬单击【Create】(创建) ▸/【Geometry】(几何体) ◉/【Standard Primitives】(标准基本体)/【Cylinder】(圆柱体)按钮,在顶视图创建一个半径为 40,高度为 20 的圆柱体,命名为"风铃片",位置如图 2.50 所示。

⑭单击【Create】(创建) ▸/【Shapes】(图形) ◉/【Star】(星形)按钮,在前视图绘制一个五角星,命名为"装饰星",参数设置如图 2.51 所示。

⑮勾选【Enable In Renderer】(在渲染中启用)和【Enable In Viewport】(在视口中启用)选项,设置【Thickness】(厚度)为 35,结果如图 2.52 所示。

⑯单击【Shapes】(图形) ◉/【Line】(线)按钮,在前视图绘制一条垂线,命名为"中绳",勾选【Enable In Renderer】(在渲染中启用)和【Enable In Viewport】(在视口中启用)选项,设置【Thickness】(厚度)为 2,这条垂线和五角星的位置如图 2.53 所示。

⑰渲染透视图,效果如图 2.54 所示,命名为"风铃. max"。

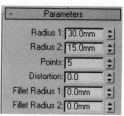

图 2.51　参数设置

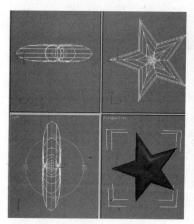

图 2.52　五角星

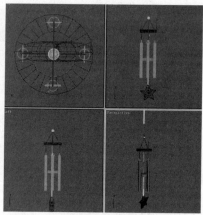

图 2.53　垂线和五角星的位置

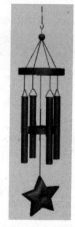

图 2.54　风铃

巩固训练

1. 绘制如图 2.55 所示的方凳和桌凳模型。

2. 绘制如图 2.56 所示的花架模型。

3. 绘制如图 2.57 所示的公共设施模型。

图 2.55　方凳和桌凳模型

图 2.56　花架模型

图 2.57　公共设施模型

4. 绘制如图 2.58 所示的 5 种草坪灯模型。

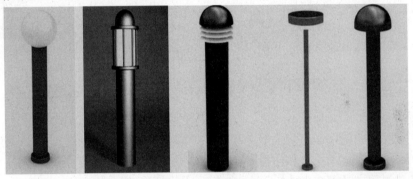

图 2.58　草坪灯模型

任务 3　二维转三维建模的操作技能

子任务 1　【Extrude】(挤出)建模

1)创建相框模型

①单击【Create】(创建) 　/【Shapes】(图形) 　/【Line】(矩形)命令,在前视图中绘制一个 150×220 的矩形。

②在前视图中再绘制一个 93×158 的矩形。其位置如图 2.59 所示。

③在前视图中选择外侧的大矩形,在修改命令面板的【Modify List】(修改器列表)中选择【Edit Spline】(编辑样条线)命令,在【Geometry】(几何体)卷展栏中单击【Attach】(附加)按钮,然后在视图中拾取小矩形,将两者附加到一起,如图 2.60 所示。

④在修改命令面板的【Modify List】(修改器列表)中选择【Extrude】(挤出)命令,在【Parameters】(参数)卷展栏中设置挤出的【Amounts】(数量)为 8,则挤出后的造型如图 2.61 所示。

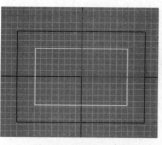
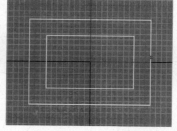
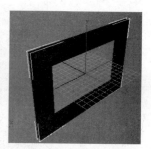

图2.59　矩形的位置   图2.60　两矩形附加后   图2.61　矩形挤出后

⑤在前视图中创建一个93×158×1的长方体作为相框内的画,位置如图2.62所示。

⑥渲染透视图,相框模型效果如图2.63所示。命名为"相框.max"。

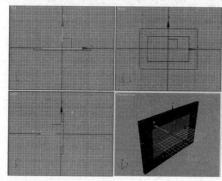

图2.62　创建长方体   图2.63　相框效果

2)创建楼梯模型

①设置单位为"mm"。

②单击工具栏中的【Snaps Toggle】(捕捉开关)按钮,将鼠标放在上面单击右键,弹出【Grid and Snap Settings】(栅格和捕捉设置)对话框,点选【Grid Points】(栅格点)选项。

③激活前视图,按【Alt＋W】组合键,将其最大化显示。

④单击【Create】(创建)　/【Shapes】(图形)　/【Line】(线)命令,在前视图中绘制如图2.64所示的线形(踏步的尺寸为水平三个栅格、垂直两个栅格)。

⑤在修改面板中执行【Extrude】(挤出)命令,数量设置为20,结果如图2.65所示。

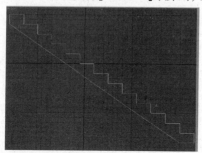
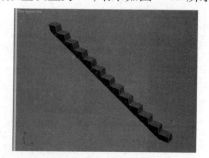

图2.64　绘制的楼梯截面线   图2.65　挤出效果

⑥在顶视图中移动复制一个,将挤出的数量修改为120,作为中间的阶梯,再将小的复制一个,放在另一侧,结果如图2.66所示。

⑦用线命令制作出楼梯扶手,在任务3中我们已经详细地讲述过,这里不赘述,最终效果如图2.67所示,命名为"楼梯.max"。

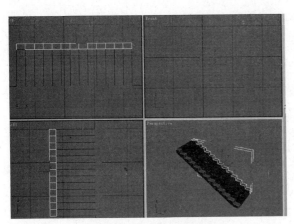

图2.66　复制后的位置

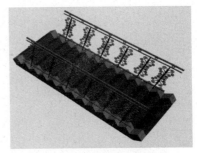

图2.67　楼梯效果

3）制作室外长椅模型

①重置 3ds Max 9 系统，在左视图绘制一个 1 060×895 的辅助矩形。

②单击【Line】（线）命令，在左视图辅助矩形中绘制如图2.68所示的闭合的二维线形。

③删除辅助矩形，继续在左视图中绘制如图2.69所示的二维封闭线形。

④选择任一个二维线形，单击鼠标右键，在弹出的菜单中选择【Convert to Editable Spline】（转换为可编辑样条线），在右侧的【Geometry】（几何体）卷展栏中单击【Attach】（附加）按钮，在视窗中拾取另一个二维线形，将二者附加到一起，变白色，如图2.70所示。

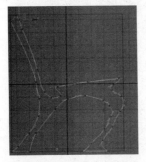

图2.68　闭合的二维线形

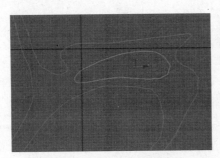

图2.69　又绘制的二维线形

图2.70　附加二维线形

⑤单击【Modify】（修改）命令，在其下拉列表中选择【Extrude】（挤出）命令，设置【Amounts】（数量）为100，并命名为"椅子支撑"，如图2.71所示。

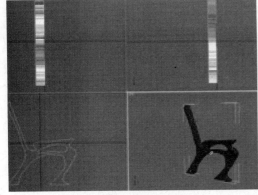

图2.71　挤出造型

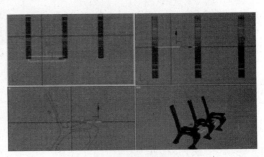

图2.72　复制"椅子支撑"

⑥在顶视图中,按住【Shift】键的同时,用【Select and Move】(选择并移动)命令,将"椅子支撑"以【Instance】(实例)的方式沿 X 轴方向复制两个,两个"椅子支撑"之间的距离为800,结果如图 2.72 所示。

说明:"椅子支撑"之间的距离是通过在顶视图中绘制了一个 10×800 的辅助矩形来准确控制的,位置正确后将辅助矩形删除即可。

⑦在左视图中绘制一个 35×100 的矩形,命名为"横梁",位置如图 2.73 所示。

⑧为造型添加【Extrude】(挤出)修改,设置【Amounts】(数量)为 1 800,然后为造型添加【Editable Poly】(编辑多边形)修改,进入【Edge】(边)层级,按【Ctrl + A】键全选所有的边,单击【Chamfer】(切角)旁边的 ⊡ 按钮,设置【Chamfer Amount】(切角量)为 5,结果如图 2.74 所示。

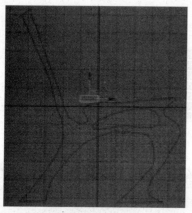
图 2.73　绘制矩形

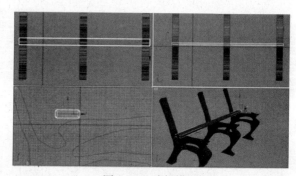
图 2.74　编辑横梁

⑨将"横梁"复制 6 个,对它们用移动和旋转命令分别进行移动和旋转操作,靠背上的"横梁"先在顶视图中沿 X 轴方向旋转 90°后再做细微的旋转调整,最终位置如图 2.75 所示。

⑩造型的整体最终渲染形态如图 2.76 所示,命名为"室外长椅.max"。

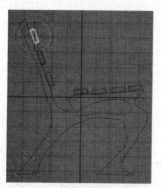
图 2.75　复制横梁并调整角度

图 2.76　室外长椅造型

子任务 2　【Lathe】(车削)建模

1)制作喷泉水池模型

①单击 ⊡ 按钮,选择【Line】(直线)命令,在前视图中绘制二维线形,如图 2.77 所示。

②打开【Modify】(修改)命令面板,在【Selection】(选择)卷展栏中单击【Vertex】(顶点) 按钮,调整二维线形的形状如图2.78所示。

③在【Modify List】(修改器列表)下拉列表中选择【Lathe】(车削)命令旋转图形,在【Align】(对齐)选项区域中单击【Min】(最小)按钮,生成喷泉水池模型,渲染透视图结果如图2.79所示,命名为"喷泉水池.max"。

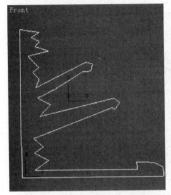
图2.77 绘制的二维线形

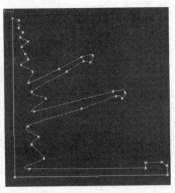
图2.78 编辑顶点后的形状

图2.79 喷泉水池

2)制作草坪灯模型

①单击【Line】(线)命令,在前视图绘制一条二维线形,命名为"灯帽",如图2.80所示。

②在【Modify List】(修改器列表)下拉列表中选择【Lathe】(车削)命令旋转图形,在【Align】(对齐)选项区域中单击【Min】(最小)按钮,设置【Segments】(分段)为30,得到草坪灯的灯帽造型,如图2.81所示。

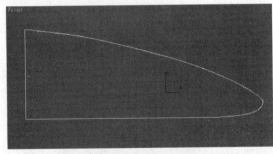
图2.80 绘制的二维线形

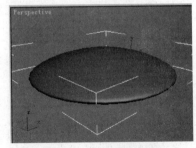
图2.81 车削生成灯帽

③参照灯帽的大小,单击【Line】(线)命令,在前视图绘制出灯芯、灯罩和灯座的二维线形,分别命名为"灯芯""灯罩"和"灯座",如图2.82所示。

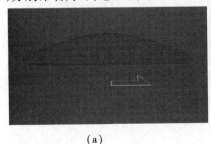
(a)

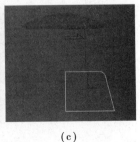
(c)

(b)

图2.82 "灯芯""灯罩"和"灯座"的二维线形
(a)灯芯的二维线形;(b)灯罩的二维线形;(c)灯座的二维线形

④对上面的三个线形分别添加【Lathe】(车削)命令,然后复制、调整至合适的位置,得到整体灯芯造型,如图2.83所示。

⑤单击【Line】(线)命令,在前视图绘制一条二维线形,命名为"支架",如图2.84所示。

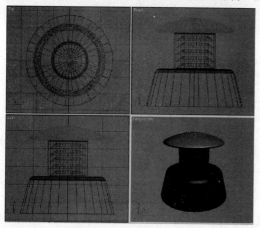
图2.83　整体灯芯造型

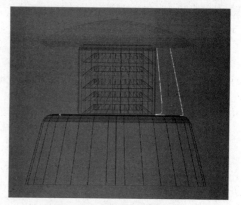
图2.84　绘制的二维线形

⑥对支架线形执行【Extrude】(挤出)修改,设置【Amounts】(数量)为10,然后通过【Array】(阵列)工具得到其余的3个造型,完成草坪灯的支架制作,如图2.85所示。

⑦在顶视图中创建一个半径为15、高度为200的圆柱体,命名为"灯柱",放置到草坪灯的中心位置,完成草坪灯的制作。渲染透视图,如图2.86所示,命名为"台式草坪灯.max"。

图2.85　草坪灯支架的位置

图2.86　草坪灯渲染效果

子任务3　【Loft】(放样)建模

1)单截面放样——制作振动弹簧模型

①单击 ⚙/【Helix】(螺旋线)命令,在顶视图中创建一个螺旋线。打开【Modify】(修改)面板,在【Parameters】(参数)卷展栏下设置参数,如图2.87所示。

②单击 ⚙/【Circle】(圆)命令,在顶视图中创建一个半径为3的圆,如图2.88所示。

③选择螺旋线,单击创建面板中的 🔘 按钮,选择【Compound Objects】(复合对象)选项,单击卷展栏下的【Loft】(放样)命令,在打开的【Creation Method】(创建方法)卷展栏下单击【Get Shape】(获取图形)按钮,如图2.89所示。

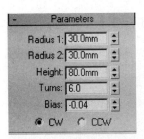

图2.87 设置螺旋线参数

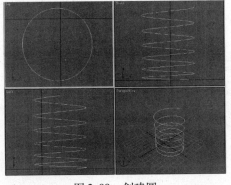

图2.88 创建圆

图2.89 放样操作

④再次在顶视图中单击圆,结果如图2.90所示。

⑤单击工具栏中的 ⊙ 按钮,快速渲染透视图,弹簧效果如图2.91所示。命名为"振动弹簧.max"。

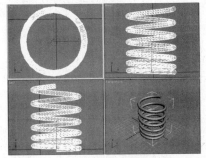

图2.90 放样后得到的图形

图2.91 渲染效果

2)多截面放样——制作茶杯模型

①重置3ds Max系统,单击【Line】(线)命令,在前视图中绘制如图2.92所示的图形,作为截面图形。

②单击鼠标右键,在弹出的菜单中选择【Convert to Editable Spline】(转换为可编辑样条线),打开【Spline】(样条线)子对象级,在【Geometry】(几何体)卷展栏中设置【Outline】(轮廓)数值为正值为其设置外轮廓,如图2.93所示。

图2.92 二维线形

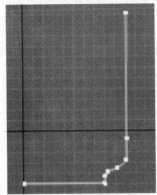

图2.93 轮廓

③在【Modify List】(修改器列表)下拉列表中选择【Lathe】(车削)命令旋转图形,在【Parameters】(参数)卷展栏中将【Segments】(分段)设置为30,单击【Direction】(方向)区域

中的Y轴,并选择【Align】(对齐)区域中的【Min】(最小)按钮,完成茶杯造型,如图2.94所示。

④单击【Line】(线)命令,在前视图中绘制如图2.95所示的图形,作为把手的路径图形。

图2.94　车削

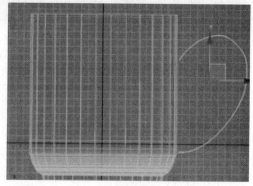

图2.95　把手路径图形

⑤单击【Ellipse】(椭圆)命令,在左视图中绘制3个椭圆形,选择【Modify】(修改) ／【Modifier List】(修改器列表)/【Edit Spline】(编辑样条线)修改器,打开【Vertex】(顶点)子对象级,分别将其修改至如图2.96所示的形状,作为茶杯把手的截面图形。

⑥选择"把手路径"图形,选择【Create】(创建) ／【Geometry】(几何体) ／【Compound Objects】(复合对象)/【Loft】(放样)命令,在【Creation Method】(创建方法)卷展栏中单击【Get Shape】(获取图形)按钮,然后在左视图中点击位于上方的椭圆形图形,结果如图2.97所示。

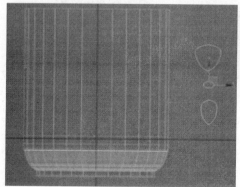

图2.96　把手的放样路径

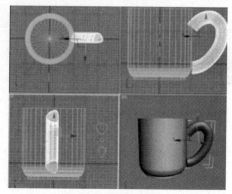

图2.97　获取图形

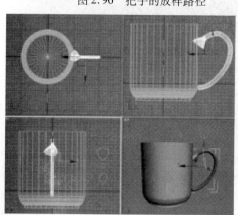

图2.98　在路径的10%处拾取图形

⑦在【Path Patameters】(路径参数)卷展栏中的【Path】(路径)输入框中键入10,然后再单击【Get Shape】(获取图形)按钮,并在视图中选择中间的图形,即在路径的10%位置处加入一个截面图形,如图2.98所示。

⑧在【Path】(路径)输入框中键入90,单击【Get Shape】(获取图形)按钮并在视图中再次选择中间的图形,如图2.99所示。

⑨在【Path】(路径)输入框中键入100,单击【Get Shape】(获取图形)按钮,在视图中选择底部的图形,完成茶杯把的放样,如图2.100所示。

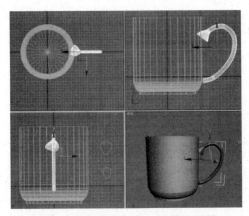

图 2.99　在路径的 90% 处拾取图形

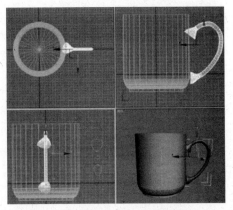

图 2.100　在路径的 100% 处拾取图形

⑩在修改器堆栈列表中，单击【Loft】（放样）前面的"＋"号，从中选择【Shape】（图形）项，在视图中框选"把手"，即选择了 3 个截面，在【Select and Rotate】（选择并旋转）工具上单击鼠标右键，在左视图中沿 X 轴将 4 个图形旋转 −90°，设置如图 2.101 所示。

⑪在视图中选择放样对象两端的截面图形，在前视图中沿 Y 轴将其旋转 −40°。

⑫确认把手两端的图形仍然处于选择状态，选择工具栏中的【Select and Unifiom Scale】（选择并均匀缩放）命令，按下鼠标右键，在弹出的对话框中设置参数如图 2.102 所示。

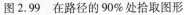

图 2.101　参数设置

图 2.102　参数设置

⑬关闭【Shape】（图形）次物体级，然后使用工具栏中的【Select and Move】（选择并移动）工具在视图中调整把手的位置，完成茶杯模型的制作，最终渲染效果如图 2.103 所示，命名为"茶杯.max"。

图 2.103　茶杯造型

3) 多截面放样——制作花瓶模型

①在前视图中绘制一条长度约为 310 的直线，作为放样路径。

②在顶视图中绘制一个星形，命名为"星形 01"，其参数设置及形态如图 2.104 所示。

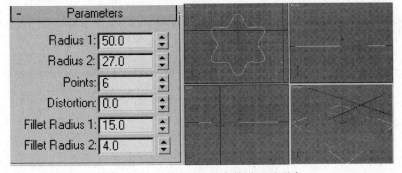

图 2.104　"星形 01"的参数设置及形态

③在前视图中将"星形 01"以【Copy】（复制）方式沿 Y 轴向上移动复制一个，得到"星形 02"，调整其参数及在视图中的位置如图 2.105 所示。

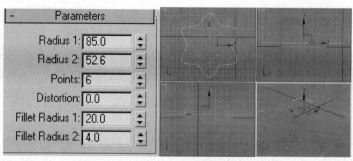

图 2.105   "星形 02"的参数设置及形态

④在前视图中将"星形 02"以【Copy】(复制)方式沿 Y 轴向上移动复制一个,得到"星形 03",其位置如图 2.106 所示。

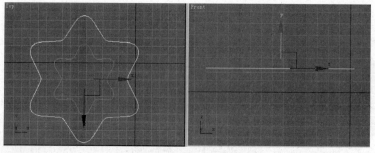

图 2.106   "星形 03"的位置

⑤在前视图中选择"星形 01",将其以【Copy】(复制)方式沿 Y 轴向上移动复制一个,得到"星形 04",其位置如图 2.107 所示。

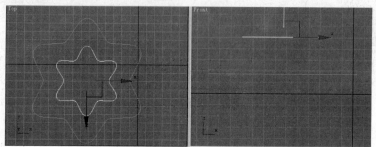

图 2.107   "星形 04"的位置

⑥在前视图中选择任意一个星形,将其以【Copy】(复制)方式沿 Y 轴向上移动复制一个,得到"星形 05",调整其参数及在视图中的位置如图 2.108 所示。

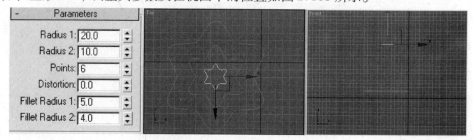

图 2.108   "星形 05"的参数设置及形态

⑦在视图中选择放样路径,用和上例相同的方法,将其与"星形 01"截面进行放样,放样后的造型形态如图 2.109 所示。

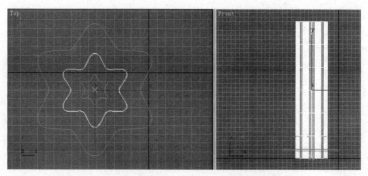

图 2.109　直线与"星形 01"截面进行放样后的形态

⑧在【Path Parameters】(路径参数)卷展栏中设置【Path】(路径)值为4,然后拾取"星形02"截面,进行二次放样,结果如图 2.110 所示。

⑨用同样的方法,再在【Path Parameters】(路径参数)卷展栏中设置【Path】(路径)值为4.5,拾取"星形 03"截面;设置【Path】(路径)值为12.5,拾取"星形 04"截面;设置【Path】(路径)值为42,拾取"星形 05"截面,进行多次放样,最终放样结果如图 2.111 所示,命名为"花瓶.max"。

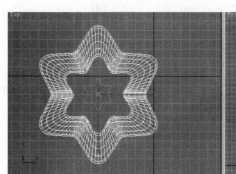
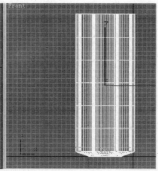

图 2.110　"星形 02"截面进行二次放样后的形态

图 2.111　最终放样结果

4)多截面放样——制作欧式柱模型

①在顶视图中绘制一个【Radius】(半径)为 200 的圆,再绘制一个【Radius1】(半径 1)为 200,【Radius2】(半径 2)为 190,【Points】(点)为 30,【Fillet Radius1】(圆角半径 1)为 6,【Fillet Radius2】(圆角半径 2)为 2 的星形,如图 2.112 所示。

②在前视图中绘制一条长度约 2000 的垂线,如图 2.113 所示。

图 2.112　圆和星形

③选择直线,单击【Create】(创建) /【Geometry】(几何体) ◉/【Compound Objets】(复合对象)/【Loft】(放样)按钮,再单击【Get Shape】(获取图形)按钮,在顶视图中单击圆,生成放样物体,如图 2.114 所示。

④在【Path Parameters】(路径参数)卷展栏下的【Path】(路径)右侧窗口中输入 10,再次单击【Get Shape】(获取图形)按钮,在顶视图中再单击圆形,确保位于柱子的 10% 的位置是圆形,再输入 12,获取星形,造型的形态如图 2.115 所示。

⑤再次输入88,获取星形,确保位于柱子88%的位置是星形,最后输入90,获取圆形,生成的造型如图2.116所示。

图2.113　垂线　　　　图2.114　放样　　　　图2.115　获取星形　　图2.116　生成的造型

⑥单击修改面板下端的【Deformations】(变形)卷展栏下的【Scale】(缩放)按钮,弹出【Scale Deformation】(缩放变形)对话框,在控制线的左端添加6个点,调整它的形态,在右面再添加上6个点,调整形态,如图2.117所示。

⑦渲染透视图,欧式柱效果如图2.118所示,命名为"欧式柱.max"。

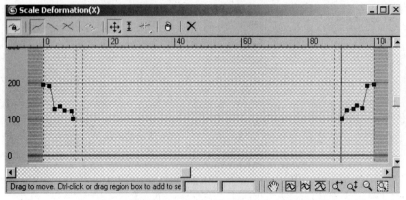 

图2.117　调整【Scale Deformation】(缩放变形)对话框　　　图2.118　欧式柱渲染效果

说明:二维物体放样建模是生成三维模型的一个重要手段,放样建模至少需要两个二维图形,一个用来定义物体的放样路径,另一个用来定义三维物体放样的截面图形。放样截面可以是一个也可以是多个,形态和数量没有限制,而放样路径只有一个,路径本身可以为开放的线段,也可以为封闭的图形。

子任务4　【bevel】(倒角)建模

1)创建倒角文字

①单击 按钮,选择【Text】(文本)命令,在【Parameters】(参数)卷展栏下选择字体样式,输入字体的【Size】(大小)为100,并在【Text】(文本)文本框中输入文字内容为"3ds Max 9",然后在前视图中单击鼠标创建文本对象,如图2.119所示。

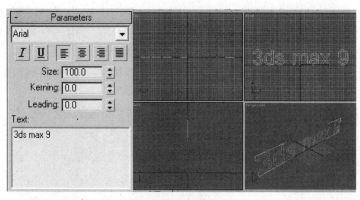

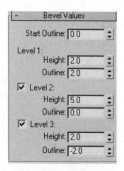

图2.119 创建文本

图2.120 参数设置

②在【Modify List】(修改器列表)下拉列表中选择【Bevel】(倒角)修改器,为文本添加一个修改器,倒角参数设置如图2.120所示。

③单击工具栏中的 ◎ 按钮,快速渲染透视图,渲染效果如图2.121所示,命名为"倒角文字.max"。

图2.121 最终渲染效果

2)制作木门

①在菜单栏中选择【File】/【Reset】,对系统进行重新设置,设置单位为"mm"。

②单击【Rectangle】(矩形)按钮,在前视图中创建一个450×350的矩形,如图2.122所示。

③选择矩形,单击【Modify】(修改)按钮,从弹出的修改器列表中选择【Edit Spline】(编辑样条线)修改编辑器,并单击次对象【Spline】(样条线)按钮,向上拖动参数面板,从中找到【Outline】(轮廓)工具,将其后面的参数修改为50。然后再单击【Outline】(轮廓)按钮,此时矩形里侧出现一条轮廓线,如图2.123所示。

④单击次对象【Vertex】(顶点)按钮,框选最里侧小矩形的上面两个顶点,如图2.124所示。

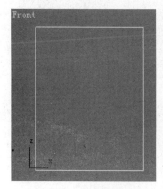

图2.122 绘制的矩形

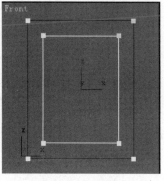

图2.123 轮廓后

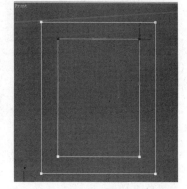

图2.124 选择小矩形的两个顶点

⑤单击 ✛ 按钮使其呈凹陷状态,然后在该按钮上单击右键,在弹出的对话框中,在最右侧的Y轴文本栏中输入-80,如图2.125所示,按【Enter】(回车)键,关闭对话框,此时选择的两个顶点向下移动了80 mm。

⑥拖动右侧的参数面板,单击【Refine】(优化)按钮,在小矩形的上边正中位置增加一个节点。选择该节点,然后右击✛按钮,在弹出的对话框中,在最右侧的 Y 轴文本栏中输入60,按【Enter】(回车)键,关闭对话框,此时被选择的节点向上移动了60 mm。

⑦按住 F5 键(锁定 X 轴),将该节点两边的杠杆柄水平向左右两边拉长,使图形更圆滑一些,如图2.126所示。

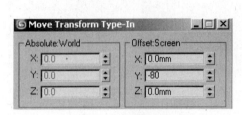

图2.125　参数设置

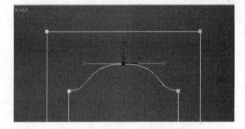

图2.126　调整节点的杠杆柄

⑧再次单击次对象【Spline】(样条线)按钮,选择里侧的矩形使其变红色,向上拖动参数面板,从中找到【Outline】(轮廓)工具按钮,将其后面的参数修改为20,然后再单击【Outline】(轮廓)按钮,此时矩形的里侧又多了一条轮廓线,如图2.127所示。

⑨关闭次对象的编辑。单击【Modify】(修改)按钮,从弹出的修改器列表中选择【Bevel】(倒角)修改编辑器,并依照如图2.128所示进行参数设置。

⑩在前视图绘制一个 450×350×10 的长方体,作为门的背板,摆好位置后渲染透视图,木门的渲染效果如图2.129所示,命名为"木门. max"。

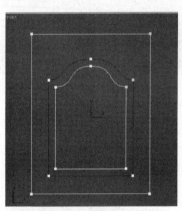

图2.127　再次创建轮廓线

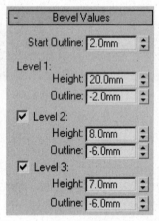

图2.128　参数设置

图2.129　木门渲染效果

3)制作建筑基础

①单击【Rectangle】(矩形)命令,在顶视图绘制一个 4 000×5 000 的矩形,如图2.130所示。

②进入修改命令面板,单击【bevel】(倒角)命令,调整倒角值,如图2.131所示。形成建筑基础如图2.132所示。

③单击【Line】(线)命令,在左视图中绘制表示台阶的二维线形,如图2.133所示。

④确认台阶二维线形处于被选择状态,单击修改器下拉列表中的【Extrude】(挤出)命令,设置挤出【Amount】(数量)为 1 000,移动到合适的位置,结果如图2.134所示。

⑤渲染透视图,结果如图2.135所示,命名为"建筑基础. max"。

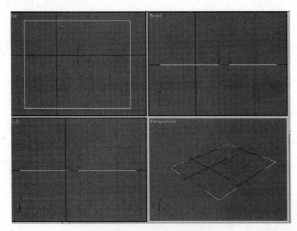

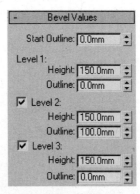

图 2.130   创建的矩形   图 2.131   参数设置

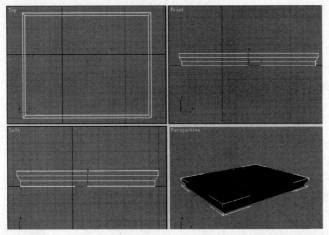

图 2.132   建筑基础

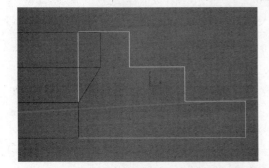

图 2.133   台阶二维线形

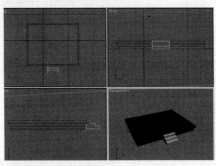

图 2.134   建筑基础

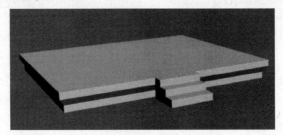

图 2.135   建筑基础的渲染效果

子任务 5　【Bevel Profile】(倒角剖面)建模

1) 制作建筑外观模型

①调用【Shapes】(图形)/【Line】(线)命令,在前视图创建如图 2.136 所示的线形。

②调用【Shapes】(图形)/【Rectangle】(矩形)命令,在顶视图创建一个矩形,如图 2.137 所示。

③确认矩形处于被选择状态,进入修改命令面板,单击【Bevel Profile】(倒角剖面)命令,在【Parameters】(参数)卷展栏下点击【Pick Profile】(拾取剖面)按钮,在视图中点选线形,产生一建筑外观模型,渲染透视图,如图 2.138 所示,命名为"建筑外观.max"。

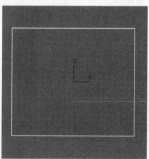

图 2.136　创建的线　　　　图 2.137　创建的矩形　　　　图 2.138　建筑外观模型

2) 制作五角星模型

①单击【Shapes】(图形)/【Star】(星形)命令,在顶视图创建一个星形,参数设置及创建的星形如图 2.139 所示。

②单击【Shapes】(图形)/【Line】(线)命令,在前视图创建一条垂线,如图 2.140 所示。

③选择星形,进入修改命令面板,单击【Bevel Profile】(倒角剖面)命令,在【Parameters】(参数)卷展栏下点击【Pick Profile】(拾取剖面)按钮,在视图中点选垂线,结果如图 2.141所示。

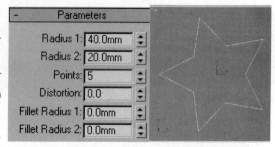

图 2.139　参数设置及创建的星形

④在左视图选择线,进入顶点级别,选择上面的顶点,如图 2.142 所示。

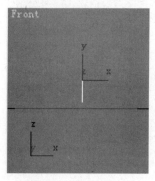
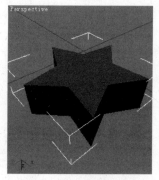
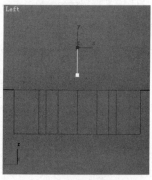

图 2.140　绘制的垂线　　　　图 2.141　倒角剖面后　　　　图 2.142　选择上面的顶点

⑤右键激活顶视图,移动选择的顶点,结果如图2.143所示。

⑥渲染透视图,如图2.144所示,命名为"五角星.max"。

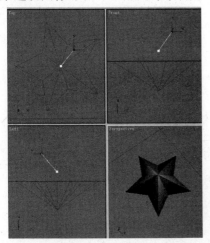 

图2.143　移动顶点　　　　　　图2.144　五角星模型渲染效果

子任务6　【Terrain】(地形)建模

①单击【Shapes】(图形)/【Line】(线)命令,在顶视图创建一组等高线,如图2.145所示。等高线间距离越近表示地形越陡峭,反之则越平缓。

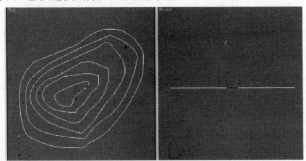

图2.145　绘制的等高线

②在前视图中向上移动等高线,确定地形将要生成的高度,如图2.146所示。

③选择最外圈的等高线,然后单击 ◎/【Compound Objects】(复合物体)/【Terrain】(地形)按钮,再单击【Pick Operand】(拾取操作对象),在视图中从下往上依次拾取等高线,结果如图2.147所示。

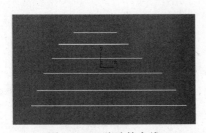 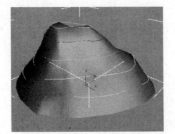

图2.146　移动等高线　　　　　图2.147　生成的地形

可以看出,生成的地形是独立于等高线之外的物体。如果在【Pick Operand】(拾取操作对象)时,选择的是参考方式,修改等高线形状将影响新生成的模型。

④选择修改器列表中的【MeshSmooth】（网格平滑）命令，调节【subdivision Amount】（细分量）中的【Smoothness】（平滑度）可以改变地形的平滑度；选择【Edit Mesh】（编辑网格）命令还可以调节坡度和走向。

巩固训练

1. 绘制如图2.148所示的牌匾模型。提示：先绘制椭圆形和文字，将文字复制一个。将一个文字和椭圆形附加到一起，然后分别做挤出。

2. 用【Extrude】（挤出）命令绘制如图2.149所示的简易桥模型。

图2.148　牌匾模型　　　　　　　　图2.149　简易桥模型

3. 用【Extrude】（挤出）命令绘制如图2.150和图2.151所示的两款室外长椅模型。

图2.150　室外长椅　　　　　　　　图2.151　室外长椅

4. 用【Extrude】（挤出）命令绘制如图2.152所示的拱形桥模型。

5. 绘制如图2.153所示的路灯模型。提示：路灯的灯杆使用【Lathe】（车削）命令。

6. 绘制如图2.154所示的国际象棋模型。提示：主要用到的修改器有【Extrude】（挤出）、【Lathe】（车削）等。

图2.152　拱形桥模型　　　　图2.153　路灯模型　　　　图2.154　国际象棋模型

7. 绘制如图 2.155 所示的花盆模型。提示：使用【Lathe】（车削）命令，图案暂时不用表现，绘制出模型即可。

8. 用【Loft】（放样）命令绘制如图 2.156 所示的相框。

9. 用【Bevel Profile】（倒角剖面）命令，绘制一个如图 2.157 所示的古建筑模型。

图 2.155　花盆模型　　　　图 2.156　相框模型　　　　图 2.157　古建筑模型

10. 输入任意文字，使用【bevel】（倒角）命令，将其做成倒角文字，自己设置参数。

11. 使用【Terrain】（地形）命令随意创建一个地形。

任务4　三维修改器建模的操作技能

说明：三维修改器是建模过程中使用比较频繁的工具。在制作模型的过程中，创建的三维物体只是一个雏形，几乎都要使用修改器进行深加工，它们既能更改对象的几何形状及属性，又可以在对象空间中对几何体的内部结构进行调整。

子任务1　【Bend】（弯曲）修改器建模

1）制作旋转滑梯模型

①单击【Shapes】（图形）/【Line】（Rectangle）命令，在前视图中绘制一个 50×100 的矩形，如图 2.158 所示。

②选择绘制的矩形，在修改器列表下选择【Edit Spline】（编辑样条线）命令，单击次对象【Segment】（线段）级别，在前视图中点选矩形的顶边，按下键盘上的【Delete】键将其删除，如图 2.159 所示。

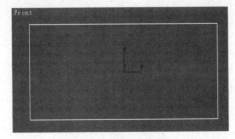
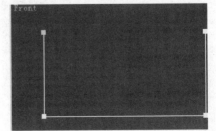

图 2.158　绘制的矩形　　　　　　图 2.159　删除选择的线段

③进入次对象【Spline】（样条线）级别，在【Outline】（轮廓）后面的数字框中输入 -5，单

击【Outline】(轮廓)按钮,产生一个厚度为 5 的外轮廓线,如图 2.160 所示。

④退出次物体编辑。在修改器下拉列表中选择【Extrude】(挤出)命令,设置【Amount】(数量)为 600,【Segments】(分段)数为 50,如图 2.161 所示。挤出结果如图 2.162 所示。

图 2.160　轮廓后

图 2.161　参数设置

⑤单击 ↻ 工具,在左视图中将挤出的对象旋转一定的角度,如图 2.163 所示。

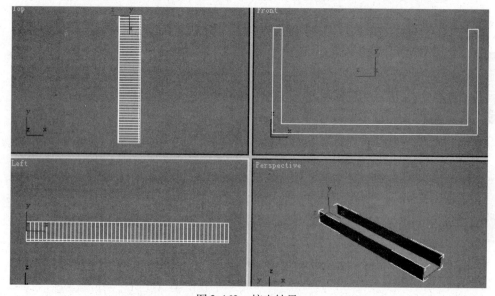

图 2.162　挤出结果

⑥在修改器下拉列表中选择【Bend】(弯曲)命令,在堆栈列表中单击【Bend】(弯曲)修改器前面的"+"号,展开它的【Gizmo】(线框)子对象级别,在左视图中旋转 Gizmo 线框(黄色的)至水平状态,如图 2.164 所示。

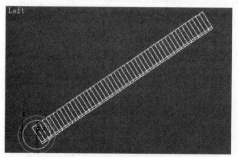

图 2.163　旋转挤出的对象

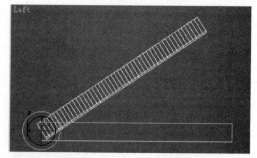

图 2.164　旋转 Gizmo 线框

⑦设置【Bend】(弯曲)修改器下的【Angle】(角度)值为 200,如图 2.165 所示。出现旋转滑梯效果,渲染透视图如图 2.166 所示,命名为"旋转滑梯.max"。

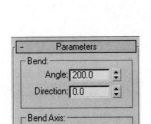

图 2.165　参数设置　　　　　　　　图 2.166　旋转滑梯渲染效果

2)制作扇子模型

①单击【Shapes】(图形)/【Line】(线)命令,在顶视图中绘制一条水平直线,命名为"扇子",如图 2.167 所示。

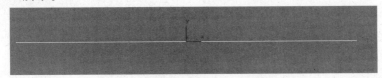

图 2.167　绘制一条水平的直线

②选择绘制的直线,单击 按扭,此时面板下方会弹出与【Line】(线)工具对应的修改面板,它与【Edit Spline】(编辑样条线)的功能相同,单击 Line 前面的 (加号),展开"Line"的次对象,单击次对象【Segment】(线段)选项,选择直线使其变红色,向上拖动参数面板,在【Divide】(拆分)按钮后面输入 25,然后单击【Divide】(拆分)按钮,此时,视图中的直线出现了很多节点,如图 2.168 所示。

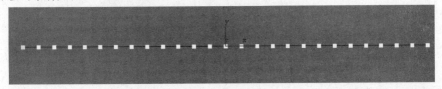

图 2.168　拆分的点

③单击次对象【Vertex】(顶点),按住【Ctrl】键,隔一个点选择一个点,如图 2.169 所示。

图 2.169　选择的点

④单击 按钮,在顶视图锁定 Y 轴移动选择的点,使直线变成折线,如图 2.170 所示。

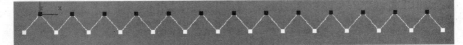

图 2.170　移动选择的点

⑤单击次对象【Spline】(样条线),选择折线,使之变红色,向上拖动参数面板,在【Outline】(轮廓)按钮后面输入 1,然后单击【Outline】(轮廓)按钮,此时,视图中的直线即变成了厚度为 1 的闭合线形,退出次物体,结果如图 2.171 所示。

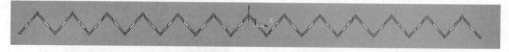

图2.171　轮廓后

⑥单击▧按钮，在其下拉列表下选择【Extrude】（挤出）命令，在【Parameters】（参数）卷展栏下，设置挤出【Amount】（数量）为160，结果如图2.172所示。

⑦单击【Create】（创建）▧/【Geometry】（几何体）◎/【Standard Primitives】（标准基本体）/【Box】（长方体）按钮，在左视图中创建一个150×6.0×0.2长方体，命名为"骨架"，位置如图2.173所示。

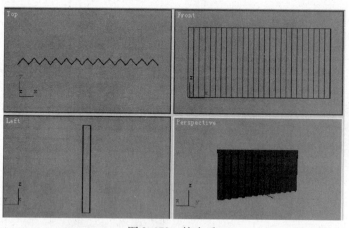

图2.172　挤出后

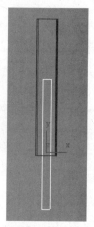

图2.173　骨架的位置

⑧在顶视图对骨架进行旋转、移动、复制25个，位置如图2.174所示。

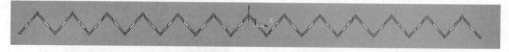

图2.174　所有骨架的位置

⑨选择视图中所有的造型，在修改命令面板的【Modify List】（修改器列表）中选择【Bend】（弯曲）命令，参数设置及效果如图2.175所示。

⑩观察发现，扇子的形状不合适。单击右侧面板中 ▧ Bend 前面的 ▧（加号），单击次对象【Gizmo】（线框）选项，在前视图中沿Y轴上下移动范围框，直至扇子的形状合适为止，渲染透视图，结果如图2.176所示，命名为"扇子.max"。

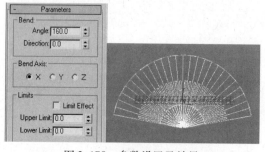

图2.175　参数设置及效果

图2.176　扇子渲染效果

子任务 2　【Taper】(锥化)修改器建模

1)制作石桌石凳模型

①单击【Create】(创建)　/【Geometry】(几何体)　/【Extended Primitives】(扩展基本体)/【ChamferCyl】(切角圆柱体)按钮,在顶视图中创建一个切角圆柱体,命名为"石桌",参数设置如图 2.177 所示。

②在修改命令面板的【Modify List】(修改器列表)中选择【Taper】(锥化)命令,设置参数如图 2.178 所示,效果如图 2.179 所示。

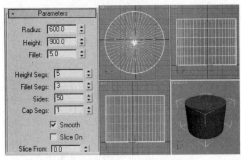

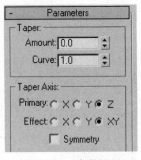
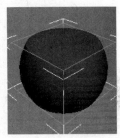

图 2.177　参数设置及结果　　　　图 2.178　参数设置　　图 2.179　锥化结果

③在顶视图中将"石桌"复制一个,命名为"石凳",修改其半径为 200,高度为 400,如图 2.180 所示。

④在顶视图中用阵列或者旋转复制的方法来再生成 5 个石凳,渲染透视图,如图 2.181 所示,命名为"石桌石凳.max"。

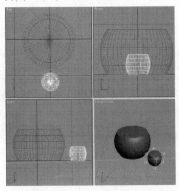

图 2.180　石凳的位置　　　　　　图 2.181　石桌石凳渲染效果

2)制作走廊模型

①在透视图中创建一个半径为 10、高度为 20 的圆柱体。

②在修改命令面板的【Modify List】(修改器列表)中选择【Taper】(锥化)命令,为圆柱体添加锥化修改,在【Parameters】(参数)卷展栏中设置【Amounts】(数量)值为 0.8,【Curve】(曲线)为 0.89,锥化效果如图 2.182 所示。

③在前视图中将圆柱体以【Copy】(复制)方式向上移动复制一个,并在【Parameters】(参数)卷展栏中修改其【Amounts】(数量)值为 0,【Curve】(曲线)为 -1.67,调整位置如图 2.183 所示。

④在前视图中将圆柱体以【Copy】(复制)方式向上移动复制一个,并在【Parameters】(参

数)卷展栏中修改其【Amounts】(数量)值为0,【Curve】(曲线)为1.2,调整位置如图2.184所示。

图2.182　锥化效果

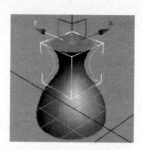

图2.183　造型的位置

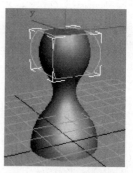

图2.184　造型的位置

⑤在前视图中将第二个圆柱体以【Copy】(复制)方式向上移动复制一个,调整位置如图2.185所示。

⑥在透视图中创建一个长度、宽度、高度均为20的长方体,然后使其底面对齐最上面圆柱体的顶面,如图2.186所示。

⑦在顶视图中将所有的物体以【Instance】(实例)的方式沿X轴向右移动复制8个,并在其顶部创建一个50×1 100×10的长方体,形成栏杆形态,如图2.187所示。

⑧在顶视图栏杆的两侧分别创建一个半径为30、高度为500的圆柱体,作为柱子。

图2.185　造型的位置

图2.186　造型的位置

图2.187　栏杆的形态

⑨在透视图中创建一个半径为30、高度为60的圆柱体作为柱础,并为其添加【Taper】(锥化)修改,【Amounts】(数量)值为0,【Curve】(曲线)为2.96,位置及形态如图2.188所示。

⑩在顶视图中将整个造型沿Y轴向下复制一个,最终渲染效果如图2.189所示,命名为"走廊.max"。

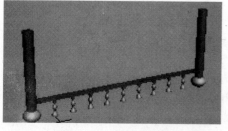

图2.188　造型的位置

图2.189　走廊渲染效果

> 说明:【Taper】(锥化)修改命令是通过缩放物体的两端而产生锥形轮廓,同时还可以生成光滑的曲线轮廓,通过调整锥化的倾斜度及轮廓弯曲度,可以得到各种不同的锥化效果,另外,通过【Limit】(限制)参数的设置,锥化效果还可以被限制在一定区域内。

子任务3 【Noise】(噪波)修改器建模

1)制作山形模型

①单击【Box】(长方体)命令,在顶视图中创建一个长方体,参数设置及形态如图2.190所示。

②在修改命令面板的【Modify List】(修改器列表)中选择【Noise】(噪波)命令,在【Parameters】(参数)卷展下设置【Scale】(比例)为78,勾选【Fractal】(分形)选项,设置【Iterations】(迭代次数)为10,调整【Strength】(强度)选项组下的Z轴为100,噪波参数设置和结果如图2.191所示。

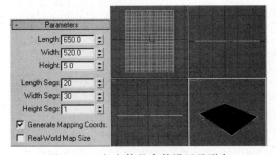

图2.190 长方体的参数设置及形态　　　图2.191 【Noise】(噪波)参数设置及结果

③单击工具栏中的 ◉ 按钮,快速渲染透视图,观察制作的模型效果,如图2.192所示,命名为"山形.max"。

2)制作褶皱的纸张模型

①单击【Plane】(平面)按钮,在顶视图中创建一个平面,参数设置及结果如图2.193所示。

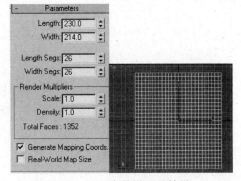

图2.192 山形渲染效果　　　　　图2.193 参数设置及结果

②在修改命令面板的【Modify List】(修改器列表)中选择【Noise】(噪波)命令,在【Parameters】(参数)卷展下设置适当的参数,则噪波修改后的平面效果如图2.194所示。

③单击工具栏中的 ⚫ 按钮,快速渲染透视图,可以观察制作的模型效果,如图 2.195 所示是赋予材质后的效果,命名为"褶皱的纸张. max"。

图 2.194 参数设置及结果   图 2.195 褶皱的纸张渲染效果

说明:【Noise】(噪波)命令用于沿着三个轴向的任意组合调整对象顶点的位置,在不破坏对象表面细节的情况下,使对象的表面突起、破裂和扭曲,常用于制作山峰、沙丘和波浪等模型对象。

子任务 4 【Lattice】(晶格)修改器建模

1)制作钢架模型

①在前视图中创建一个 20×280×20 的长方体,并将其【Width Segs】(宽度分段)值设为 14。

②打开修改命令面板,在【Modify List】(修改器列表)中选择【Edit Mesh】(编辑网格)命令,为其添加编辑网格修改。

③单击【Selection】(选择)面板中的 ◁(边)按钮,在前视图中选择所有的边(变红色),单击【Surface Properties】(曲面属性)面板中的【Visible】(可见)按钮,显示所有的边,效果如图 2.196 所示。

图 2.196 显示边前后的形态比较

④再次单击 ◁(边)按钮,使其关闭。

⑤在【Modify List】(修改器列表)中选择【Lattice】(晶格)命令,为长方体添加晶格修改命令,【Parameters】(参数)面板中的参数设置如图 2.197 所示,晶格效果如图 2.198 所示。

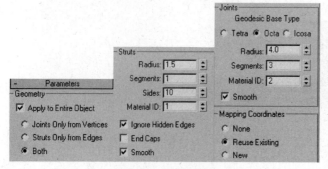
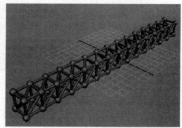

图 2.197 参数设置   图 2.198 晶格效果

⑥将晶格物体旋转复制两个,分别摆在原物体的两端,效果如图2.199所示,命名"钢架.max"。

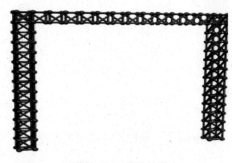

图2.199 渲染效果

2)制作钢结构模型

①单击【Box】(长方体)命令,在顶视图中创建一个长方体,长方体的形态及参数设置如图2.200所示。

②在【Modify List】(修改器列表)中为长方体添加一个【Lattice】(晶格)命令,调整各项参数,如图2.201所示,此时长方体的效果如图2.202所示。

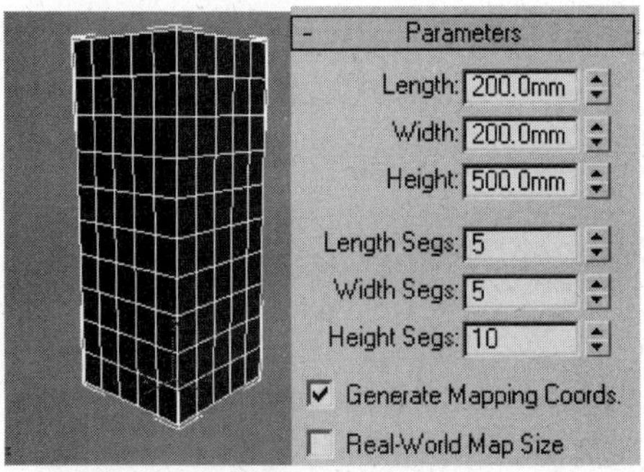

图2.200 长方体的形态及参数设置 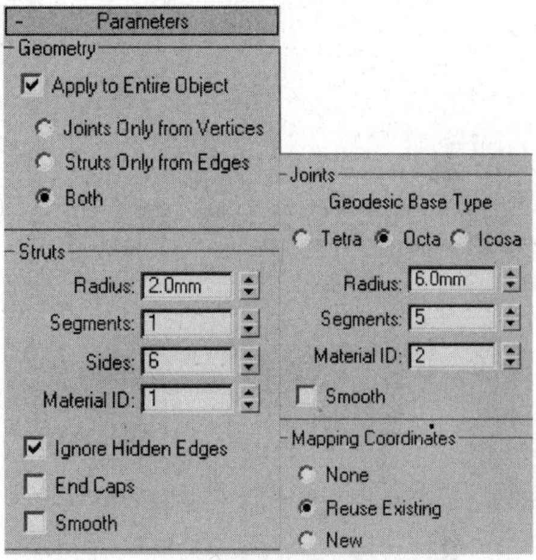　　　　图2.201 参数设置

③在【Modify List】(修改器列表)中执行【Taper】(锥化)命令,【Amount】(数量)设置为-0.95,将【Curve】(曲线)设置为-0.8,如图2.203所示。最终效果如图2.204所示,命名为"钢结构.max"。

图2.202 晶格后的效果

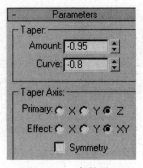

图2.203 参数设置

图2.204 钢结构效果

说明:【Lattice】(晶格)修改命令可以根据网格物体的线框结构化。线框的交叉点转化为球形节点物体,线框转化为连接的圆柱形支柱物体,常用于制作钢架建筑结构的效果显示。物体的各顶分段决定模型支架及节点数,所以制作之前,应该合理设置分段数值。

子任务5　FFD 修改器建模

制作书模型

①在顶视图中创建一个长方体,参数设置如图 2.205 所示。

②在修改命令面板的【Modify List】(修改器列表)中选择【FFD(box)】(FFD 长方体)命令,在【FFD Parameters】(FFD 参数)卷展下单击【Set Number of Point】(设置点数)按钮,在弹出的【Set FFD Dimensions】(设置 FFD 尺寸)对话框中设置参数和结果如图 2.206 所示,然后单击【OK】按钮。

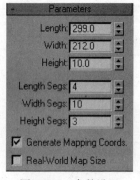

图 2.205　参数设置　　　　　　　图 2.206　参数设置及结果

③在修改器堆栈中进入 FFD 的【Control Points】(控制点)子层级,在前视图中使用框选的方式选择中间 3 列(除去底行)控制点,使用工具栏中的 ✛ (移动)工具,将选择的控制点向上移动 8 个单位,如图 2.207 所示。

④按住 Alt 键在前视图中将右侧一列的控制点减去选择,再将选择的控制点沿 Y 轴向上移动 8.8 个单位,如图 2.208 所示。

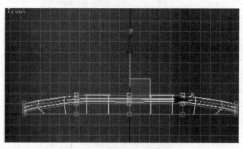

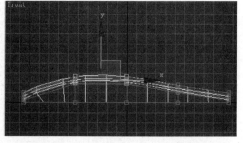

图 2.207　移动控制点　　　　　　图 2.208　向上移动 8.8 个单位控制点

⑤同样,按住 Alt 键在前视图中将右侧一列的控制点取消选择,再将选择的控制点沿 Y 轴向上移动 5.7 个单位,如图 2.209 所示。

⑥在前视图中将最左侧的控制点向下移动到如图 2.210 所示的位置。

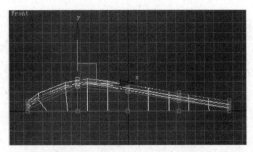

图 2.209　向上移动 5.7 个单位控制点

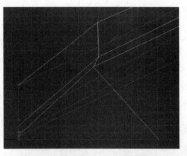

图 2.210　向下移动控制点

⑦在前视图中将最右侧的控制点向下移动到如图 2.211 所示的位置。

⑧在修改器堆栈中退出【Control Points】(控制点)子层级。

⑨在前视图中选择调整好的长方体造型,然后单击工具栏中的 ▧ (镜像)按钮,将其沿 X 轴以【Instance】(实例)的方式镜像复制一个,调整其位置如图 2.212 所示。

图 2.211　移动控制点

⑩至此,书模型制作完成。快速渲染透视图,可以观察模型效果。如图 2.213 所示为赋予材质后的效果,命名为"书模型. max"。

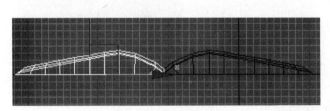

图 2.212　镜像复制

图 2.213　书模型渲染效果

> 说明:【FFD】(自由形式变形器)命令的主要编辑方法是通过使用工具栏上的旋转、移动、缩放等工具来调整各个控制点的位置,从而改变对象的外观形状。

子任务6　复合对象建模

复合对象是指将已有的对象复合,构成新的对象模型。在建模过程中,许多对象都是由基本形状的对象演变而成,或是由不同形状的基本对象复合形成。创建复合对象的命令有【Scatter】(散布)、【Connect】(连接)、【ShapeMerge】(图形合并)、【Boolean】(布尔)等 10 种。

1)【Boolean】(布尔)——制作古钱币模型

①在顶视图中创建一个圆柱体,参数设置如图 2.214 所示。

②在顶视图中创建一个 20×20×40 的长方体,位置如图 2.215 所示。

③选择创建的长方体,在几何体创建命令面板中单击【Compound Objects】(复合对象)/【Boolean】(布尔)命令,然后单击【Pick Operand B】(拾取操作对象 B)按钮,在场景中用鼠标点选圆柱体,布尔运算的结果如图 2.216 所示,命名为"古钱币. max"。

 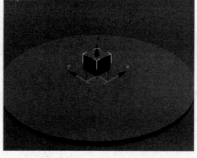 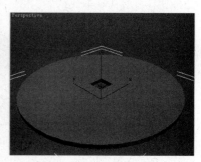

图2.214 参数设置   图2.215 造型的位置   图2.216 古钱币结果

说明:布尔运算就是将两个物体进行差集、交集和并集运算,生成独立物体的运算方法。

2)【Boolean】(布尔)——制作花瓶模型

①重置3ds Max 9系统,将系统单位设置为"mm"。

②单击 / /【Extended Primitives】(扩展基本体)/【ChamferCyl】(切角圆柱体)按钮,在顶视图创建一个切角圆柱体,命名为"花瓶内",参数设置和图形如图2.217所示。

③单击【修改】 按钮,在其下拉列表中选择【FFD(Box)】[FFD(长方体)]修改器,单击【FFD Parameters】(FFD参数)卷展栏下的【Set Number of Points】(设置点数)按钮,弹出【Set FFD Dimensions】(设置FFD尺寸)对话框,设置长、宽、高分别为2、2、4,如图2.218所示。

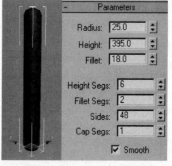

图2.217 切角圆柱体及参数设置

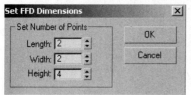

图2.218 参数设置

④按【1】键进入【Control Points】(控制点)层级,分别在顶视图、前视图中用缩放或者移动命令调整控制点的位置如图2.219所示。

⑤单击 按钮,在其下拉列表中选择【Twist】(扭曲)修改器,在【Parameters】(参数)卷展栏下,设置【Angle】(角度)为120、【Bias】(偏移)为0、【Twist Axis】(扭曲轴)为默认的Z轴,结果如图2.220所示。

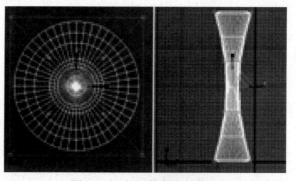

图2.219 调整控制点的位置

⑥单击 【Star】(星形)按钮,在顶视图中创建一个星形,命名为"花瓶外",设置参数如图2.221所示。

⑦为星形添加【Extrude】(挤出)修改,设置【Amount】(数量)为390,如图2.222所示。

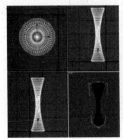
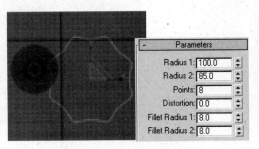
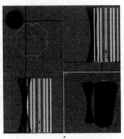

图2.220 扭曲修改   图2.221 星形及参数设置   图2.222 挤出

说明:添加【Twist】(扭曲)修改器的原因是为避免在布尔运算时出错。也可以试着省去这一步,直接与下面制作的扭曲星形执行布尔运算。

⑧为"花瓶外"造型再添加【Twist】(扭曲)修改,在【Parameters】(参数)卷展栏下,设置【Angle】(角度)为120、【Bias】(偏移)为0、【Twist Axis】(扭曲轴)为默认的Z轴,结果如图2.223所示。

⑨为"花瓶外"造型添加【Taper】(锥化)修改,在【Parameters】(参数)卷展栏下设置【Amount】(数量)为 -0.25、【Curve】(曲线)为0、【Taper Axis】(锥化轴)为默认设置,如图2.224所示。锥化结果如图2.225所示。

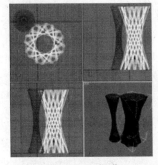
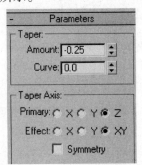
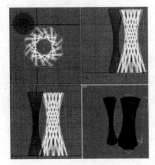

图2.223 扭曲   图2.224 参数设置   图2.225 锥化

⑩在顶视图,选择两个造型的任意一个,单击 【Align】(对齐)工具按钮,在【Align Selection】(对齐当前选择)对话框中设置如图2.226所示。

⑪在前视图中,将"花瓶内"造型向上移动一定的距离,如图2.227所示。

⑫选择"花瓶外"造型,单击 / /【Compound Objects】(复合对象)/【Boolean】(布尔)命令,在【Operation】(操作)选项区域中选择【Subtraction(A-B)】(差集(A-B))按钮,然后单击【Pick Operand B】(拾取操作对象B)按钮,在视图中拾取"花瓶内",生成花瓶造型,渲染效果如图2.228所示,命名为"花瓶.max"。

图2.226　对齐设置

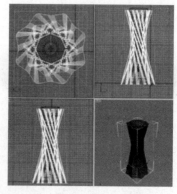

图2.227　造型的位置

3)【ProBoolean】(超级布尔)——制作垃圾桶模型

①单击【Cylinder】(圆柱体)命令在顶视图中创建一个圆柱体,作为垃圾桶的主体部分,参数设置如图2.229所示。

②将圆柱体转换为【Editable Poly】(可编辑多边形),按【4】键进入 ■【Polygon】(多边形)子层级,选择圆柱体最上层的面,按【Delete】键将其删除,如图2.230所示。

图2.228　花瓶模型渲染效果

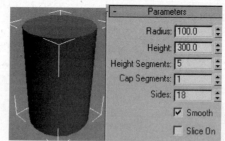

图2.229　圆柱及参数设置

图2.230　删除面

③退出次物体级。进入修改面板,为其添加【Shell】(壳)修改器,在【Parameters】(参数)卷展栏下设置其【Inner Amount】(内部量)为4,如图2.231所示。使其产生厚度,结果如图2.232所示。

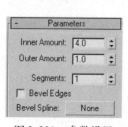

图2.231　参数设置

图2.232　产生厚度

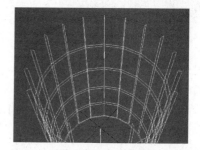

图2.233　选择边线

④将模型转换为【Editable Poly】(可编辑多边形),按【2】键进入【 ◁ Edge】(边)层级,选择模型上部内外边线(变红色)如图2.233所示,使用【Chamfer】(切角)命令为其设置1,结果如图2.234所示。

图2.234　设置切角数量及结果

⑤制作垃圾桶桶身镂空。在顶视图中创建一个 100×100×20 的长方体,位置如图 2.235所示。

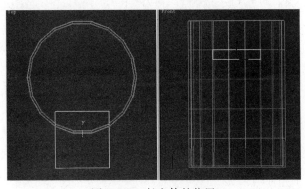
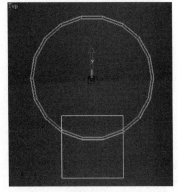

图2.235　长方体的位置　　　　　　　图2.236　移动轴心至桶心位置

⑥选择创建的长方体模型,单击 ⚒ 按钮进入【Hierarchy】(层次)面板,按下【Affect Pivot Pnly】(仅影响轴)按钮,使用移动工具在顶视图将长方体的轴心移动到垃圾桶的中心,如图 2.236 所示。

调整完成后,再次单击【Affect Pivot Pnly】(仅影响轴)按钮,使其呈弹起状态,退出轴心调整。

⑦确认顶视图处于激活状态,单击菜单栏的【Tools】(工具)/【Array】(阵列)命令,对长方体进行旋转复制,阵列参数设置如图 2.237 所示,阵列结果如图 2.238 所示。

⑧选择垃圾桶模型,单击 ⬛/◉/【Compound Objects】(复合对象)/【ProBoolean】(超级布尔)命令进入超级布尔面板,单击【StarPicking】(开始拾取)按钮,在视图中依次单击阵列后的长方体,垃圾桶模型渲染透视图,效果如图 2.239 所示,命名为"垃圾桶.max"。

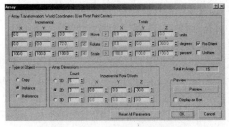

图2.237　陈列参数设置　　　　图2.238　阵列结果　　图2.239　垃圾桶渲染效果

说明:【ProBoolean】(超级布尔)工具可以连续进行布尔运算操作,并且生成的物体面数少,没有多余的线条,且运行稳定。

4)【Scatter】(散布)——制作草地模型

①单击【Plane】(平面)命令,在顶视图中创建一个 4 200×4 200 的平面,命名为"地面",如图 2.240 所示。

②在前视图中再创建一个 120×60 的平面,命名为"小草",位置如图 2.241 所示。

③确认"小草"处于选择状态,单击【Create】(创建)🔧/【Geometry】(几何体)◉/【Compound Objects】(复合对象)/【Scatter】(散布)命令,然后单击【Pick Distribution Object】(拾取分布对象)按钮,在顶视图中单击拾取"地面"造型。

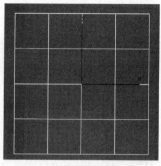

图 2.240　创建的平面

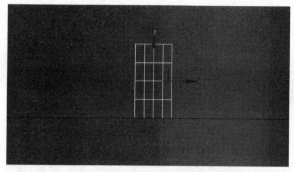

图 2.241　"小草"造型的位置

④打开【Scatter Object】(散布对象)卷展栏,在【Source Object Parameters】(源对象参数)选项区域中设置【Duplicates】(重复数)为 10 000,【Vertex Chaos】(顶点混乱度)为 25;在【Distribution Object Parameters】(分布对象参数)选项区域中,勾去【Perpendicular】(垂直)复选框,勾选【Volume】(体积)单选按钮。

打开【Transforms】(变换)卷展栏,在【Rotation】(旋转)选项区域中设置 X 为 35,Y 为 40;在【Scaling】(比例)选项区域中设置 X 为 20,Y 为 50,如图 2.242 所示。

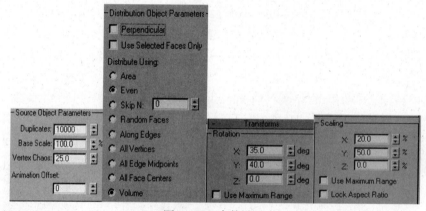

图 2.242　参数设置

⑤为草地和小草赋予材质并设置环境背景,渲染透视图,效果如图 2.243 所示,命名为"草地. max"。

5)【ShapeMerge】(图形合并)——制作笔筒浮雕模型

①打开"本书素材\项目二\任务 6\模型\图形合并. max"文件,如图 2.244 所示。

②单击【Create】(创建)🗟/【Shapes】(图形)🖌/【Text】(文本)命令,在前视图中创建"勤奋务实"文本,设置参数如图 2.245 所示。

③在修改命令面板中利用【Bend】(弯曲)命令将创建的文本沿 X 轴弯曲 128°,并调整其位置,如图 2.246 所示。

图 2.243　散布渲染效果

④在视图中选择笔筒造型,在几何体创建命令面板中选择【Compound Objects】(复合对象)选项,单击【ShapeMerge】(图形合并)按钮。

图2.244　打开的场景文件

图2.245　文本参数设置

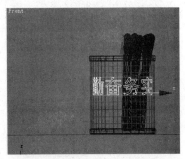
图2.246　弯曲文本并移其位置

⑤在【Pick Operand】（拾取操作对象）卷展栏中单击【Pick Shape】（拾取图形）按钮，拾取创建的文本图形进行图形合并，此时文本已嵌入到笔筒造型中。

⑥在视图中选择图形合并后的笔筒造型，在修改命令面板的【Modify List】（修改器列表）中选择【Edit Mesh】（编辑网格）命令，进入【Polygon】（多边形）■子层级，默认情况下"勤奋务实"四个字的多边形对象被选择，如果有多选或少选笔画的情况，可以结合【Ctrl】键或【Alt】键进行加选或减选，如图2.247所示。

⑦打开【Edit Geometry】（编辑几何体）卷展栏，在【Extrude】（挤出）按钮右侧的数值框中输出300，挤出文本多边形子对象，结果如图2.248所示。

⑧单击工具栏中的👁按钮，快速渲染透视图，效果如图2.249所示，命名为"笔筒浮雕.max"。

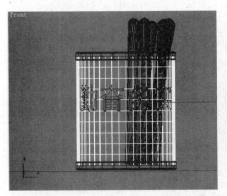
图2.247　次物体下选择文字

图2.248　挤出文字

图2.249　笔筒浮雕渲染效果

说明：使用【ShapeMerge】（图形合并）命令可以将一个或多个图形嵌入网格对象，从而创建复合对象。在合并的过程中，这些图形既可以嵌入在网格内部，也可以根据几何外形将除此以外的部分从网格中减去。

子任务7　【Edit Mesh】（编辑网格）修改器建模

1）制作哑铃模型

①单击🖱/⬤/【Cylinder】（圆柱体）命令，在顶视图中创建一个圆柱体，参数设置如图2.250所示。

②进入修改命令面板,从修改器列表中选择【Edit Mesh】(编辑网格)命令,进入
【Vertex】(顶点)子层级,利用移动 工具在前视图中框选第二行、第四行节点调整到如图
2.251 所示的位置,然后再对称调节下面的节点,如图 2.252 所示。

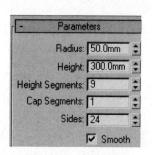

图 2.250　参数设置　　　　图 2.251　调整节点位置　　　　图 2.252　调整节点位置

③框选"圆柱"体中间两层节点,右键单击 按钮,在【Scale Transform Type-In】(缩放变换输入)对话框中输入比例数值,如图 2.253 所示。此时节点的位置如图 2.254 所示。

④在前视图中分别框选第一行、第四行、第七行和第十行节点,右键单击 按钮,在【Scale Transform Type-In】(缩放变换输入)对话框中输入比例数值为 95,结果如图 2.255 所示。

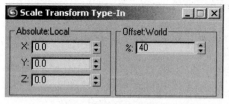

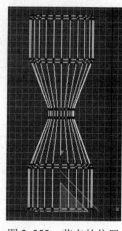

图 2.253　参数设置　　　　图 2.254　节点的位置　　　　图 2.255　节点的位置

⑤在前视图中分别框选第五行和第六行节点,点击 命令,将节点调节成如图 2.256 所示的位置。

⑥退出次物体编辑状态,在修改器列表中选择【Smooth】(平滑)命令,在其参数中勾选【Auto Smooth】(自动平滑)选项,如图 2.257 所示。亚铃效果如图 2.258 所示,命名为"哑铃.max"。

2)制作古城墙模型

①单击 /【Box】(长方体)命令,在透视图中创建一个长方体,参数设置如图 2.259 所示。

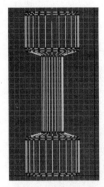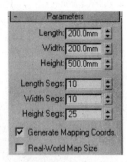

图 2.256 调整节点位置   图 2.257 平滑参数   图 2.258 哑铃渲染效果   图 2.259 参数设置

②进入修改命令面板,在修改器列表下选择【Edit Mesh】(编辑网格)命令,进入■
【Polygon】(多边形)子层级,在【Selection】(选择)卷展栏中勾选【Ignore Back facing】(忽略背面)复选框,并在顶视图中选择位于立方体上方的外围多边形,如图 2.260 所示。

③在【Edit Geometry】(编辑几何体)卷展栏的【Extrude】(挤出)文本框中输入挤出的数值:50,按【Enter】键确认,生成挤出的围墙,如图 2.261 所示。

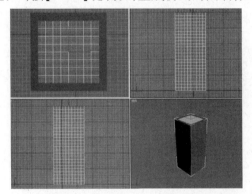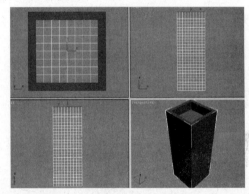

图 2.260 选择上面外围多边形   图 2.261 挤出围墙

④在顶视图中,将所选择的多边形间隔一个去掉选择,然后和上面一样,向上挤出,数值为 25,形成墙垛,如图 2.262 所示。

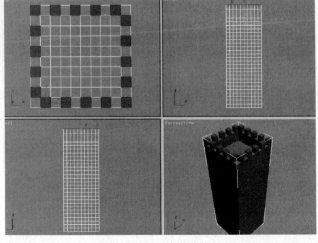

图 2.262 挤出墙垛

⑤在左视图中选择其侧面的多边形,如图 2.263 所示。然后将选择的多边形挤出数量为 20,反复挤出若干次,形成新的墙体,如图 2.264 所示。

图 2.263　选择侧面的多边形

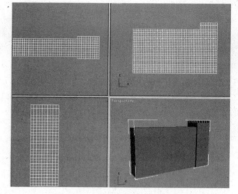

图 2.264　挤出生成新的墙体

⑥在顶视图选择新的墙体上方两边的多边形,如图 2.265 所示。将选择的多边形挤出 25 形成围墙。

⑦间隔选择所选的多边形,如图 2.266 所示。将所选多边形挤出 25 形成墙垛。

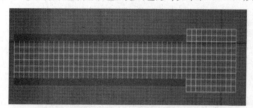

图 2.265　选择两边的多边形

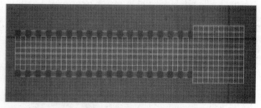

图 2.266　间隔选择多边形

⑧用相同的方法,在转角的另一个侧面也制作出同样的长墙,如图 2.267 所示。

⑨渲染透视图,效果如图 2.268 所示。

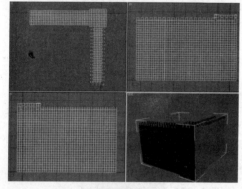

图 2.267　制作出的长墙

图 2.268　古城墙渲染效果

子任务 8　【Edit Poly】(编辑多边形)修改器建模

制作巧克力模型

①单击 ◎/【Box】(长方体)命令,在透视图中创建一个长方体,参数设置如图 2.269 所示。

②选择长方体,在修改器列表下选择【Edit Poly】(编辑多边形),进入 ■【Polygon】(面)子对象层级,在顶视图中选择所有的顶面,如图 2.270 所示。

③按下修改面板中【Bevel】(倒角)命令后面的■(倒角设置)按钮,在弹出的【Bevel Polygons】(倒角多边形)对话框中设置【Height】(高度)为1,【Outline Amount】(轮廓量)为 -1.2,然后在【Bevel Type】(倒角类型)项目下点选【By Polygon】(按多边形),如图2.271 所示。结果如图2.272 所示。

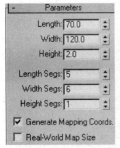

图2.269 参数设置

图2.270 选择顶面

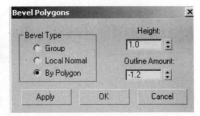

图2.271 参数设置

④按【2】键,进入 【Edge】(边)子对象层级,在前视图框选所有的顶边(包括一上步倒角后产生的短边),如图2.273 所示。

说明:默认的倒角类型是【Group】(组)方式,只会在整个立方体的外轮廓形成一个大的倒角,如果设置为【By Polygon】(按多边形),则会为每个多边形的面独立进行倒角设置。

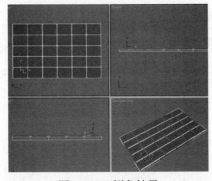

图2.272 倒角结果

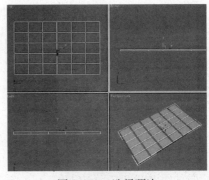

图2.273 选择顶边

⑤按下修改面板中【Chamfer】(切角)命令后面的■(切角设置)按钮,在弹出的【Chamfer Edges】(切角边)对话框中设置【Chamfer Amount】(切角量)为0.2,单击【OK】按钮。此时,各个切角边都产生了大小为0.2的倒角,外型更接近于巧克力,而且有了切角后更容易表现巧克力的高光,换成巧克力色,渲染透视图,结果如图2.274 所示,命名为"巧克力.max"。

图2.274 巧克力渲染效果

巩固训练

1.绘制如图2.275 所示的旋转楼梯。提示:主要用到的修改器有【Extrude】(挤出)、【Bend】(弯曲)等。

2. 绘制如图 2.276 所示的小桥模型。提示：主要用到的修改器有【Extrude】（挤出）、【Bend】（弯曲）等。

3. 绘制如图 2.277 所示的钢架模型。提示：主要用到的修改器是【Lattice】（晶格）。

图 2.275　旋转楼梯　　　　　图 2.276　小桥　　　　　图 2.277　钢架模型

4. 绘制如图 2.278 所示的石凳造型。提示绘图步骤：①在顶视图中创建圆柱；②【Taper】（锥化）；③在前视图中绘制小圆柱体并复制放于合适的位置；④【Boolean】（布尔）运算。制作流程图例如图 2.279 所示。

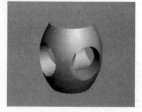

图 2.278　石凳造型

5. 绘制如图 2.280 所示的石头模型。提示绘图步骤：①在前视图中创建一个半径为 500 的球体；②【Noise】噪波；【Noise】（噪波）参数设置如图 2.281 所示。

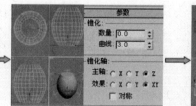

创建圆柱及参数设置　　　　【Taper】(锥化)及参数设置　　　　创建小圆柱参数设置及位置

图 2.279　制作流程图例

6. 自己创建喜欢的模型并进行【ShapeMerge】（图形合并）操作。

7. 参照如图 2.282 所示的古城墙，绘制其模型。提示：主要用到的修改器是【Edit Mesh】（编辑网格）。

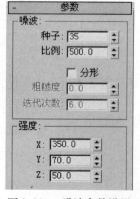

图 2.280　石头模型　　　　图 2.281　噪波参数设置　　　　图 2.282　古城墙

任务5 创建园林小品模型的操作技能

子任务1 制作路牌模型

①在前视图中绘制一个 192×116 的矩形,将矩形转化为可编辑样条线,进入顶点子对象层级,选择上部的两个顶点,进行圆角,设置【Fillet】(圆角值)为55,如图2.283所示。进入线段子对象层级,删除底部的线段,将底部的顶点向下移动,位置如图2.284所示。

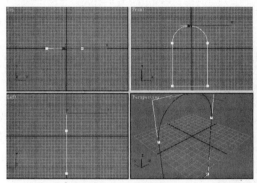
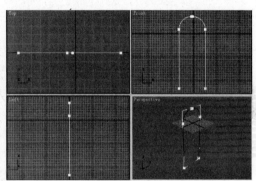

图2.283 顶点圆角　　　　　　　图2.284 删除顶点并向下移动

②在前视图中绘制一个 94×117 的矩形,转化为可编辑样条线,调整顶点位置,其形态如图2.285所示。使用缩放工具,缩小复制一个矩形,调整矩形的顶点位置,其形态如图2.286所示。

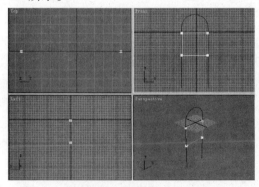
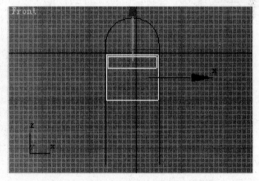

图2.285 调整顶点位置　　　　　　图2.286 小矩形的形态及位置

③进入样条线子对象,将小矩形拖动复制2个,调整位置,其形态如图2.287所示。为3个小矩形加入【Extrude】(挤出)修改器,设置【Amount】(数量)为2,形态如图2.288所示。

④在前视图中创建一个 79×113 的平面,位置如图2.289所示。

⑤选择最早创建的矩形,打开可渲染选项,设置渲染厚度为3,渲染透视图,如图2.290所示,命名为"路牌.max"。

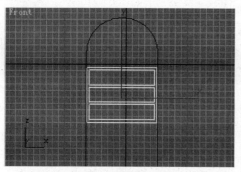

图2.287　复制小矩形

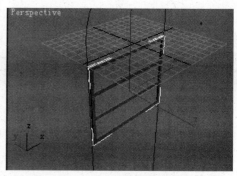

图2.288　挤出小矩形

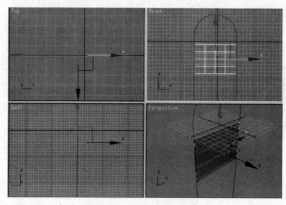

图2.289　平面的位置

图2.290　路牌渲染效果

子任务2　制作阳台护栏模型

①在前视图中绘制一个10 000×15 000的大矩形,在其中间再绘制一个2 600×4 500的小矩形,再将小矩形复制一个,位置如图2.291所示。

②为矩形添加【Edit Spline】(编辑样条线)命令,单击【Attach Mult】(附加多个)按钮,在弹出的【Attach Mult】(附加多个)对话框中单击【All】(全部)按钮,再单击【Attach】(附加)按钮,将三个矩形附加为一体。

③为附加后的矩形添加【Extrude】(挤出)命令,设置挤出的【Amount】(数量)为240,命名为"墙体",如图2.292所示。

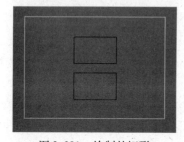

图2.291　绘制的矩形

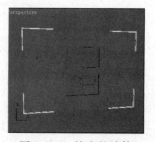

图2.292　挤出的墙体

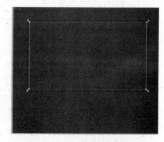

图2.293　轮廓后的结果

④在前视图中用捕捉方式绘制一个2 600×4 500的矩形,命名为"窗框",添加【Edit Spline】(编辑样条线)命令,进入【Spline】(样条线)子物体层级,在【Outline】(轮廓)右侧的文本框中输入60,单击【Outline】(轮廓)按钮,如图2.293所示。

⑤进入【Segment】(线段)子物体层级,在前视图中,选择左侧里面的线段,在 ✛ 按钮上单击鼠标右键,在弹出的【Move Transform Type-In】(移动变换输入)对话框中设置参数如图2.294所示。使这条线段向右侧移动3330,结果如图2.295所示。

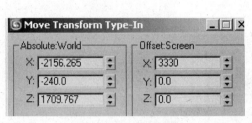

图2.294 参数设置

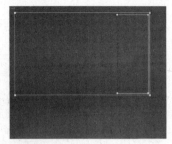

图2.295 移动后的形态

⑥进入【Spline】(样条线)子物体层级,在前视图中选择里面的小矩形,复制3个,结果如图2.296所示。

⑦进入【Segment】(线段)子物体层级,用和上面相同的方法继续绘制、复制、调整次物体下的矩形,结果如图2.297所示。

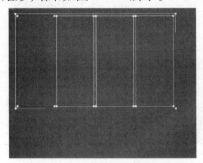

图2.296 复制后效果

图2.297 调整后的形态

⑧为窗框添加【Extrude】(挤出)命令,设置挤出的【Amount】(数量)为60,结果如图2.298所示。

⑨将窗框用捕捉模式在前视图中实例复制一个。

⑩在顶视图中用【Line】(线)命令绘制一条样条线,命名为"阳台路径",如图2.299所示。

⑪确认阳台路径处于被选择状态,按【Ctrl + V】键将其复制一个,命名为"阳台底座"。选择阳台底座,进入【Spline】(样条线)子物体层级,在【Outline】(轮廓)右侧的文本框中输入300,同时勾选【Center】(中心)项,单击【Outline】(轮廓)按钮,结果如图2.300所示。

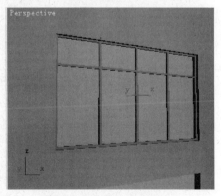

图2.298 挤出后的效果

图2.299 绘制的样条线

图2.300 轮廓结果

⑫退出次物体级,然后添加【Bevel】(倒角)命令,倒角参数设置和结果如图2.301所示。

⑬单击【Line】(线)命令根据阳台底座的形状绘制出阳台地面,添加【Extrude】(挤出)命令,设置挤出的【Amount】(数量)为100,形状和位置如图2.302所示。

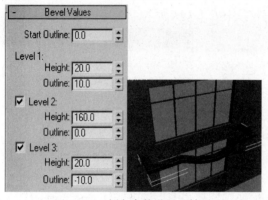

图2.301　倒角参数设置及结果

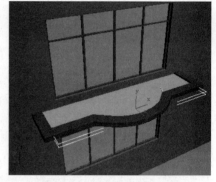

图2.302　阳台地面的位置

⑭选择阳台路径,在任意视图上单击鼠标右键,从弹出的快捷菜单中选择【Hide Unselected】(隐藏未选择)选项,使视图中只显示阳台路径,如图2.303所示。

⑮单击【Standard Primitives】(标准基本体),从下拉列表中选择【AEC Extended】(AEC扩展)选项,单击【Railing】(栏杆)按钮,在弹出的参数面板中单击【Pick Railing Path】(拾取栏杆路径)按钮,将鼠标移至顶视图中单击阳台路径,生成栏杆造型,但此时的栏杆是直的,这是由于【Segments】(分段)为1的原因,因此需要修改栏杆的参数,如图2.304所示。

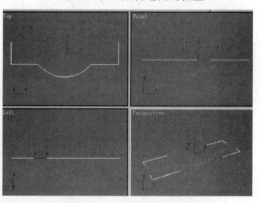

图2.303　只显示阳台路径

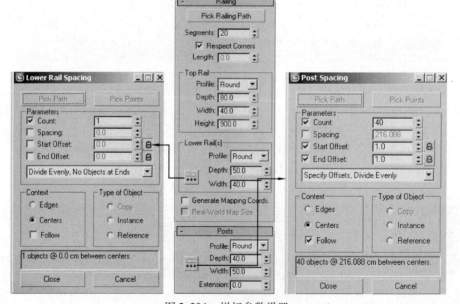

图2.304　栏杆参数设置

⑯单击右键,从弹出的快捷菜单中选择【Unhide All】(全部取消隐藏)选项,将其他物体显示出来,激活前视图,将栏杆移动至阳台底座的上方,如图2.305所示。

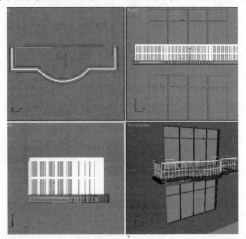

图2.305 栏杆的位置

⑰在前视图绘制一个矩形,命名为"玻璃",执行【Extrude】(挤出)命令,设置挤出的【Amount】(数量)为5,复制一个,放于合适的位置,如图2.306所示。

⑱将阳台底座、阳台栏杆和阳台地面复制一组,放于下面的窗户相应的位置,渲染透视图,最终阳台护栏效果如图2.307所示,命名为"阳台护栏.max"。

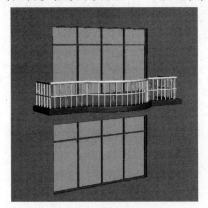

图2.306 玻璃的位置

图2.307 阳台护栏渲染效果

子任务3 制作凉亭模型

①在顶视图中创建一个200×200×50的长方体,命名为"亭顶"。选择"亭顶",选择【Taper】(锥化)修改器,设置【Amounts】(数量)值为-0.94,如图2.308所示。

②添加【Edit Poly】(编辑多边形)修改器,进入【Edge】(边)子物体层级,在前视图中框选斜坡的4条边,在修改面板中单击【Extrude】(挤出)按钮右边的设置框,在弹出的对话框中设置【Extrusion Height】(挤出高度)为2、【Extrusion Base Width】(挤出基面宽度)为3.5,然后单击【OK】按钮,结果如图2.309所示。

③在顶视图中创建一个半径为14的球体,命名为"圆盖",在视图中将它移动放置在"亭顶"的正中央,如图2.310所示。

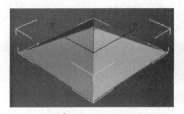
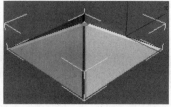
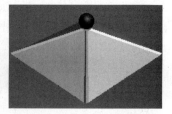

图 2.308　锥化结果　　　　图 2.309　挤出结果　　　　图 2.310　圆盖的位置

④在顶视图中创建一个半径为 5、高度为 140 的圆柱体,命名为"柱子 01"。在顶视图中,实例复制出另外 3 根柱子,并调整相应的位置,其形态如图 2.311 所示。

⑤在顶视图中创建一个 140×140 的矩形,命名为"横挡板";4 根柱子正好落在矩形的 4 个顶点上,其位置如图 2.312 所示。

⑥进入修改面板,加入【Edit Spline】(编辑样条线)修改器,进入【Spline】(样条线)子物体层级,在【Outline】(轮廓)按钮右边的数值框中输入数值 1.5,挤出轮廓线。再为"横挡板"加入【Extrude】(挤出)修改器,设置【Amount】(数量)为 25,在前视图中将"横挡板"移动放置到柱子的上方,如图 2.313 所示。

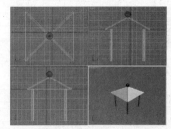
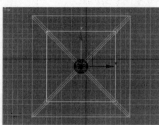
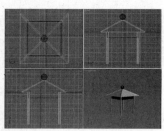

图 2.311　创建 4 个柱子　　　图 2.312　创建的矩形　　　图 2.313　横挡板的位置

⑦在顶视图中创建一个 20×132×6 的长方体,命名为"座椅 01";再创建一个 3×130×4 的长方体,命名为"靠背横条 01",调整好两个长方体的位置,如图 2.314 所示。

⑧在前视图中创建一条曲线,连接"座椅 01"和"靠背横条 01",并为其挤出轮廓线,设置【Amount】(数量)为 1,并加入【Extrude】(挤出)修改器,挤出【Amount】(数量)为 2;并实例复制出另外的 12 根。为方便选择和移动,选择"座椅 01""靠背横条 01"和 13 根"靠背条"执行成组,命名为"椅子 01",如图 2.315 所示。

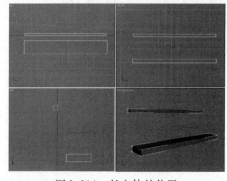
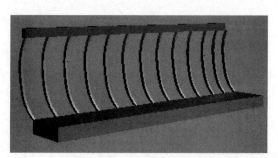

图 2.314　长方体的位置　　　　　　　图 2.315　椅子 01

⑨将"椅子 01"移动放置到两根柱子的中间,选择"椅子 01"进行镜像复制,设置 X 轴为镜像轴,这样就复制出另一组椅子,将其放置在亭子的另一边。接着再实例旋转复制出另外一组椅子,结果如图 2.316 所示。

⑩在顶视图中创建一个 178×178×6 的长方体,命名为"台阶 01",将其移动放置到柱子的正下方。再创建一个 215×215×6 的长方体,命名为"台阶 02"。再创建一个 540×540×3 的长方体,命名为"地面",位置如图 2.317 所示。

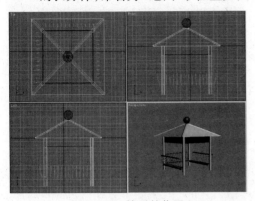
图 2.316　椅子的位置

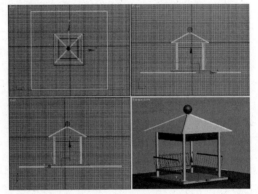
图 2.317　台阶和地面的位置

⑪渲染透视图,如图 2.318 所示,命名为"凉亭"。

子任务 4　制作园桥模型

①单击【Circle】(圆)命令,在前视图中绘制出一个半径值为 250 的圆形,命名为"桥体 01"。选择"桥体 01"对象,将其转换为可编辑样条线,进入【Vertex】(顶点)子对象层级,在视图中选择最下面的顶点,单击【Geometry】(几何体)卷展栏下的【Break】(断开)按钮,再次框选断开的顶点,按【Delete】键将其删除,结果如图 2.319 所示。

图 2.318　凉亭

②切换到【Spline】(样条线)子对象层级,单击选中样条线,在【Geometry】(几何体)卷展栏下单击【Outline】(轮廓)按钮,在其右侧的文本框中输入 80,按 Enter 键确定,其形态如图 2.320 所示。

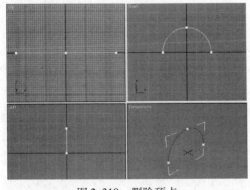
图 2.319　删除顶点

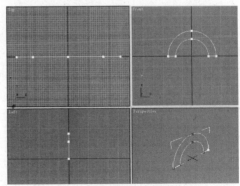
图 2.320　轮廓后

③退出【Spline】(样条线)子对象层级,选择"桥体 01"对象,按【Ctrl + V】键对其进行复制,在弹出的【Clone Options】(克隆选项)对话框中选中【Copy】(复制)单选按钮,【Name】(名称)设为"桥体 02",单击【OK】按钮关闭对话框。在修改面板中进入【Segment】(线段)子对象层级,删除图中显示为红色的线段,如图 2.321 所示。

④进入【Spline】(样条线)子对象层级,单击视图中的样条线,在【Geometry】(几何体)卷展栏下单击【Outline】(轮廓)按钮,在其右侧的文本框中输入 – 50,按【Enter】键确定,如图2.322所示。

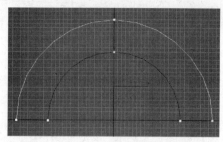
图2.321　删除的线段

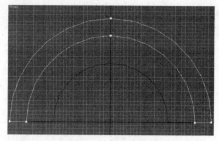
图2.322　轮廓后

⑤退出【Spline】(样条线)子对象层级,选择"桥体02"对象,按【Ctrl + V】键对其进行复制,在弹出的对话框中选中【Copy】(复制)单选按钮,【Name】(名称)设为"桥体03",单击【OK】按钮关闭对话框。在修改面板中进入【Segment】(线段)子对象层级,删除图中显示为红色的线段,如图2.323所示。

⑥进入【Spline】(样条线)子对象层级,单击视图中的样条线,在【Geometry】(几何体)卷展栏下单击【Outline】(轮廓)按钮,在其右侧的文本框中输入100,按【Enter】键确定,如图2.324所示。

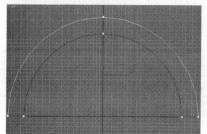
图2.323　删除的线段

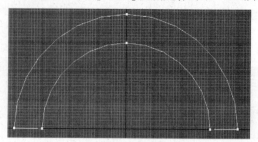
图2.324　轮廓后

⑦进入【Vertex】(顶点)子对象层级,修改顶点属性并添加新顶点,调整形状如图2.325所示。

⑧退出【Vertex】(顶点)子对象层级,按【Ctrl + V】键对其进行复制,弹出【Clone Options】(克隆选项)对话框,选中【Copy】(复制)单选按钮,设置【Name】(名称)为"桥体04",进入"桥体04"的【Segment】(线段)子对象层级,删除不必要的线段。切换到【Spline】(样条线)子对象层级,选择视图中的样条线,在【Geometry】(几何体)卷展栏下单击【Outline】(轮廓)按钮,在其右侧的文本框中输入 – 20,按【Enter】键确定,效果如图2.326所示。

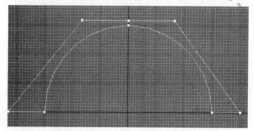
图2.325　添加顶点并调整

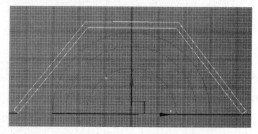
图2.326　轮廓后

⑨单击【Line】(线)按钮,在顶视图中创建一条长度为300的线段,命名为"放样路径",如图2.327所示。

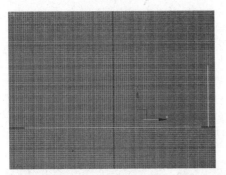

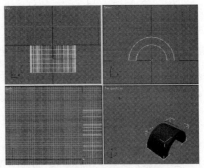

图 2.327　创建的线段　　　　　　　　图 2.328　放样对象

⑩切换到复合对象面板,选择"桥体 01"对象,单击【Loft】(放样)按钮,单击【Creation Method】(创建方法)中的【Get Path】(获取路径)按钮,再单击视图中的"放样路径"创建放样对象,如图 2.328 所示。

⑪使用同样的方法,对"桥体 02""桥体 03"和"桥体 04"进行放样,如图 2.329 所示。

⑫选择"桥体 02"和"桥体 04"对象,在顶视图中使用【Select and Uniform Scale】(选择并均匀缩放)工具沿 Y 轴缩放,使其比其余对象略大,如图 2.330 所示。

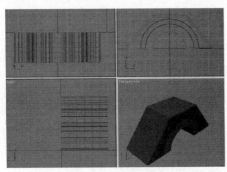

图 2.329　继续放样　　　　　　　　　图 2.330　缩放对象

⑬切换到扩展基本体面板,单击【ChamferBox】(切角长方体)按钮,在前视图中创建一个长度为 120、宽度为 400、高度为 50、圆角为 5、长度分段和宽度分段均为 3 的长方体,命名为"栏杆护板 01"。如图 2.331 所示。为其添加【Edit Poly】(编辑多边形)修改器,进入【Vertex】(顶点)子对象层级,调整顶点位置,如图 2.332 所示。

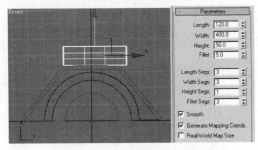

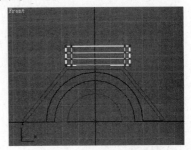

图 2.331　切角长方体及参数设置　　　　图 2.332　调整顶点的位置

⑭切换到【Polygon】(多边形)子对象层级,选择中间部分的面,配合【Ctrl】键添加与背部相对应的面,单【Bevel】(倒角)按钮右侧的图标▣,在弹出的【Bevel Polygons】(倒角多边形)对话框中设置【Height】(高度)为 0、【Outline Amount】(轮廓)为 −2,单击【Apply】(应用)按钮,设置【Height】(高度)为 −2、【Outline Amount】(轮廓)为 −1,单击【Apply】(应用)按钮,

设置【Height】（高度）为0、【Outline Amount】（轮廓）为 -1，单击【OK】按钮关闭对话框，结果如图2.333所示。

⑮对"栏杆护板01"进行复制，命名为"栏杆护板02"，进入【Vertex】（顶点）子对象层级，在前视图中调整顶点的位置，如图2.334所示，退出次物体。

激活前视图，选择"栏杆护板02"，单击工具栏中的镜像 按钮，在弹出的对话框中设置镜像轴为X，选择【Instance】（实例）单选按钮，单击【OK】按钮关闭对话框，名称设定为"栏杆护板03"，使用移动工具调整位置，如图2.335所示。

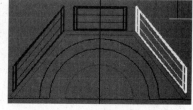

图2.333　挤出后　　　图2.334　调整顶点的位置　　　图2.335　栏杆护板的位置

⑯切换到扩展基本体面板，单击【ChamferBox】（切角长方体）按钮，在前视图中创建一个【Length】（长度）为140、【Width】（宽度）为70、【Height】（高度）为65、【Fillet】（圆角）为6的切角长方体。单击【ChamferCyl】（切角圆柱体）按钮，在顶视图中创建【Radius】（半径）为20、【Height】（高度）为50、【Fillet】（圆角）为0的切角圆柱体和【Radius】（半径）为35、【Height】（高度）为50、【Fillet】（圆角）为5的切角圆柱体，调整3个对象的位置，并将其成组，命名为"圆柱01"，如图2.336所示。复制"圆柱01"，命名为"圆柱02"，调整其位置，如图2.337所示。

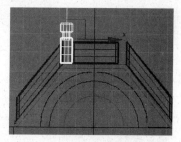
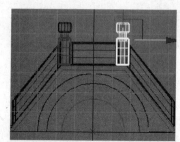

图2.336　"圆柱01"的位置　　　图2.337　"圆柱02"的位置

⑰按【Ctrl + V】键对"圆柱02"进行复制，在弹出的对话框中选中【Copy】（复制）单选按钮，命名为"圆柱03"。为其添加【Skew】（倾斜）修改器，在【Parameters】（参数）卷展栏下设置【Amount】（数量）为70、【Skew Axis】（倾斜轴）设为X。单击工具栏上的镜像 按钮，在弹出的窗体中设置镜像轴为X，选择【Instance】（实例）单选按钮，单击【OK】按钮关闭对话框，命名为"圆柱04"，使用移动工具调整位置，如图2.338所示。

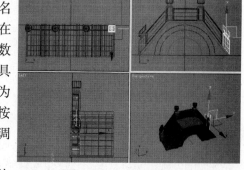

图2.338　"圆柱03"和"圆柱04"的位置

⑱同时选择4个圆柱对象和3个栏板对象，执行主命令中的【Group】（组）/【Group】（成组）命令，组名称设为"护栏01"，按【Ctrl + V】键对

其进行复制,在弹出的对话框选中【Instance】(实例)单选按钮,名称为"护栏 02",在顶视图中移动其位置,如图 2.339 所示。将所有的对象成组,命名为"小桥"。

⑲切换到标准基本体模型,在顶视图中创建一个 450×3 200×50 的长方体,【Width Segs】(宽度分段)设置为 50,并命名为"长堤 01",为其添加【Noise】(噪波)修改器,设置【Scale】(比例)为 300,Z 轴强度为 50,使其产生起伏变化。对"长堤 01"进行复制,命名为"长堤 02",调整位置,如图 2.340 所示。

⑳在标准基本体面板中单击【Plane】(平面)按钮,在顶视图中创建一个 8 000×5 000 的平面,命名为"湖面",如图 2.341 所示。至此,小桥模型制作完成。

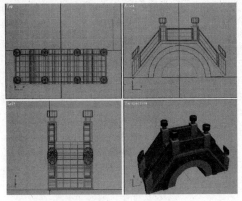

图 2.339 护栏的位置

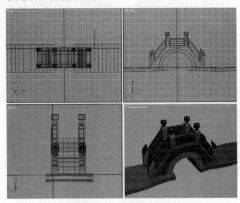

图 2.340 长堤的位置

㉑单击创建面板中的下拉列表框,切换到【AEC Extended】(AEC 扩展)面板,单击【Foliage】(植物)按钮,选择树木的类型,在顶视图中单击鼠标创建树木,命名为"树木 01"。使用选择并均匀缩放工具将其等比放大约 5 倍。以实例方式复制出"树木 01"的几个副本。移动到不同的位置,使用选择并均匀缩放工具和选择并旋转工具调整大小和角度。为场景赋予材质和背景贴图,渲染效果如图 2.342 所示,命名为"园桥.max"。

图 2.341 湖面的位置

图 2.342 园桥渲染效果

子任务5 制作牌坊模型

①在顶视图中先创建一个 18×180×18 的长方体,命名为"长方体 01",再创建两个 18×18×270 的长方体,分别命名"长方体 02""长方体 03",调整三个长方体的位置,如图 2.343 所示。

②在前视图中创建一个 40×110×6 的长方体,命名为"长方体 04",并设置其长度分段和宽度分段分别为 6、14,调整其位置,如图 2.344 所示。

③使用【Line】(线)命令,在前视图中创建一个样条线,进入【Vertex】(顶点)子层级,调

整其顶点类型和位置。退出顶点子层级,为样条线加入【Extrude】(挤出)修改器,设置挤出数量为4,调整位置,沿X轴镜像复制一个,效果如图2.345所示。

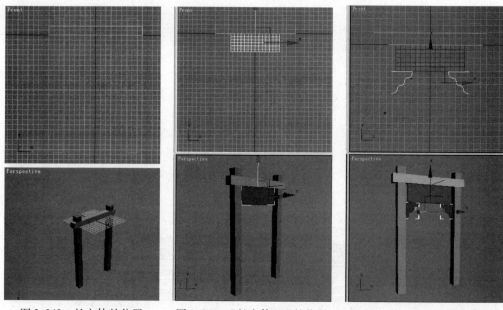

图2.343　长方体的位置　　图2.344　"长方体04"的位置　　图2.345　挤出造型的位置

④在顶视图中创建一个16×70×6长方体,命名为"长方体05",调整其位置,如图2.346所示。

⑤选择之前创建的任意一个长方体,进行复制,将复制的长方体命名为"长方体06",修改其长、宽、高分别为16、16、230,调整其位置,如图2.347所示。选择"长方体05",在前视图向下移动复制一个,命名为"长方体07",如图2.348所示。同时选择"长方体05""长方体06"和"长方体07",使用镜像复制命令移动复制到另一边。完成牌坊大体的外形制作,如图2.349所示。

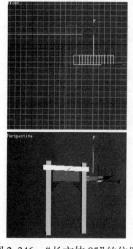
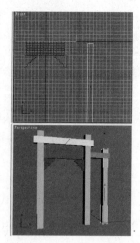
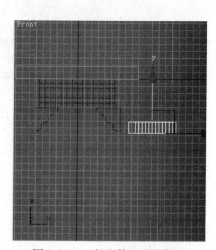

图2.346　"长方体05"的位置　　图2.347　"长方体06"的位置　　图2.348　"长方体07"的位置

⑥制作底座。在顶视图中创建一个39×39×50的长方体,命名为"长方体08",调整位置,如图2.350所示。按住【Shift】键将"长方体08"拖动复制出三个,调整位置,如图2.351所示。

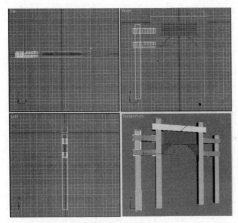

图 2.349　牌坊大体的外形

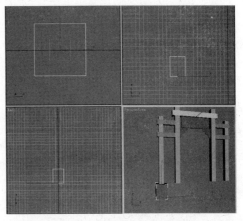

图 2.350　"长方体 08"的位置

⑦制作底座部分的装饰。使用线命令在前视图中绘制样条线，进入样条线【Vertex】(顶点)子层级编辑，调整样条线的顶点类型和位置。退出【Vertex】(顶点)子层级，为样条线加入【Extrude】(挤出)修改器，设置挤出数量为 2,调整位置，效果如图 2.352 所示。复制另外 15 个相同的物体，并调整好位置，如图 2.353 所示。

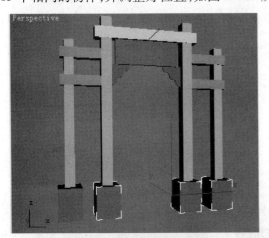

图 2.351　复制长方体的位置

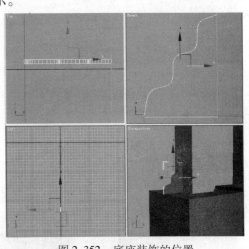

图 2.352　底座装饰的位置

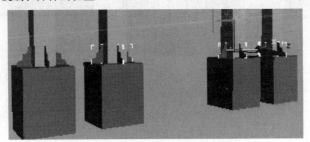

图 2.353　复制底座装饰及其位置

⑧在前视图中创建文本，并调整其大小、字体和位置，如图 2.354 所示。

⑨选择"长方体 04",使用【Extrude】(图形合并)命令将文字合并其上。将合并对象转化为可编辑多边形，进入【Polygon】(多边形)子对象层级，选择文字多边形，进行挤出操作，调整挤出数量为 -2.1。至此牌坊模型制作完成，如图 2.355 所示。

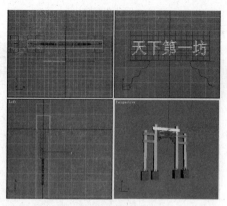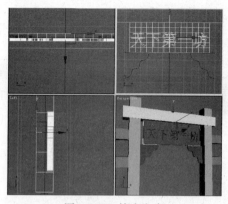

图2.354　创建的文本　　　　　　　　图2.355　挤出文字

⑩在顶视图中创建一个平面作为地面部分,将创建好的平面移动到底部。至此牌坊模型制作完成,如图2.356所示。

⑪对场景设置材质之后,渲染透视图,效果如图2.357所示,命名为"牌坊. max"。

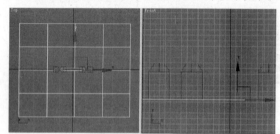

图2.356　牌坊模型　　　　　　　　图2.357　牌坊渲染效果

子任务6　制作花墙模型

①在前视图中创建一个300×150的矩形,在修改面板中选择【Edit Spline】(编辑样条线)修改器,进入【Segment】(线段)子对象层级,在前视图中选择上面的线段,在【Geometry】(几何体)卷展栏中选择【Divid】(分段)命令,设置文本框的数值为4,将线段进行分段,如图2.358所示。再选择上面中间一个线段,用相同的方法,将其分成两段,如图2.359所示。退出线段编辑状态,进入【Vertex】(顶点)子层级,选择中间的顶点将其转换为平滑并向上移动,如图2.360所示。

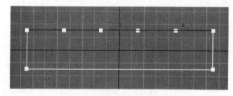

图2.358　将线段分段　　　　　　图2.359　继续分段

②退出样条线编辑,选择【Extrude】(挤出)修改器,设置挤出数量为50,为样条线挤出一个厚度,形态如图2.361所示。

③将刚创建的对象复制一个,并在修改器堆栈中移除挤出修改器。进入【Spline】(样条线)子层级

图2.360　移动点

编辑状态,选择整个样条线变红色,对其进行轮廓,退出样条线子层级,再添加【Extrude】(挤出)修改器,为样条线挤出一个厚度,其形态如图2.362所示。

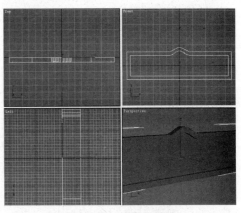

图2.361　挤出后　　　　　　　　　图2.362　轮廓后挤出

④在前视图中绘制一个圆,复制一个,调整两个圆的位置,形态如图2.363所示。

⑤选择第一个圆,在修改面板中选择【Edit Spline】(编辑样条线)修改器,选择【Attach】(附加)命令,单击选择另一个圆,将两者附加在一起,进入【Spline】(样条线)子层级,选择【Trim】(修剪)命令,将两个圆相交的部分修剪掉,如图2.364所示。进入【Vertex】(顶点)子对象层级,选择相交的两个顶点,分别进行【weld】(焊接)操作。

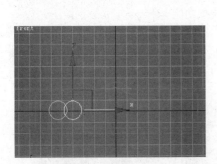
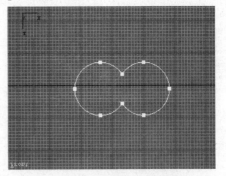

图2.363　绘制两个圆　　　　　　　图2.364　修剪线段并焊接点

⑥退出次物体编辑。选择【Extrude】(挤出)修改器,为样条线挤出一个厚度,其如图2.365所示。将挤出对象向右移动复制一个,调整位置,使两个对象与墙体部分充分相交。位置如图2.366所示。

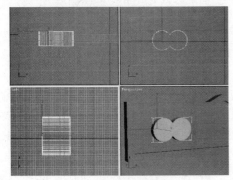
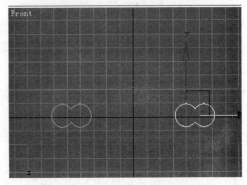

图2.365　挤出样条线　　　　　　　图2.366　移动复制一个挤出物体

⑦在前视图中绘制一个圆和矩形，位置如图2.367所示。用上面的方法对两个对象进行附加、修剪和顶点焊接，然后挤出一定的厚度，如图2.368所示。

⑧选择墙体，进入【Compound Objects】（复合对象）/【ProBoolean】（超级布尔）命令，单击【Start Picking】（开始拾取）按钮，选择中间的三个物体，进行超级布尔运算，结果如图2.369所示。

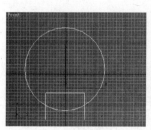 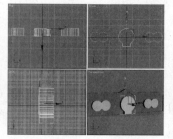 

图2.367　圆和矩形的位置　　　　图2.368　中间的物体　　　　图2.369　超级布尔运算后

⑨对场景设置材质之后，渲染透视图，效果如图2.370所示，命名为"花墙.max"。

子任务7　制作建筑小品模型

①单击【Star】（星形）命令，在顶视图中创建一个"半径1"为180，"半径2"为160，"点"为24，"圆角半径1"为12，"圆角半径2"为10的星形，命名为"圆柱"，如图2.371所示。

图2.370　花墙渲染效果

②加入【Extrude】（挤出）修改器。设置"数量"为3 200，挤出圆柱的高度，如图2.372所示。

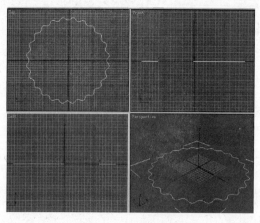 

图2.371　创建的星形　　　　　　　　图2.372　挤出圆柱

③单击【Cylinder】（圆柱体）命令，在顶视图创建了个半径为250，高为300的圆柱体，命名为"柱基"，将其移动放置在圆柱的正下方，如图2.373所示。

④将柱基以实例的方式复制1个，放置在圆柱的正上方，选择圆柱和两个柱基，将其成组，命名为"柱子"，如图2.374所示。

⑤在顶视图中创建一个半径为3 800的圆，将"柱子"移动到圆的圆周上，如图2.375所示。

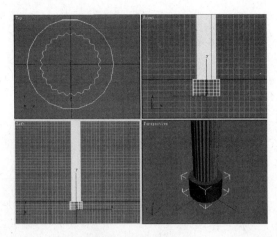

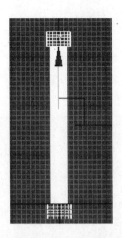

图 2.373 柱基的位置　　　　　　　图 2.374 柱子

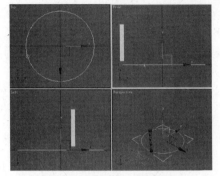

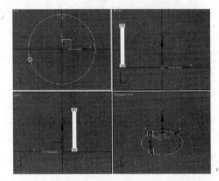

图 2.375 将柱子放在圆周上　　　　　图 2.376 对齐

⑥在顶视图中,选择柱子,单击【Hierarchy】(层次) 按钮,进入层次面板,单击【Affect Pivot Only】(仅影响轴)按钮,再单击工具栏中的【Align】(对齐)工具,然后在顶视图中单击圆,在弹出的对话框中设置中心对齐,让柱子的轴心对齐到圆的中心,如图 2.376 所示。再单击【Affect Pivot Only】(仅影响轴)按钮,结束该命令。

⑦在顶视图中,确定选择了柱子,单击主菜单栏中的【Tools】(工具)/【Array】(阵列)命令,在弹出的对话框中单击【Rotate】(旋转)右边的按钮,并在该项的 Z 轴输入 -110°,【Count】(数量)输入4,即设置阵列参数如图 2.377 所示。

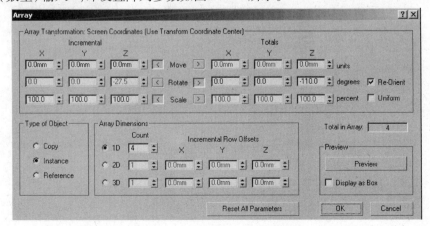

图 2.377 【Array】(阵列)参数设置

⑧单击【OK】按钮,阵列出另外3根柱子,如图2.378所示。

⑨制作柱子上方的弧形柱顶。在前视图中绘制一条宽度600左右、高度900左右的封闭的曲线,作为放样截面,如图2.379所示。在顶视图中绘制一条半径为3 800,从130~225的弧,作为放样路径,如图2.380所示。利用【Loft】(放样)操作形成一个放样物,命名为"柱顶",如图2.381所示。将其移动到柱子的上方。

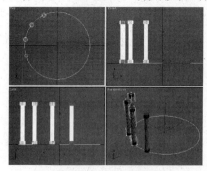 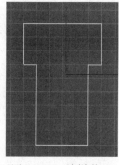 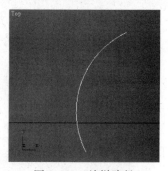

图2.378　阵列结果　　　　图2.379　放样截面　　　　图2.380　放样路径

⑩在顶视图中,选择4根柱子和柱顶,使用用镜像以XY平面为镜像平面,实例复制出一组柱子,如图2.382所示。

⑪在顶视图中创建一个长度和宽度均为20 000的平面,命名为"地平面",将它移动到柱子的下方,如图2.383所示。

⑫在创建面板中切换到扩展基本体面板,单击【Torus Knot】(环形结)按钮,在顶视图中绘制一个环形结,设置【Base Curve】(基础曲线)栏中的【Radius】(半径)为800、【Segments】(分段)为120【Cross Section】(横截面)栏中的【Radius】(半径)为200,将它放置在两个环形柱子中间的地面上,命名为"雕塑",如图2.384所示。

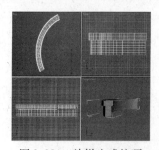 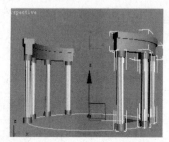 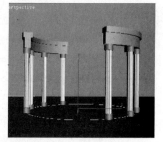

图2.381　放样生成柱顶　　　图2.382　镜像复制柱子　　　图2.383　创建的地平面

⑬对场景设置材质之后,渲染透视图,效果如图2.385所示,命名为"建筑小品.max"。

图2.384　雕塑的位置　　　　　　图2.385　建筑小品渲染效果

子任务8　制作园林小景观模型

①单击【Box】(长方体)命令,在顶视图创建一个 1 400 × 7 000 × 500 的长方体,命名为"长廊顶"。打开修改面板,加入【Taper】(锥化)修改器,选择效果为 Y 轴,数量为 −0.96;再次添加【Taper】(锥化)修改器,设置数量为 −0.18,结果如图 2.386 所示。

②在顶视图中创建一个半径为 60,高度为 1 800 的圆柱体,命名"廊柱"。为调整位置先移动复制出 5 根廊柱。然后在左视图中选择这 6 根廊柱,按住【Shift】键复制另外一边的廊柱(共计 12 根),如图 2.387 所示。

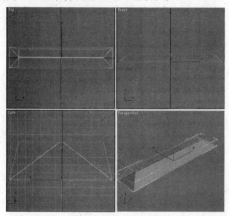

图 2.386　长廊顶

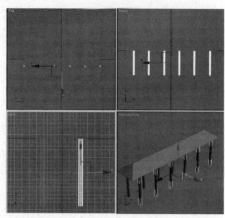

图 2.387　所有的廊柱

③在顶视图中创建一个 120 × 5 511 × 1 766 的长方体,命名为"墙体",调整位置,如图 2.388 所示。

④在墙体上开窗洞。在前视图中绘制两个多边形并挤出一定的厚度,再创建一个长方体,这三个物体的位置如图 2.389 所示。

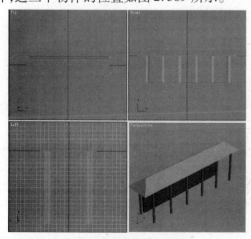

图 2.388　墙体的位置

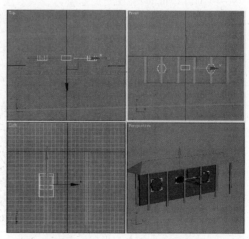

图 2.389　三个物体的位置

⑤选择墙体,进入【Compound Objects】(复合对象)/【ProBoolean】(超级布尔)命令,单击【Start Picking】(开始拾取)按钮,依次选择中间的三个物体,进行超级布尔运算,打开窗洞,如图 2.390 所示。

⑥创建台阶。在顶视图中创建两个长方体,分别命名为"台阶01"和"台阶02",调整大小和位置,如图 2.391 所示。

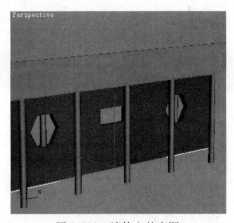

图 2.390　墙体上的窗洞

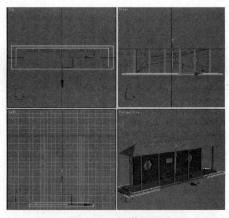

图 2.391　创建的台阶

⑦创建地面。在顶视图中创建一个平面,命名为"地面"。将地面对齐到台阶的下面。

接着创建长廊的挡板。在顶视图中创建一个长方体,命名为"长廊挡板",大小和位置如图 2.392 所示。

⑧制作凉亭。在顶视图中创建一个 4 000×4 000×800 的长方体,命名为"凉亭顶",打开修改面板,选择【Taper】(锥化)修改器,设置【Amounts】(数量)值为-0.93。接着再添加【Edit Poly】(编辑多边形)修改器,进入【Edge】(边)子物体层级,在前视图中框选斜坡的 4 条边,进行【Extrude】(挤出)操作,退出修改器,如图 2.393 所示。

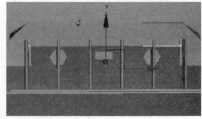

图 2.392　长廊挡板和地面的位置

⑨在顶视图中创建一个球体,命名为"顶球",调整位置到亭顶。

在顶视图中绘制一个矩形,命名为"凉台挡板",加入【Edit Spline】(编辑样条线)修改器,进入【Spline】(样条线)子对象,选择样条线进行轮廓。退出样条线子层级,再添加挤出修改器,设置参数并调整位置,如图 2.394 所示。

⑩创建柱子。在顶视图中绘制圆柱体,命名为"凉台柱",进入修改面板设置参数,调整位置。复制出三个凉台柱,如图 2.395 所示。

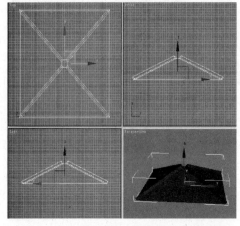

图 2.393　凉亭顶

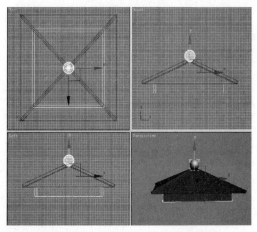

图 2.394　顶球和凉台挡板的位置

⑪创建台阶段部分。在顶视图中创建一个长方体,命名为"凉台台阶"。进入修改面板设置参数,调整位置。复制出另外一个台阶,使用缩放工具进行缩放,如图 2.396 所示。

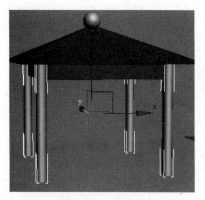

图 2.395　凉台柱

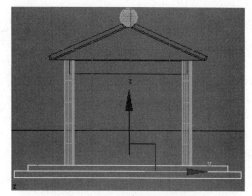

图 2.396　凉台台阶的位置

⑫调整场景中所有对象的位置,如图 2.397 所示。

⑬为场景设置材质和灯光,渲染透视图,如图 2.398 所示,命名为"园林小景观.max"。

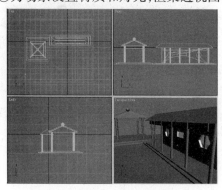

图 2.397　所有对象的相对位置

图 2.398　园林小景观渲染效果

子任务 9　制作树池座凳模型

①单击 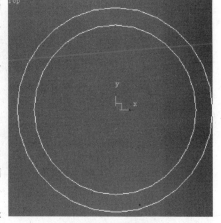/【Circle】(圆)命令,在顶视图中创建一个半径为 580 的圆形。

②在修改器下拉列表中选择【Editable Spline】(编辑样条线)命令,进入【Spline】(样条线)层级,在【Outline】(轮廓)按钮后的数值框中输入 −120,按【Enter】键确认,创建圆弧的轮廓线,如图 2.399 所示,命名为"树池边沿"。

③选择"树池边沿",进入【Spline】(样条线)层级,点选内圆,在【Geometry】(几何体)卷展栏中【Detach】(分离)按钮下勾选【Copy】(复制),然后单击【Detach】(分离)按钮,分离出一个圆形,将其命名为"土壤",如图 2.400 所示。

④选择"树池边沿",在修改器下拉列表中选择【Extrude】(挤出)命令,设置挤出数量为 500。

图 2.399　轮廓后

⑤在视图中选择"土壤",在修改器下拉列表中选择【Extrude】(挤出)命令,设置挤出数量为 480,位置如图 2.401 所示。

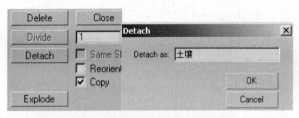

图 2.400　分离出圆形并命名　　　　图 2.401　造型的位置

⑥单击 /【Rectangle】(矩形)命令在前视图绘制一个 300×300 的参考矩形,单击【Line】(线)命令在参考矩形内绘制一个封闭的曲线,命名为"座凳支撑",如图 2.402 所示。

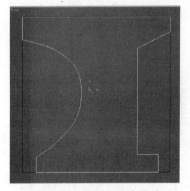

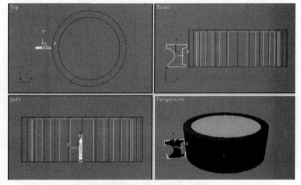

图 2.402　绘制的闭合曲线　　　　图 2.403　造型的位置

⑦删除参考矩形。选择"座凳支撑",使用【Extrude】(挤出)命令,挤出数量为 30,在视图中调整其位置,如图 2.403 所示。

⑧选择"座凳支撑",在工具栏中,点击选择 【Use Transform Coordinate Center】(使用变换坐标中心)。再在工具栏【View】(视图)的下拉表中选择【Pick】(拾取),在顶视图中点击"树池边沿"造型,这样就使用了拾取对象"树池边沿"的中心为坐标中心。激活顶视图,单击【Tools】(工具)/【Array】(阵列)命令,设置阵列参数如图 2.404 所示。

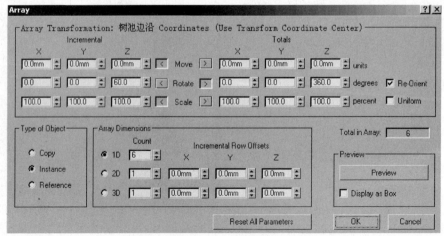

图 2.404　参数设置

⑨单击【OK】按钮,阵列结果如图 2.405 所示。

⑩单击 /【Circle】(圆)命令,在顶视图中绘制一个半径为 960 的圆,在修改器下拉列

表中选【Editable Spline】(编辑样条线)命令,进入【Spline】(样条线)层级,在【Outline】(轮廓)按钮后的数值框中输入 −60,按【Enter】键确认,然后挤出 20,命名为"座凳架"。

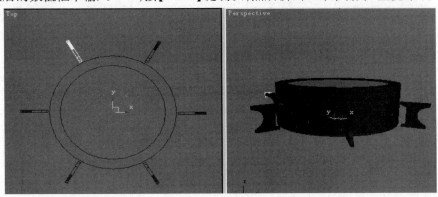

图 2.405　阵列结果

⑪用同样的方法在顶视图再绘制一个半径为 760 的圆,轮廓 −60,挤出 20,命名为"座凳架 01"。两个座凳架的位置如图 2.406 所示。

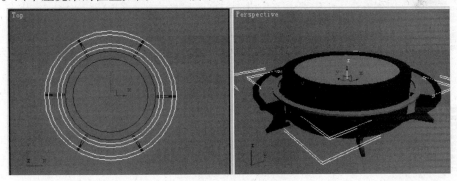

图 2.406　造型的位置

⑫单击 /【Rectangle】(矩形)命令在顶视图中绘制一个 70×350 的矩形,命名为"座凳面板"。进入【Vertex】(点)层级,通过移动点的位置来调整其形状,再使用【Extrude】(挤出)命令,挤出数值为 20,调整其位置如图 2.407 所示。

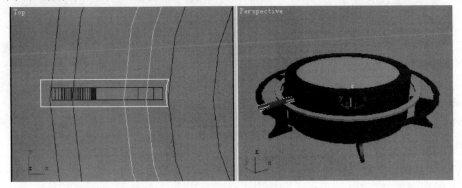

图 2.407　造型的位置

⑬选择"座凳面板",在工具栏【View】(视图)的下拉表中选择【Pick】(拾取),在顶视图中点击"树池边沿"造型,这样就使用了拾取对象"树池边沿"的中心为坐标中心,在工具栏中点击 按钮,然后确认在顶视图中选择了"座凳面板",单击【Array】(阵列)按钮,在弹出的【Array】(阵列)对话框中设置参数,如图 2.408 所示。

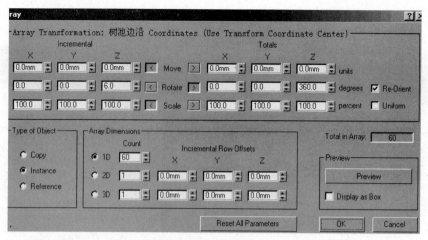

图 2.408　参数设置

⑭单击【OK】按钮,阵列结果如图 2.409 所示。

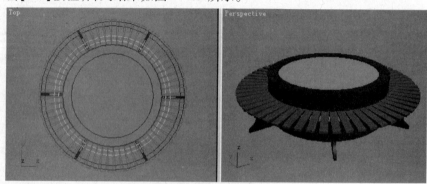

图 2.409　阵列结果

⑮单击 / /【AEC Extended】(AEC 扩展)/【Foliage】(植物)/【Scotch Pine】(苏格兰松树)命令,在顶视图创建一棵橡树,进行适合的缩放,移动到合适的位置。渲染透视图,最终结果如图 2.410 所示,命名为"树池座凳. max"。

子任务10　制作喷泉模型

①单击 /【NGon】(多边形)命令,在顶视图中绘制一个半径为 6 000 的正八边形,作为"截面",如图 2.411 所示。

②单击【Rectangle】(矩形)命令,在前视图中绘制一个 1 000×300 的矩形,作为"剖面线",如图 2.412 所示。

③在前视图对矩形进行次物体下顶点的编辑,结果如图 2.413 所示。

图 2.410　树池座凳渲染效果

④退出次物体。在视图中选择正八边形(截面),在修改器列表中执行【Bevel Profile】(倒角剖面)命令,单击【Pick Profile】(拾取剖面)按钮,在前视图中单击绘制的剖面线,生成喷泉底座,命名为"喷泉底座",如图 2.414 所示。

⑤在前视图中将喷泉底座复制一个,命名为"水",删除【Bevel Profile】(倒角剖面)命令,为其添加一个【Extrude】(挤出)命令,数量设置为 10,位置如图 2.415 所示。

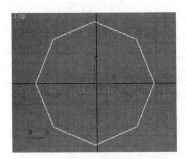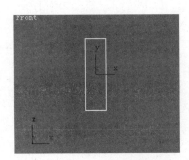

图 2.411　创建的正八边形　　　　图 2.412　创建的矩形　　　　图 2.413　编辑顶点

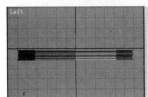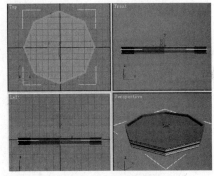

图 2.414　喷泉底座　　　　　　　　图 2.415　水的位置

⑥在顶视图中绘制一个 1 500×1 500 的矩形,命名为"中心底座",为其添加一个【Bevel】(倒角)命令,设置倒角参数及结果如图 2.416 所示。

⑦在前视图中绘制一条封闭的线形,如图 2.417 所示。

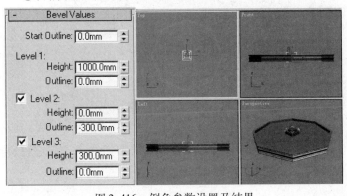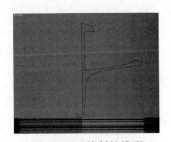

图 2.416　倒角参数设置及结果　　　　图 2.417　绘制的线形

⑧在修改器列表中添加【Lathe】(车削)命令, 单击【Align】(对齐)选项组下的【Min】(最小)按钮,将车削前面的➕展开,激活【Axis】(轴)子物体层级,在顶视图中移动轴来改变水池的大小,移动之后中间变成空心,设置【Segments】(分段)数为30,命名为"喷头",结果如图 2.418 所示。

⑨单击【Cylinder】(圆柱体)命令,在顶视图中创建一个半径为 3 000、高度为 0 的圆柱体,命名为"水面",位置如图 2.419 所示。

⑩下面来创建【Particle Systems】(粒子系统),模拟喷水效果。单击【Create】(创建)/

【Geometry】(几何体)/【Particle Systems】(粒子系统)/【Spray】(喷射)按钮,在顶视图中拖动鼠标创建粒子,如图2.420所示。

图2.418 车削后的效果

图2.419 水面的位置

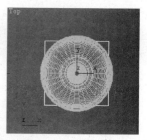
图2.420 创建粒子

⑪单击【Modify】(修改) 按钮进入修改命令面板,修改粒子参数,参数和结果如图2.421所示。

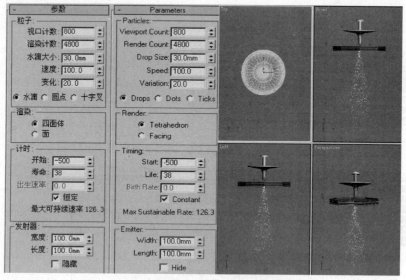

图2.421 粒子参数设置及结果(中英文对照)

⑫在前视图中将粒子沿Y轴镜像一下,移动到合适的位置,如图2.422所示。

⑬单击【Create】(创建)/【Space Warps】(空间扭曲)/【Forces】(力)/【Gravity】(重力)按钮,在顶视图中拖动鼠标创建一个重力,移动到合适的位置,如图2.423所示。

⑭选择创建的粒子,单击主工具栏中的【Bind to Space Warp】(绑定到空间扭曲) 按钮,在前视图中通过单击并拖动鼠标,看到重力闪动一下,即将粒子绑定到了重力上,然后选择重力,在修改命令面板中修改重力的【Strength】(强度)为10,如图2.424所示。

图2.422 镜像粒子

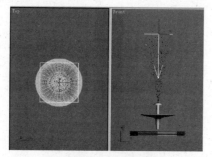
图2.423 创建的重力

图2.424 调整重力参数

⑮在前视图中用缩放工具对粒子的形态沿 Y 轴进行调整,然后将时间滑块拖动到第 100 帧的位置,此时的效果如图 2.425 所示。

⑯渲染透视图,效果如图 2.426 所示,命名为"喷泉. max"。

图 2.425　拖动时间滑块

图 2.426　喷泉渲染效果

子任务 11　制作拉膜模型

①重置系统,设置单位为"mm"。

②单击 【Create】(创建)/ 【Shapes】(图形)/【Arc】(弧)命令,在前视图中创建一个弧,命名为"弧 01",设置其参数如图 2.427 所示。

③在前视图中再创建一条弧,命名为"弧 02",并设置【Radius】(半径)为 5 300、【From】(从)为 140、【Tog】(到)为 200,并在视图中调整图形的位置,如图 2.428 所示。

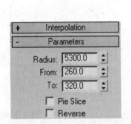

图 2.427　参数设置

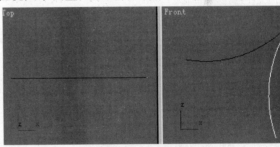

图 2.428　图形的位置

④选择"弧 02",打开修改命令面板,在修改器下拉列表中选择【FFD2 × 2 × 2】命令。在修改器堆栈中激活【Control Points】(控制点)子对象,在前视图中选择下面所有的控制点,在工具栏中激活 按钮,然后在顶视图中沿 Y 轴将选择的控制点向下移动,如图 2.429 所示。然后关闭【Control Points】(控制点)子对象。

⑤在顶视图中选择"弧 02",单击工具栏中的 按钮,在弹出的【Mirror】(镜像)对话框中设置镜像轴为 Y,镜像方式为【Copy】(复制),单击【OK】按钮,镜像复制后图形的位置如图 2.430 所示。

⑥单击 【Shapes】(图形)/【Arc】(弧)命令,在前视图中创建一个弧,命名为"弧 03",并设置【Radius】(半径)为 8 000,【From】(从)为 35、【Tog】(到)为 70,并在视图中调整图形的位置,如图 2.431 所示。

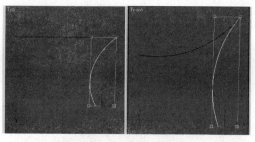
　　图2.429　调整顶点的位置

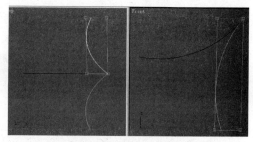
　　图2.430　镜像复制后图形的位置

　　⑦选择"弧03",打开修改命令面板,在修改器下拉列表中选择【FFD2×2×2】命令。在修改器堆栈中激活【Control Points】(控制点)子对象,在前视图中选择下面所有的控制点,在工具栏中激活✥命令,然后在顶视图中沿Y轴将选择的顶点向下移动,如图2.432所示。然后关闭【Control Points】(控制点)子对象。

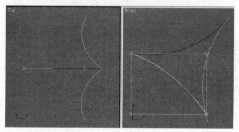
　　图2.431　"弧03"的位置

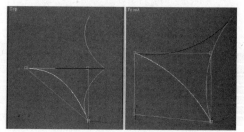
　　图2.432　调整顶点

　　⑧利用前面介绍的方法,在顶视图,将"弧03"镜像复制,复制后图形的位置如图2.433所示。

　　⑨在视图中选择"弧01",将其转换为可编辑样条线。打开修改命令面板,在【Geometry】(几何体)卷展栏中单击【Attach Mult】(附加)按钮,在弹出的对话框中单击【All】(全部)按钮,将所有的线形附加到一起,命名为"拉膜",关闭【Attach】(附加)按钮。

　　⑩确认"拉膜"处于选择状态,按【Ctrl+V】键,在视图中将"拉膜"在原位置复制一个,并命名为"拉膜边",在修改器堆栈中单击【Spline】(样条线)子对象,选择如图2.434所示的边,然后按【Delete】键将其删除后退出次物体编辑。

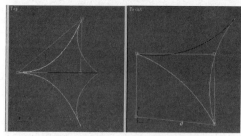
　　图2.433　镜像复制后图形的位置

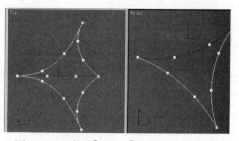
　　图2.434　激活【Spline】(样条线)选择边

　　⑪选择"拉膜边",在【Rendering】(渲染)卷展栏中勾选【Enable In Renderer】(在渲染中启用)和【Enable In Viewport】(在视口中启用)复选框,并设置【Thickness】(厚度)为30,结果如图2.435所示。

　　⑫在视图中选择"拉膜",单击鼠标右键,在弹出的快捷菜单中选择【Convert To】(转换为)/【Convert To Editable NURBS】(转换为NURBS)命令,在弹出的【NURBS】对话框中选择【Create 2-Rail Sweep】(创建双轨扫描)命令,如图2.436所示。

图 2.435　拉膜边　　　　　　　　图 2.436　选择【双轨】命令

⑬在左视图中分别依次拾取中间的弧线和左侧的两条弧线,进行双轨扫描,结果如图 2.437 所示。

⑭利用同样的方法,对"拉膜"的另一面进行双轨扫描,双轨扫描后的造型,如图 2.438 所示。

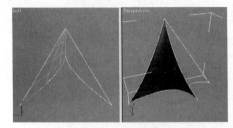

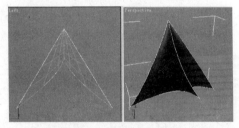

图 2.437　双轨扫描结果　　　　　　　图 2.438　双轨扫描后的造型

⑮在视图中选择"拉膜边",并调整造型的位置,如图 2.439 所示。

⑯单击【Geometry】(几何体)/【Cylinder】(圆柱体)命令,在顶视图中创建一个圆柱体,命名为"支柱",并设置参数如图 2.440 所示。

⑰单击【Geometry】(几何体)/【Cylinder】(圆柱体)命令,在顶视图中创建一个圆柱体,命名为"皮圈",并设置参数如图 2.441 所示。

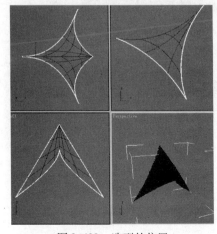

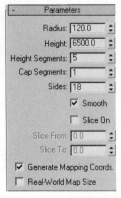

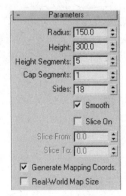

图 2.439　造型的位置　　　　　　图 2.440　参数设置　　　　图 2.441　参数设置

⑱在视图中调整"皮圈"和"支柱"的相对位置,如图 2.442 所示。

⑲单击【Geometry】(几何体)/【Extended Primitives】(扩展基本体)/【ChamferCyl】(切角圆柱体)命令,在前视图中创建一个切角圆柱体,命名为"铆钉",设置其参数如图 2.443 所示。

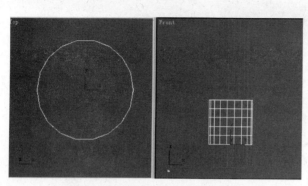

图 2.442　皮圈和支柱的相对位置　　　　　　图 2.443　参数设置

⑳选择"铆钉",将其复制 3 个,并在视图中调整造型的位置,如图 2.444 所示。

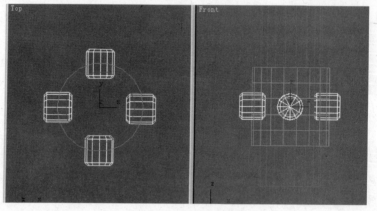

图 2.444　铆钉的位置

㉑在工具栏中单击 按钮,并在这个按钮上单击鼠标右键,系统弹出【Grid and Snap Settings】(栅格和捕捉设置)对话框,在对话框中设置【Angle】(角度)为 30°,如图 2.445 所示,然后关闭对话框。

㉒在前视图中选择所有的"铆钉""支柱"和"皮圈",单击工具栏中的 按钮,将其旋转 30°,旋转后造型的位置如图 2.446 所示。

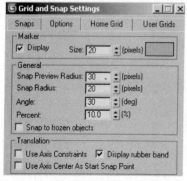

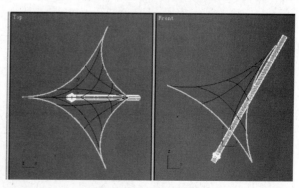

图 2.445　设置捕捉角度　　　　　　　图 2.446　造型的位置

㉓单击【Geometry】(几何体)/【Cylinder】(圆柱体)命令,在顶视图中创建一个圆柱体,命名为"小支柱",并设置参数如图2.447所示。

㉔单击【Geometry】(几何体)/【Cylinder】(圆柱体)命令,在顶视图中创建一个圆柱体,命名为"小皮圈",并设置参数如图2.448所示。

㉕单击【Geometry】(几何体)/【Extended Primitives】(扩展基本体)/【ChamferCyl】(切角圆柱体)命令,在前视图中创建一个切角圆柱体,命名为"小铆钉",设置其参数如图2.449所示。

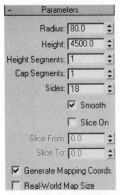 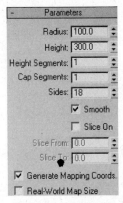 

图2.447　参数设置　　　　图2.448　参数设置　　　　图2.449　参数设置

㉖选择"小铆钉",将其复制3个,并在视图中调整造型的位置,如图2.450所示。

㉗利用前面介绍的方法,在前视图中选择所有的"小铆钉""小支柱"和"小皮圈",单击工具栏中的 按钮,将其旋转32°,并在视图中调整旋转后造型的位置如图2.451所示。

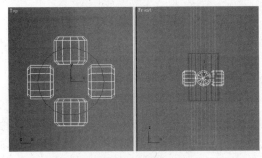 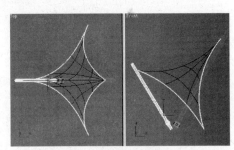

图2.450　造型的位置　　　　　　图2.451　旋转后造型的位置

㉘单击 【Shapes】(图形)/【Rectangle】(矩形)命令,在顶视图中创建两个参考矩形,设置大矩形的【Length】(长度)为6 000、【Width】(宽度)为9 000;小矩形的【Length】(长度)为3 000、【Width】(宽度)为4 000,并在视图中调整它们的位置,如图2.452所示。

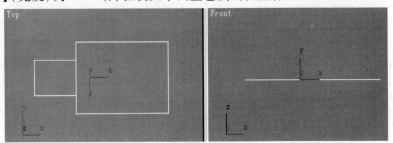

图2.452　辅助矩形的相对位置

㉙单击 【Shapes】(图形)/【Line】(线)命令,在顶视图中沿参考矩形边缘绘制一条封

闭的曲线,命名为"地板",并对"地板"施加【Extrude】(挤出)命令,设置挤出的【Amount】(数量)为200,并在视图调整"地板"的位置,如图2.453所示,然后删除参考矩形。

㉚利用【Line】(线)命令在视图中创建三段线,分别命名为"拉绳""拉绳01"和"拉绳02"。设置它们在渲染中和视口中可渲染,并在视图中调整它们的位置,如图2.454所示。

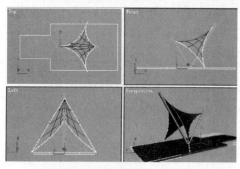
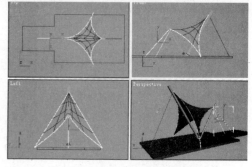

图2.453　地板的位置　　　　　　　　　图2.454　拉绳的位置

㉛按【Shift + Q】键,渲染透视图,结果如图2.455所示,命名为"拉膜. max"。

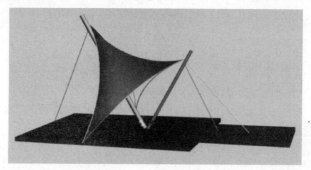

图2.455　拉膜渲染效果

子任务12　制作景观墙模型

①单击【Create】(创建) /【Shapes】(图形) /【Rectande】(矩形)命令,在顶视图中创建一个1 000 ×5 338的矩形,将其命名为"基墙01",如图2.456所示。

②单击【Modify】(修改) /【Modifier List】(修改器列表)/【Edit Spline】(编辑样条线)命令,进入二维对象的子对象【Spline】(样条线)级别,在【Geometry】(几何体)卷展栏中将【Outline】(轮廓)设置为150并按下【Enter】键,结果如图2.457所示。

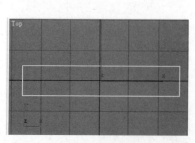
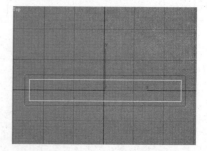

图2.456　创建的矩形　　　　　　　　　图2.457　轮廓结果

③关闭当前选择集,选择视图中的图形,单击修改器列表下的【Extrude】(挤出)命令,在【Parameters】(参数)卷展栏中将【Amount】(数量)设置为260,结果如图2.458所示。

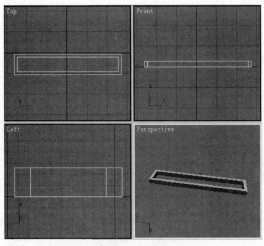

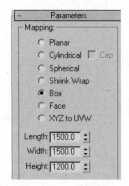

图 2.458　挤出基墙 01　　　　　　　　　　　图 2.459　参数设置

④选择【Modifier List】（修改器列表）/【UVW Map】（UVW 贴图）修改器,在【Parameters】（参数）卷展栏中选择【Mapping】（贴图）选项组下的【Box】（长方体）单选按钮,将【Length】（长度）、【Width】（宽度）、【Height】（高度）分别设置为 1 500、1 500 和 1 200,如图 2.459 所示。

⑤单击【Create】（创建）/【Shapes】（图形）/【Rectande】（矩形）命令,在顶视图中创建一个 1 140 × 5 483 的矩形,将其命名为"基墙 02",位置如图 2.460 所示。

⑥单击【Modify】（修改）/【Modifier List】（修改器列表）/【Edit Spline】（编辑样条线）命令,进入二维对象的子对象【Spline】（样条线）级别,在【Geometry】（几何体）卷展栏中将【Outline】（轮廓）设置为 160 并按下【Enter】键,结果如图 2.461 所示。

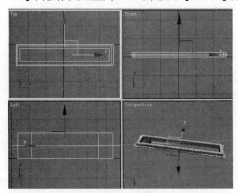

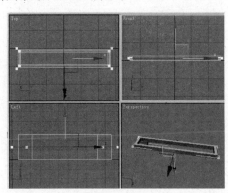

图 2.460　创建矩形　　　　　　　　　　　图 2.461　轮廓

⑦关闭当前选择集,在视图中选择"基墙 02",单击修改器列表下的【Extrude】（挤出）命令,在【Parameters】（参数）卷展栏中将【Amount】（数量）设置为 100,然后在前视图中将"基墙 02"放置到"基墙 01"的上方,结果如图 2.462 所示。

⑧选择【Modifier List】（修改器列表）/【UVW Map】（UVW 贴图）修改器,在【Parameters】（参数）卷展栏中选择【Mapping】（贴图）选项组下的【Box】（长方体）单选按钮,将【Length】（长度）、【Width】（宽度）、【Height】（高度）分别设置为 1 500、1 500 和 1 200。

⑨单击【Create】（创建）/【Shapes】（图形）/【Rectande】（矩形）命令,在前视图中创建一个 2 600 × 2 000 的矩形,如图 2.463 所示。

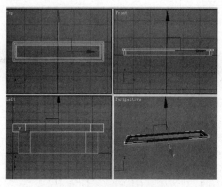

图 2.462　造型的位置

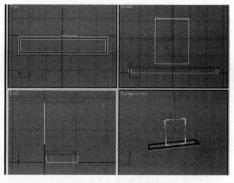

图 2.463　创建矩形

⑩单击【Circle】(圆)命令,在前视图中创建一个半径为 200 的圆形,如图 2.464 所示。

⑪选择圆形,在工具栏中选择✥工具,同时按住【Shift】键移动复制 8 个小圆形,如图 2.465所示。

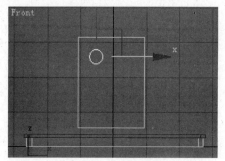

图 2.464　创建圆形

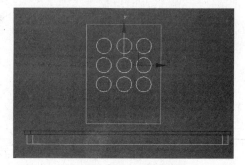

图 2.465　移动复制圆形

⑫将"中墙"矩形和 9 个圆形附加到一起,然后选择【Modifier List】(修改器列表)/【Extrude】(挤出)命令,在【Parameters】(参数)卷展栏中将【Amount】(数量)设置为 200,命名为"中墙"位置如图 2.466 所示。

⑬单击【Create】(创建) ✎/【Shapes】(图形) ◉/【Rectande】(矩形)命令,在前视图中创建一个 2 280×2 390 的矩形,命名为"右侧铁丝网边 01",如图 2.467 所示。

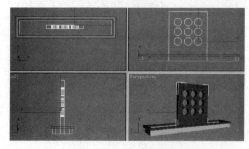

图 2.466　中墙的位置

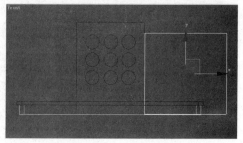

图 2.467　创建矩形

⑭确认"右侧铁丝网边 01"处于选择状态,进入二维对象的子对象【Vertex】(顶点)级别,在【Geometry】(几何体)卷展栏中单击【Refine】(优化)按钮,在前视图中为"右侧铁丝网边 01"添加两个点,选择左侧的三个点将其属性设置为【Corner】(角点),调整顶点的位置,如图 2.468 所示。

⑮在前视图中调整顶点的位置,如图 2.469 所示。

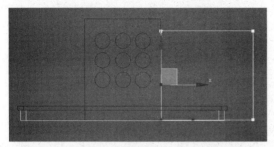

图2.468 添加点并设置选择点的属性为"角点"

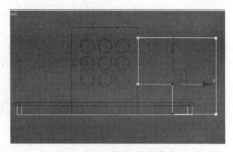

图2.469 调整点的位置

⑯关闭选择集,并重新定义当前选择集为【Segment】(分段)级别,在前视图中选择左侧和下边的两条线段,按【Delete】键将其删除,如图2.470所示。

⑰关闭选择集,重新将选择集定义为【Spline】(样条线)级别,在【Geometry】(几何体)卷展栏中将【Outline】(轮廓)参数设置为70,并按【Enter】键设置出"右侧铁丝网边01"的轮廓,如图2.471所示。

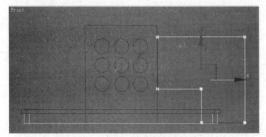

图2.470 选择线段

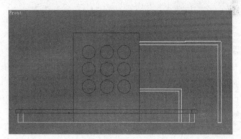

图2.471 轮廓

⑱关闭选择集,选择【Modifier List】(修改器列表)/【Extrude】(挤出)命令,在【Parameters】(参数)卷展栏中将【Amount】(数量)设置为50,位置如图2.472所示。

⑲单击【Create】(创建)🔧/【Shapes】(图形)⚙/【Rectande】(矩形)命令,在前视图中创建一个2 018×2 250的矩形,命名为"右侧铁丝网边02",如图2.473所示。

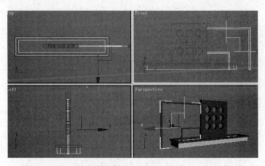

图2.472 "右侧铁丝网边01"挤出后的位置

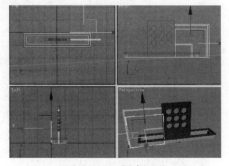

图2.473 创建矩形

⑳确认"右侧铁丝网边02"处于选择状态,进入二维对象的子对象【Vertex】(顶点)级别,在【Geometry】(几何体)卷展栏中单击【Refine】(优化)按钮,在前视图中为"右侧铁丝网边02"加点,选择左下角的三个点将其属性设置为【Corner】(角点),调整顶点的位置,如图2.474所示。

㉑在前视图中调整顶点的位置,如图2.475所示。

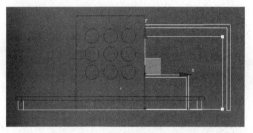
图 2.474　点的属性为"角点"

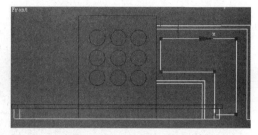
图 2.475　调整点的位置

㉒将当前选择集定义为【Spline】(样条线)级别,在【Geometry】(几何体)卷展栏中将【Outline】(轮廓)参数设置为80,按【Enter】键,设置出"右侧铁丝网边02"的轮廓,如图2.476所示。

㉓关闭选择集,选择【Modifier List】(修改器列表)/【Extrude】(挤出)命令,在【Parameters】(参数)卷展栏中将【Amount】(数量)设置为50,在顶视图中将其放置到"右侧铁丝网边01"的位置处,如图2.477所示。

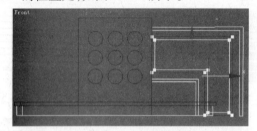
图 2.476　轮廓后

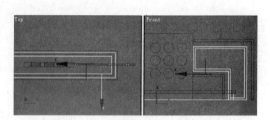
图 2.477　"右侧铁丝网边02"挤出后的位置

㉔使用【Line】(线)命令和【Circle】(圆)命令,在前视图中绘制二维线形,在【Rendering】(渲染)卷展栏中选择【Enable In Renderer】(在渲染中启用)和【Enable In Viewport】(在视口中启用)复选框,将【Thickness】(厚度)设置为15,如图2.478所示。

㉕选择绘制的任意一条可渲染的样条线,在【Geometry】(几何体)卷展栏中单击【Attach】(附加)按钮,将刚刚绘制的所有样条线附加在一起,并命名为"铁丝网",位置如图2.479所示。

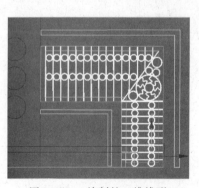
图 2.478　绘制的二维线形

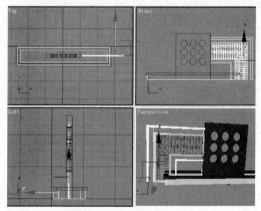
图 2.479　铁丝网的位置

㉖单击【Create】(创建)　/【Geometry】(几何体)　/【Box】(长方体)命令,在顶视图中创建一个500×500×2 330的长方体,命名为"立柱",位置如图2.480所示。

㉗选择【Modifier List】(修改器列表)/【UVW Map】(UVW 贴图)修改器,在【Parameters】

（参数）卷展栏中选择【Mapping】（贴图）选项组下的【Box】（长方体）单选按钮，将【Length】（长度）、【Width】（宽度）、【Height】（高度）分别设置为800、800和800。

㉘单击【Create】（创建）↖/【Geometry】（几何体）◉/【Box】（长方体）命令，在顶视图中创建一个600×50×1 500的长方体，命名为"立柱上01"，位置如图2.481所示。

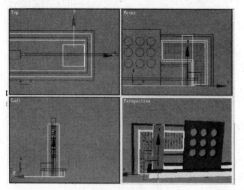
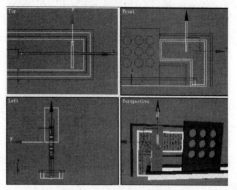

图2.480　立柱的位置　　　　　　　　图2.481　立柱上01的位置

㉙单击【Create】（创建）↖/【Geometry】（几何体）◉/【Box】（长方体）命令，在顶视图中创建一个380×380×400的长方体，命名为"立柱上02"，位置如图2.482所示。

㉚单击【Create】（创建）↖/【Geometry】（几何体）◉/【Box】（长方体）命令，在顶视图中创建一个500×500×50的长方体，命名为"立柱上03"，位置如图2.483所示。

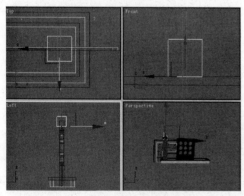
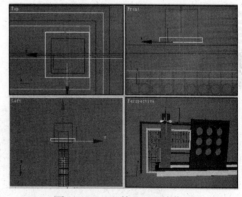

图2.482　立柱上02的位置　　　　　　图2.483　立柱上03的位置

㉛单击【Create】（创建）↖/【Geometry】（几何体）◉/【Box】（长方体）命令，在顶视图中创建一个500×500×300的长方体，命名为"立柱上04"，位置如图2.484所示。

㉜同时选择"右侧铁丝网边01""右侧铁丝网边02""铁丝网""立柱""立柱上01""立柱上02""立柱上03""立柱上04"，然后在菜单栏中选择【Group】（组）/【Group】（成组）命令，在弹出的对话框中将【Group name】（组名）命名为"右侧墙体"，单击【OK】按钮。

㉝选择"右侧墙体"，在前视图中，在工具栏中选择【Mirror】（镜像）工具，在弹出的对话框中选择【Mirror Axis】（镜像轴）为X，将【Offset】（偏移）设置为－4 450，在【Clone Selection】（克隆当前选择）选项组中选择【Copy】（复制）单选按钮，单击【OK】按钮，效果如图2.485所示。

㉞选择场景中的所有对象，在菜单栏中选择【Group】（组）/【Group】（成组）命令，在弹出的对话框中将【Group name】（组名）命名为"景观墙01"，单击【OK】按钮。

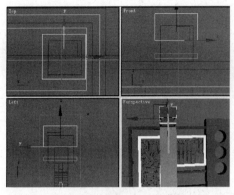 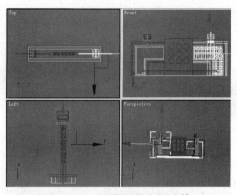

图 2.484　立柱上 04 的位置　　　　　　　图 2.485　镜像复制右侧墙体

㉟在工具栏中选择【Select and Move】(选择并移动)工具,在前视图中选择"景观墙 01",按住【Shift】键,沿 X 轴移动复制出一个"景观墙 02",如图 2.486 所示。

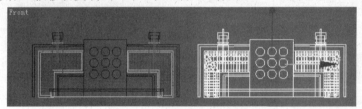

图 2.486　移动复制景观墙

㊱使用【Line】(线)命令和【Elipse】(椭圆)命令,在前视图中绘制二维线形,在【Rendering】(渲染)卷展栏中选择【Enable In Renderer】(在渲染中启用)和【Enable In Viewport】(在视窗中启用)复选框,将【Thickness】(厚度)设置为 50,绘制的二维线形如图 2.487 所示。

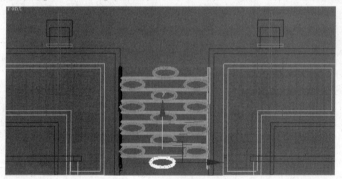

图 2.487　绘制的二维线形

㊲选择刚刚绘制的所有二维线形,在菜单栏中选择【Group】(组)/【Group】(成组)命令,在弹出的对话框中将【Group name】(组名)命名为"景墙连接杆",单击【OK】按钮,在场景中将其放在合适的位置,渲染透视图,效果如图 2.488 所示。

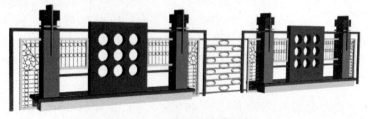

图 2.488　景观墙渲染效果

子任务 13　制作传达室模型

①绘制基墙。单击【Create】(创建)🔧/【Shapes】(图形)🔘/【Rectande】(矩形)命令,在顶视图中创建一个 1 500×3 000 的矩形,命名为"基层墙体",如图 2.489 所示。

②单击【Modify】(修改)🔧/【Modifier List】(修改器列表)/【Edit Spline】(编辑样条线)命令,进入【Vetex】(顶点)子对象级别,在顶视图中将"基层墙体"修改成如图 2.490 所示的形状。

③退出次物体编辑,在修改器列表中添加【Ectrude】(挤出)命令,设置数量为 100,如图 2.491 所示。

图 2.489　创建矩形并命名　　　图 2.490　对矩形进行修改　　　图 2.491　挤出后

④绘制值班室墙体。在工具栏中选择✥工具,在前视图中 选择"基层墙体",按住【Shift】键沿着 Y 轴对其以【Copy】(复制)的方式进行移动复制一个,自动命名为"基层墙体01",如图 2.492 所示。

⑤选择"基层墙体01",在修改器堆栈中选择【Editable Spline】(编辑样条线)修改器,进入【Spline】(样条线)级别,将【Outline】(轮廓)设置为 75,单击【Outline】(轮廓)按钮,生成"基层墙体01"的截面轮廓,如图 2.493 所示。

⑥退出次物体编辑,将【Ectrude】(挤出)修改器的数量修改为 230,位置如图 2.494 所示。

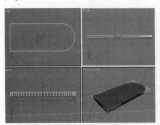
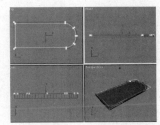
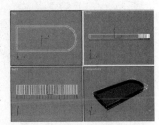

图 2.492　移动复制基层墙体　　图 2.493　基层墙体01　　　图 2.494　基层墙体01
　　　　　　　　　　　　　　　　　　的截面轮廓　　　　　　　　的位置

⑦单击✥按钮,在前视图中选择"基层墙体",按住【Shift】键沿着 Y 轴对其以【Copy】(复制)的方式移动复制一个,命名为"玻璃01"。

⑧选择"玻璃01",单击鼠标右键,在弹出的级联菜单中选择【Hide Unselected】(隐藏未选择)项,在视图中只显示"玻璃01"。在修改器堆栈中选择【Editable Spline】(编辑样条线)修改器,进入【Spline】(样条线)级别,将【Outline】(轮廓)设置为 25,结果如图 2.495 所示。

⑨继续在【Spline】(样条线)级别选择外侧的样条线,按【Delete】键将其删除,如图 2.496 所示。

⑩进入【Segment】(线段)级别,在顶视图中选择最上边的一段分段,按【Delete】键将其删除,位置如图 2.497 所示。

图 2.495　轮廓结果

图 2.496　删除外侧轮廓线

图 2.497　删除线段

⑪退出次物体编辑,将【Ectrude】(挤出)修改器的数量修改为 800,全部取消隐藏,将"玻璃 01"放置到"基层墙体 01"的上方,如图 2.498 所示。

⑫单击【Create】(创建) ↖/【Shapes】(图形) ◐/【Rectande】(矩形)命令,在前视图"基层墙体 01"的上方创建一个 800×2 345 的矩形,命名为"侧墙 01",如图 2.499 所示。

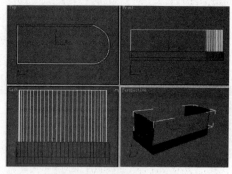
图 2.498　玻璃 01 的位置

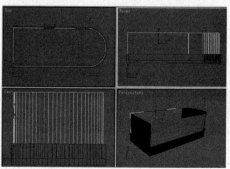
图 2.499　创建矩形并命名

⑬确定"侧墙 01"处于选择状态,将【Start New Shape】(开始新图形)取消选择,单击【Rectande】(矩形)命令,在前视图中创建一个 210×1 984 的小矩形,作为"侧墙 01"的窗洞,位置如图 2.500 所示。

⑭为"侧墙 01"添加【Ectrude】(挤出)修改器,设置数量为 70,位置如图 2.501 所示。

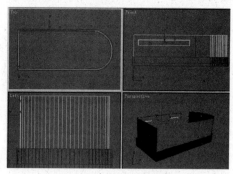
图 2.500　小矩形的位置

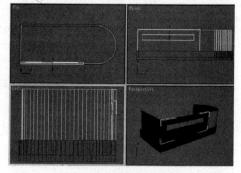
图 2.501　侧墙 01 的位置

⑮选择 ✛ 工具,在左视图中选择"侧墙 01",按住【Shift】键在以【Copy】(复制)的方式将其移动复制到另一侧,如图 2.502 所示。

⑯单击【Box】(长方体)命令,在前视图中创建长方体作为"窗楞",将其放置到"侧墙"的窗洞处,在一侧复制若干个后成组,命名为"侧窗框",然后将"侧窗框"复制到另一侧,结果如图 2.503 所示。

⑰单击【Box】(长方体)命令,在前视图中创建一个 272×2 010×0 的长方体,命名为"侧墙玻璃",位置如图 2.504 所示。

⑱单击【Rectande】(矩形)命令,在左视图中绘制一个 800×1 450 的矩形,在这个矩形内

部再创建一个 267×500 的矩形,将两个矩形附加在一起,添加【Ectrude】(挤出)修改器,设置数量为 70,命名为"后墙体",位置如图 2.505 所示。

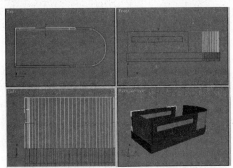

图 2.502　移动复制侧墙 01

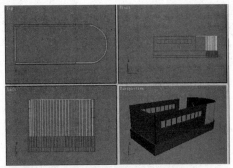

图 2.503　复制的侧窗框及其位置

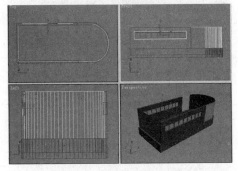

图 2.504　侧墙玻璃的位置

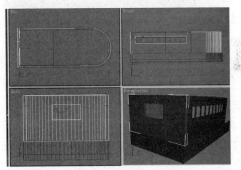

图 2.505　后墙体的位置

⑲用和第 16 步相同的方法绘制"后窗框",位置如图 2.506 所示。

⑳单击【Box】(长方体)命令,在顶视图门的位置创建一下长方体,大小视图形而定,如图 2.507 所示。

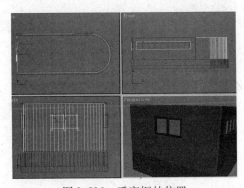

图 2.506　后窗框的位置

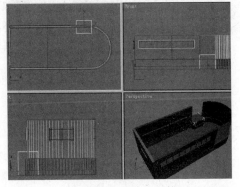

图 2.507　创建长方体

㉑在前视图中,选择"基层墙体 01"然后选择【Create】(创建) ⬉/【Geometry】(几何体) ⬤/【Compound Objects】(复合对象)/【Boolean】(布尔)命令,在【Pick Boolean】(拾取布尔)卷展栏中单击【Pick Operand B】(拾取操作对象 B)按钮,在场景中选择长方体对象,结果如图 2.508 所示。

㉒创建传达室的门。单击【Rectande】(矩形)命令,在前视图中使用捕捉顶点创建一个矩形,在这个矩形内部再创建一个 876×480 的矩形,将两个矩形附加在一起,添加【Ectrude】(挤出)修改器,设置数量为 70,命名为"门框",位置如图 2.509 所示。

㉓在前视图中根据门洞大小创建门的多个长方体,然后切换到 ▨ 面板,选择【Modifier List】(修改器列表)/【Editable Mesh】(编辑网格)修改器,在【Edit Geometry】(编辑几何体)卷展栏中单击【Attach】(附加)按钮,将它们附加在一起并命名为"门",放于门洞处,如图2.510所示。

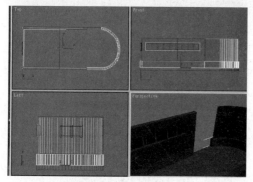
图2.508　布尔后的效果

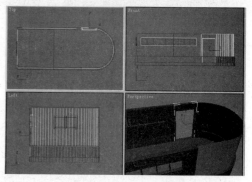
图2.509　门框的位置

㉔单击【Box】(长方体)命令,在前视图中创建一个1 030×30×30的长方体,命名为"玻璃竖隔断",然后在顶视图以移动复制的方式复制5个,并分别将它们移动、旋转放于合适的角度位置,如图2.511所示。

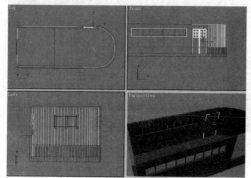
图2.510　门的位置

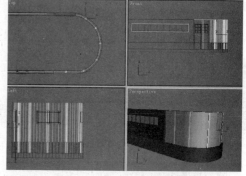
图2.511　玻璃竖隔断的位置

㉕选择 ✛ 工具,在场景中选择"玻璃01",在前视图中按住【Shift】键沿着Y轴移动复制一个,并在弹出的对话框中将【Name】(名称)命名为"玻璃横隔断",单击【OK】按钮。

㉖确认"玻璃横隔断"处于被选择状态,在 ▨ 面板中选择修改堆栈中的【Ectrude】(挤出)修改器并将其拖曳至 🗑 按钮上删除。

㉗在场景中选择"玻璃横隔断"和"侧墙01",单击鼠标右键,隐藏未选择对象,在视图中只显示"玻璃横隔断"和"侧墙01"。如图2.512所示。

㉘选择"玻璃横隔断",在修改器堆栈中选择【Editable Spline】(编辑样条线),进入【Segment】(线段)子物体级,在顶视图中选择"玻璃横隔断"左侧的线段变红色,如图2.513所示,按【Delete】键将其删除。

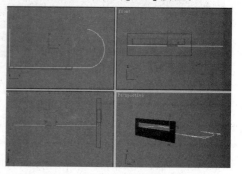
图2.512　显示选择的对象

㉙进入【Vertex】(顶点)子物体级,在顶视图中沿着X轴调整最左侧的点,将其调整到侧墙的位置处,如图2.514所示。

㉚进入【Spline】(样条线)子物体级,将【Uutline】(轮廓)设置为 -15,结果如图2.515所示。

图2.513 删除选择线段　　　　图2.514 调整顶点位置　　　　图2.515 轮廓后

㉛退出次物体编辑,选择【Ectrude】(挤出)修改器,设置挤出数量为30,全部取消隐藏,复制一个,位置如图2.516所示。

㉜绘制装饰墙体。自己设计绘制装饰墙(绘制过程略),墙的厚度设置为100,命名为"装饰墙",位置如图2.517所示。

㉝绘制楼顶板。单击【Box】(长方体)命令,在顶视图中创建一个 1 600 × 4 200 × 200 的长方体,命名为"顶板",位置如图2.518所示。

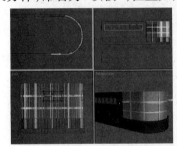

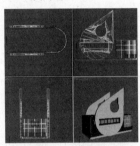

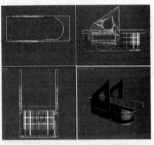

图2.516 玻璃横隔断的位置　　　图2.517 装饰墙的　　　　图2.518 顶板位置
　　　　　　　　　　　　　　　　形状和位置

㉞单击【Line】(线)命令,在前视图中创建6条线,命名为"装饰杆"在【Rendering】(渲染)卷展栏中选择【Endble In Renderer】(在渲染中启用)和【Endble In Viewport】(在视口中启用)复选框,将【Thickness】(厚度)设置为50,如图2.519所示。

㉟渲染透视图,如图2.520所示,命名为"传达室.max"。

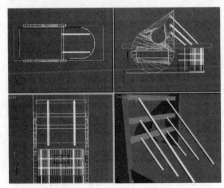

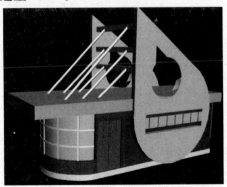

图2.519 装饰杆的位置　　　　　图2.520 传达室渲染效果

 巩固训练

1.绘制如图2.521所示的三款景观墙模型。

图 2.521　景观墙模型

2. 绘制如图 2.522 所示的两款树池座椅模型。

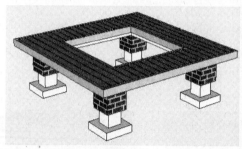

图 2.522　树池座椅

3. 绘制如图 2.523 所示的花架模型。

4. 绘制如图 2.524 所示的喷泉模型。

5. 绘制如图 2.525 所示的亭子模型。

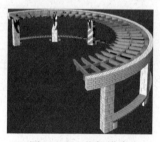

图 2.523　花架模型　　　　图 2.524　喷泉模型　　　　图 2.525　亭子模型

6. 绘制如图 2.526 所示的升旗台模型。

7. 绘制如图 2.527 所示的建筑模型。

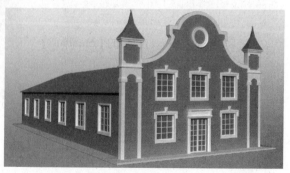

图 2.526　升旗台模型　　　　　　图 2.527　建筑模型

项目3 表现材质的操作技能

材质是表现模型真实效果的重要手段，如果说模型是园林效果图的骨架，那么材质就是华丽的外衣。在 3ds Max 中，一个模型建立之后，其本身是不具备任何表面特征的，要模拟现实世界中模型表面的颜色、纹理、反光、透明度等属性，就需要使用 3ds Max 的材质和贴图来实现。为模型指定相应的材质和贴图，可以让它们呈现出更加真实、生动、逼真的视觉效果。

任务1 材质编辑器的基本操作技能

子任务1 认识材质编辑器

①按【Ctrl + O】键，打开"本书素材/项目 2/任务 5——二维转三维建模的操作技能/目标文件/相框模型. max"文件，如图 3.1 所示。该场景中有两个没有被赋予材质的模型——相框和画板，现在为其制作相应的材质。

图 3.1 打开的场景文件

②单击工具栏中的 ▓▓【Material Editor】(材质编辑器）按钮，或直接按键盘上的【M】键，打开如图3.2 所示的【Material Editor】(材质编辑器）窗口。

③选择一个材质球，在 ✎ 按钮的后面命名为"画板"，如图 3.3 所示。

④直接使用 3ds Max 自带的【Standard】(标准材质）进行画板材质的制作。单击【Diffuse】(漫反射）右侧的 ▓ 小按钮，在弹出的【Material/Map Browser】(材质/贴图浏览器）对话框中选择【Bitmap】(位图）选项，如图 3.4 所示，然后单击【OK】按钮。

⑤在弹出的【Select Bitmap Image File】(选择位图图像文件）对话框中，选择"本书素材/贴图/图片/园林小景 01. jpg"文件，如图 3.5 所示，然后单击【打开】按钮，将位图载入。

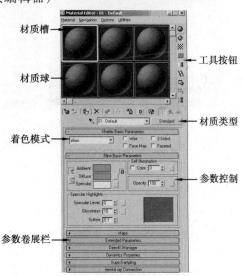

图 3.2 【Material Editor】(材质编辑器）窗口

图 3.3 命名材质

图 3.4 选择【Bitmap】(位图)

图 3.5 选择图片

⑥单击 【Go to Parent】(返回上一级)按钮,返回到材质的第一层级。在场景中选择 "画板"模型,单击 【Assign Material to Selection】(将材质指定给选定的对象)按钮,将材质 赋给画板,然后再单击 【Show Map in Viewport】(在视口中显示贴图)按钮,使贴图在视口 中显示,以便观察贴图当前的效果,如图 3.6 所示。

⑦在【Material Editor】(材质编辑器)中再选择一个新的材质球,命名为"相框",用和上 面相同的方法,为其选择一张木质贴图(本书素材/贴图/木材/12.jpg),渲染透视图,结果如 图 3.7 所示。

图 3.6 显示当前材质贴图

图 3.7 渲染效果

说明:除了使用 按钮指定材质的方法以外,还可以直接在材质编辑器中拖动材质 到场景上的物体。

子任务 2 转换材质类型

①按【Ctrl + O】键,还是打开"本书素材/项目 2/任务 5——二维转三维建模的操作技 能/目标文件/相框模型.max"文件,现在为其制作 VRay 材质。

说明:虽然 VRay 兼容 3ds Max 的绝大多数材质,但在使用 VRay 渲染时,使用 VRay 自带的材质,能得到最佳的渲染速度和效果。并且只有渲染器设置成【Vray 渲染器】的情况下,VrayMtl 材质类型才会显示出来。

②在弹出的【Material/Map Browser】(材质/贴图浏览器)对话框中选择【VRayMtl】选项,如图 3.8 所示,单击【OK】按钮,将【Standard】(标准材质)转换为 VRayMtl 材质。

图 3.8 转换材质类型

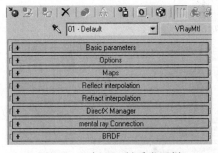

图 3.9 VRayMtl 材质卷展栏

③转换至 VRayMtl 材质后,材质参数卷展栏发生了变化,如图 3.9 所示。在园林效果图制作中,使用最多的是【Basic parameters】(基本参数)与【Maps】(贴图)卷展栏。单击展开【Basic parameters】(基本参数)卷展栏,如图 3.10 所示。图 3.11 所示的则为【Maps】(贴图)卷展栏参数。

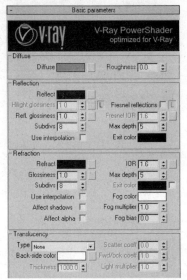

图 3.10 【Basic parameters】(基本参数)卷展栏　　　图 3.11 【Maps】(贴图)卷展栏

④现在来制作画板材质。首先调整【Basic parameters】(基本参数)内的【Diffuse】(漫反射)参数,可以看到该参数有一个色块和一个灰色的■按钮,前者习惯称之为"颜色通道",后者习惯称之为"贴图通道",这里由于要载入外部图像文件制作画板油画效果,因此,单击■(贴图通道)按钮,在弹出的【Material/Map Browser】(材质/贴图浏览器)对话框中选择【Bitmap】(位图)选项,选择载入"本书素材/贴图/图片/园林小景 01. jpg"贴图,单击【打开】按钮。

⑤油画表面由于颜料的厚度不一,会有轻微的凹凸效果,要模拟出这个效果,就需要使用【Maps】(贴图)卷展栏内相应的【Bump】(凹凸)贴图通道。展开【Maps】(贴图)卷展栏,单击【Bump】(凹凸)通道【None】按钮,打开【Material/Map Browser】(材质/贴图浏览器),再次载入"园林小景 01"贴图,通过【Bump】(凹凸)数值,可以控制凹凸效果的强弱。这里我们设置【Bump】(凹凸)数值为 50,如图 3.12 所示。

说明:如果在贴图通道内使用相同的贴图,可以直接拖动已经添加贴图的按钮至另一个贴图按钮,在弹出的对话框中选择【Instance】(实例)或【Copy】(复制)选项,从而快速添加相同的贴图。

⑥在场景中选择"画板"模型,单击■【Assign Material to Selection】(将材质指定给选定的对象)按钮,将材质赋给画板,然后再单击■【Show Map in Viewport】(在视口中显示贴图)按钮,使贴图在视口中显示,以便观察贴图当前的效果。

⑦在【Material Editor】(材质编辑器)中再选择一个新的材质球,命名为"相框",转换材质类型为 VRayMtl 材质,用和上面相同的方法,为其选择一张木质贴图(本书素材/贴图/木材/12. jpg),渲染透视图,最终结果如图 3.13 所示。

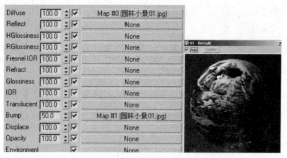

图 3.12   凹凸贴图通道载入位图及材质球效果

图 3.13   渲染效果

子任务 3   使用贴图通道

①按【Ctrl + O】键,打开"本书素材/项目 2/任务 5——二维转三维建模的操作技能/目标文件/木门. max"文件,如图 3.14 所示。我们为其作细致的木纹凹凸效果。

②按【M】键,打开【Material Editor】(材质编辑器),选择一个空白的材质示例球,转换为 VrayMtl 材质类型。

③在【Basic parameters】(基本参数)卷展栏下,单击【Diffuse】(漫反射)后面的■(贴图通道)按钮,在弹出的【Material/Map Browser】(材质/贴图浏览器)对话框中选择【Bitmap】(位图)选项,选择载入"本书素材/贴图/木材/08. jpg"贴图,单击【打开】按钮。

④打开【Maps】(贴图)卷展栏,拖动【Diffuse】(漫反射)贴图通道后面的位图到【Bump】(凹凸)贴图通道,复制一个,设置【Bump】(凹凸)数值为200。

⑤在场景中选择"木门"模型,单击 【Assign Material to Selection】(将材质指定给选定的对象)按钮,将材质赋给木门,渲染透视图,效果如图3.15所示。

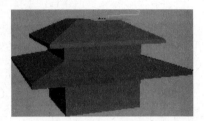

图3.14　打开的场景文件　　　图3.15　木门材质渲染效果　　　图3.16　打开的场景文件

子任务4　使用颜色通道

①按【Ctrl + O】键,打开"本书素材/项目2/任务5——二维转三维建模的操作技能/目标文件/建筑外观. max"文件,如图3.16所示。现在为场景中的建筑外观制作蓝色乳胶漆材质。

②打开材质编辑器,将【Standard】(标准材质)转换为 VRayMtl 类型,命名为"乳胶漆材质"。

③单击【Diffuse】(漫反射)颜色色块(颜色通道),设置 RGB 值分别为67、115 和153 的蓝色,如图3.17 所示。

④在场景中选择建筑外观,单击 按钮将材质赋给它,渲染效果如图3.18 所示。

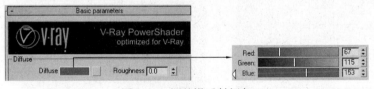

图3.17　调整漫反射颜色　　　图3.18　渲染效果

子任务5　材质球的常用操作

①按【Ctrl + O】键,打开"本书素材/项目3/任务8——材质编辑器基本操作技能/模型/材质球的使用. max"文件,如图3.19 所示。

②按【M】键,打开材质编辑器,可以看到材质槽内有7 个已经调整好材质的材质球,如图3.20 所示。

③打开一个现有的场景时,如果了解某个材质具体指定了场景中的哪些模型,可以按下列方法进行操作。选择该材质所在的材质球,单击右侧工具列中的 【Select by Material】(按材质选择)按钮,打开如图3.21 所示的对话框,其中呈蓝色高亮显示的物体,就是赋予了该材质的模型。

图 3.19　打开的场景

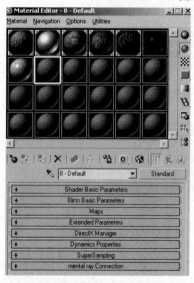

图 3.20　打开材质编辑器

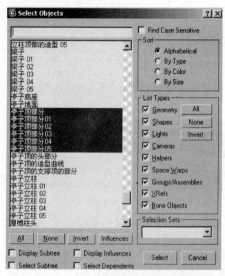

图 3.21　按材质选择物体

④调整材质球采样类型。单击工具列中的  【Sample Type】(采样类型)按钮,在弹出的如图 3.22 所示的按钮组中,可以将材质采样类型更换为其他形状。

图 3.22　更改材质球采样类型

⑤对于玻璃等透明且有反射特点的材质,可以按下其下面的 ●【Backlight】(背光)与 ▨【Background】(背景)按钮,可以在材质球内预览材质的透明和反射效果。

说明:材质球是材质的载体,要编辑某个材质,首先应将它载入至某个材质球,熟练掌握材质球的常用操作,是创建和编辑材质的基础。

子任务6　管理材质槽

①按【Ctrl + O】键,打开"本书素材/项目 3/任务 8——材质编辑器基本操作技能/模型/材质槽的整理. max"文件,如图 3.23 所示。现在对材质槽进行整理。

②按【M】键,打开材质编辑器,可以看到有 7 个编辑好的材质球随机地分布在材质槽内,如图 3.24 所示,发现整个材质槽显得有些凌乱。

图 3.23　打开的场景

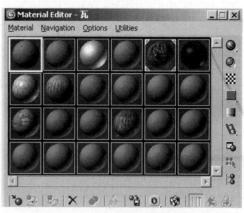

图 3.24　当前材质槽

③对材质槽进行整理。在【Material Editor】(材质编辑器)对话框中,单击【Utilities】(工具)/【Condense Material Editor Slots】(精简材质编辑器窗口)命令,如图 3.25 所示。

④此时【Material Editor】(材质编辑器)窗口即更新如图 3.26 所示,可以发现编辑的材质已经整齐地排列到第一行,但只剩下 1 个,这是因为系统在整理材质槽时,会自动删除未赋予任何模型的材质。

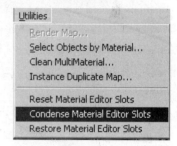

图 3.25　选择精简材质球命令

⑤如果要恢复删除的材质,可以选择图 3.25 中的【Restore Material Editor Slots】(还原材质编辑器窗口)命令,将材质槽状态还原至图 3.24 所示的状态。

⑥若选择图 3.25 中的【Reset Material Editor Slots】(重置材质编辑器窗口)命令,可以复位材质槽中所有的材质,得到如图 3.27 所示的材质槽效果。

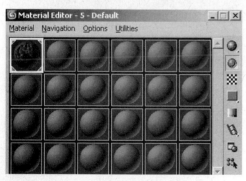

图 3.26　精简后的材质槽

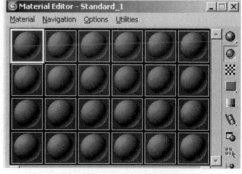

图 3.27　重置后材质槽显示

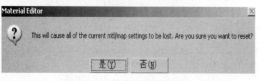

图 3.28　编辑材质提示框

⑦如果场景材质超过 24 个,材质球不够用时,选择编辑完成并已经指定给场景模型的材质槽,单击示例窗下方水平工具栏中的 ✖【Reset Map/Mtl to Default Settings】(重置贴图/材质为默认设置)按钮,这时系统会弹

出【Material Editor】（材质编辑器）提示框，如图 3.28 所示。

⑧单击【是】按钮，当前示例窗材质被复位，又可以重新编辑其他材质。场景中指定该材质的模型不受任何影响。下次需要继续编辑该材质时，使用 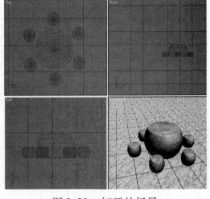 工具从场景物体上取回至示例窗中即可。

子任务 7　建立材质库

①按【Ctrl + O】键，"本书素材/项目 3/任务 8——材质编辑器基本操作技能/模型/材质库的建立. max"文件，如图 3.29 所示。现在用该场景包含的材质建立材质库。

②按【M】键，打开材质编辑器，可以发现材质槽中只有一个大石理材质，其余均为空白材质，如图 3.30 所示，要建立材质库，必须将场景中的材质一一拾取至材质槽中。

③拾取场景材质的一种方法，选择一个空白的材质球，单击材质名称文本框前的 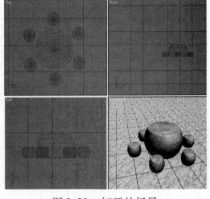 按钮，在场景模型上方单击鼠标，快速拾取模型材质到当前材质球，吸取地板的光滑地砖材质如图 3.31 所示。

图 3.29　打开的场景

④另一种方法是单击材质工具栏左侧的 【Get Material】（获取材质）按钮，打开【Material/Map Browser】（材质/贴图浏览器）窗口，在左侧列表中选择材质的来源——【Scene】（场景），此时右侧就会罗列出场景中当前所有的材质，双击其中某材质，就可以获取该材质。

⑤使用上面的任意一种方法，将需要放入材质库的材质拾取至当前材质槽。

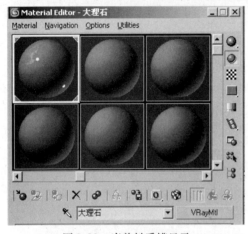

图 3.30　当前材质槽显示

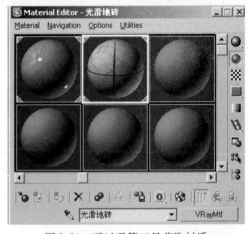

图 3.31　通过吸管工具获取材质

⑥材质入库。选择"大理石"材质球，在【Material Editor】（材质编辑器）窗口中单击工具栏上的 【Put to Library】（放入库）按钮，在弹出的【Put to Library】（入库）对话框，在对话框中命名材质，如图 3.32 所示。单击【OK】按钮确认，该材质即列入材质库内了。

⑦所有的材质都可以通过这种方式存入材质库。如果要删除当前材质库内的某个材质，在材质列表中选择该材质，单击 ✖【Delete From Library】（从库中删除）按钮即可。

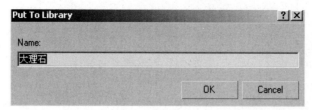

图3.32　【Put to Library】(入库)对话框

子任务8　保存材质库

①使用上面"子任务5"中的方法,将需要保存的材质存入材质库。

②按【M】键,打开材质编辑器,单击材质编辑器中的 ◎【Get Material】(获取材质)按钮,打开【Material/Map Browser】(材质/贴图浏览器)对话框,选择【Mtl Library】(材质库)选项,然后单击【Save】(保存)或【Save As】(另存为)按钮,就能将当前材质库内所有的材质以"mat"为后缀名的文件保存到指定的位置。

说明:要实现不同场景材质的调用,需要将材质库保存为后缀名为"mat"的材质文件。

③当材质库新添或删除了材质,可以单击【Save】(保存)按钮更新材质库。

子任务9　调用材质库

①启动3ds Max,新建一个场景,按【M】键,打开材质编辑器,单击材质工具栏左侧的 ◎【Get Material】(获取材质)按钮,打开【Material/Map Browser】(材质/贴图浏览器),选择材质来源为【Mtl Library】(材质库)。

②单击【Open】(打开)按钮,在弹出的对话框中,选择保存的材质库文件,即可调入该材质库保存的所有材质。

③若单击图中的【Merge】(合并)按钮,则可以将材质库文件中的材质添加至当前材质库。

说明:在调用材质库材质时,有时会发现某些材质库无法显示,这是因为当前渲染器与材质不匹配的缘故,此时先将当前渲染器切换为与该材质匹配的渲染器即可。

子任务10　合并材质库

①按【Ctrl + O】键,打开"本书素材/项目3/任务8——材质编辑器基本操作技能/模型/材质库的合并. max"文件。

②按【M】键,打开材质编辑器,单击材质工具栏左侧的 ◎【Get Material】(获取材质)按钮,选择材质来源为【Mtl Library】(材质库),可以发现此时材质库已经有了材质。

③单击【Merge】(合并)按钮,选择一个新的材质库文件,单击【Open】(打开)按钮,此时会弹出【Merge】(合并)对话框,该对话框中罗列了该材质库所有的材质,此时可以选择其中的若干个材质,或者单击【All】(全部)按钮,选择所有的材质,单击【OK】按钮确认。该材质库中的材质便可合并到当前材质库中。

说明:材质库中的【Merge】(合并)命令,不但可以调用整个材质库,还能有选择地合并材质库中的若干个材质。

巩固训练

1.熟悉材质编辑器的基本操作。

2.练习转换材质类型。

3.在场景中创建基本模型,在贴图通道中编辑材质,并给赋值。

4.在场景中创建基本模型,在颜色通道中编辑材质,并给赋值。

5.创建一个材质库,并合并现有的材质。

任务2 VRay 基础操作技能

子任务1 使用【VRay Proxy】(VRay 代理)创建一个树丛效果

①首先创建一个"*.vrmesh"文件格式的代理物体。在场景中创建一个植物,单击【Create】(创建)/【Geometry】(几何体)/【AEC Extended】(AEC 扩展)/【Foliage】(植物)/【American Elm】(美洲榆)命令,在顶视图创建一棵美洲榆,确认美洲榆处于选择状态,然后右击鼠标,在弹出的快捷菜单中选择【V-Ray mesh export】(V-Ray 网格导出)命令,如图3.33所示。

②在弹出的【V-Ray mesh export】(V-Ray 网格导出)对话框中为文件指定一个路径,命名为"美洲榆",然后单击【OK】(确定)按钮,如图3.34所示。

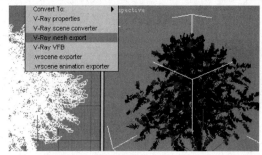

图3.33 【V-Ray mesh export】命令

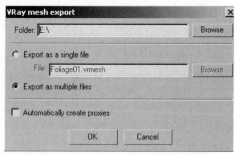

图3.34 【V-Ray mesh export】对话框

③单击命令面板中的【Create】(创建)/【Geometry】(几何体)/【VRay】/【VRay Proxy】(VR 代理)/【Browse】(浏览)按钮,在弹出的【Choose external mesh file】(选择外部网格文件)对话框中选择代理物体文件,单击【打开】按钮,如图3.35所示。然后在顶视图中多次单击鼠标即可代替物体导入到当前的场景中。

④框选场景中的所有树木,将其统一颜色;在顶视图创建一个长方体模拟地面,然后激活透视图,按下【Shift + Q】组合键,渲染透视图,结果如图3.36所示。

图3.35 【Choose external mesh file】对话框

图3.36 树丛效果

子任务2 使用【VrayFur】(VRay毛发)创建一个草地效果

①打开"本书素材/项目3/任务9——VRay基础操作技能/模型/草地材质模型. max"文件,如图3.37所示。

②选择草地模型,单击【Create】(创建)/【Geometry】(几何体)按钮,进入几何体创建面板选择VRay物体类型,单击【VrayFur】(VR毛发)创建按钮为草地模型添加毛发,如图3.38所示。

③设置毛发参数如图3.39所示。

图3.37 打开的场景

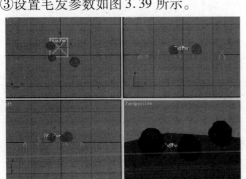

图3.38 为草地添加VR毛发

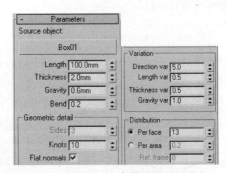

图3.39 参数设置

> 说明:一般只需要调整其【Length】(长度)、【Gravity】(重力)与【Distribution】(分配)方式参数即可,其中长度参数控制毛发的长度,重力参数控制毛发生长的方向,分配参数控制毛发的数量。

④创建VR毛发模型后,还需要为其制作一个材质,控制毛发的颜色,这里使用VRayMtl材质制作,调整相应的【Diffuse】(漫反射)颜色即可,如图3.40所示。

⑤在场景中选择代表草地的地面和毛发,然后单击 ⛁ 按钮,将材质赋给它,再单击 ⛁ 按钮,按【Shift + Q】组合键渲染透视图,最终草地模型渲染及细节放大效果如图3.41所示。

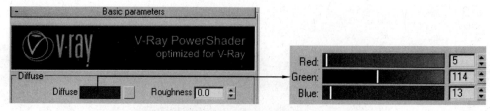

图 3.40　调整漫反射颜色

图 3.41　草坪效果

> 说明:【VrayFur】(VRay 毛发)对象不能单独使用,它必须依附于场景中的某一个对象,且只有在渲染时才能查看毛发效果。但是,在真实感增强的同时,渲染速度也会大大的减缓。

子任务 3　使用【VRayDisplacementMod】(VRay 置换模式)制作一盆植物

①单击【Create】(创建)/【Geometry】(几何体)/【Standard Primitives】(标准基本体)/【Sphere】(球体)命令,在视图中创建一个半径为 1 000 的球体,如图 3.42 所示。

②在修改器列表中执行【VRayDisplacementMod】(VRay 置换模式)命令,将当前的渲染器指定为 VRay 渲染器,在【Parameters】(参数)卷展栏中选择【3D mapping】(3D 映射)方式,设置【Amount】(数量)为 400,如图 3.43 所示。

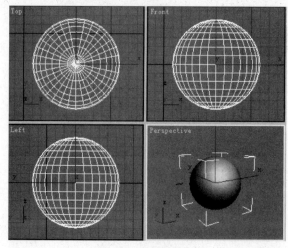

图 3.42　创建的球体

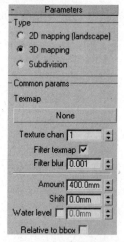

图 3.43　参数设置

③激活透视图,按下【Shift + Q】组合键,渲染透视图,结果如图 3.44 所示。

④使用【Line】(直线)命令绘制花茎,再使用【Copy】(复制)、【Select and Rotate】(选择并旋转)、【Select and Uniform Scale】(选择并均匀缩放)、【Select and Move】(选择并移动)等命令,完成一株植物的制作,如图 3.45 所示。

⑤单击【File】(文件)/【Merge】(合并)命令,打开"本书素材/项目 3/任务 5/模型/花盆. max"文件,然后使用【Select and Uniform Scale】(选择并均匀缩放)、【Select and Move】(选择并移动)等命令,将花盆摆放到合适的位置,最终渲染效果如图 3.46 所示。

图 3.44 毛球效果   图 3.45 一株植物   图 3.46 一盆植物

子任务 4 应用【VRayHDRI】(VRay 高动态范围贴图)的操作技能

①打开"本书素材/项目 3/任务 9——VRay 基础操作技能/ 模型/高动态范围贴图场景. max"文件,如图 3.47 所示。

②单击 按钮,打开【Render Scene】(渲染场景)对话框,在【Render】(渲染)选项卡下展开【VRay∷Environment】(VRay 环境)卷展栏,点【Skylight】(天光)下面的贴图开关,在弹出的【Materiao/Map Browser】(材质/贴图浏览器)对话框中,选择【VRayHDRI】贴图,如图 3.48 所示。

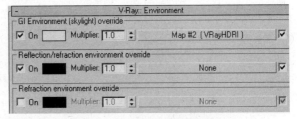

图 3.47 打开的场景渲染效果   图 3.48 载入【VRayHDRI】贴图

③按【M】键,打开【Material Editor】(材质编辑器),将【VRayHDRI】贴图用鼠标拖放到一个空白的材质球,以【Instance】(实例)的方式复制此贴图到材质球,结果如图 3.49 所示。

④在【Material Editor】(材质编辑器)对话框中,单击【Parameters】(参数)卷展栏下的【Browse】(浏览)按钮,从中打开"本书素材/贴图/HDRI/003. hdr"文件,如图 3.50 所示。

⑤在【Parameters】(参数)卷展栏下设置【Multiplier】(倍增)为 2,如图 3.51 所示。

⑥在【VRay∷Environment】(VRay 环境)卷展栏下,将 HDRI 贴图再以实例的方式复制到【Reflection/refraction environment override】(反射和折射环境)里,如图 3.52 所示。

⑦渲染透视图,效果如图 3.53 所示。

图 3.49　实例复制【VRayHDRI】贴图到材质球

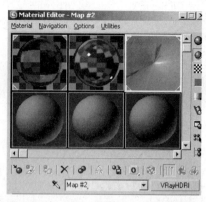

图 3.50　选择一张【VRayHDRI】贴图

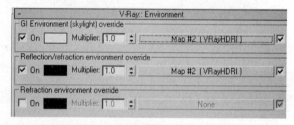

图 3.51　参数设置

图 3.52　实例复制【VRayHDRI】贴图

图 3.53　渲染效果

说明:一般计算机在表示图像的时候是用 8bit(256)级或 16bit(65536)级来区分图像的亮度的,但这区区几百或几万无法再现真实自然的光照情况。超过这个范围时就需要用到 HDRI 贴图来实现。

巩固训练

1.使用【VRay Proxy】(VRay 代理)创建一个花丛效果。

2.使用【VrayFur】(VRay 毛发)创建一个地毯效果。

3.使用【VRayDisplacementMod】(VRay 置换模式)制作一个毛球效果。

4.练习使用【VRayHDRI】(VRay 高动态范围贴图)进行操作。

任务3　创建常用贴图材质的操作技能

子任务1　【UVW 贴图坐标】的操作技能

1)一般贴图的操作步骤

①在顶视图中创建一个正方体。

②单击键盘上的【M】键,打开【Material Editor】(材质编辑器),单击【Diffuse】(漫反射)后面的灰色钮,在打开的【Material/Map Browser】(材质/贴图浏览器)中双击【Checker】(棋盘格)贴图材质。用鼠标将材质直接拖拽至场景对象上,单击【Show Map in Viewport】(在视口中显示贴图)🔳按钮,完成场景对象的材质赋予过程,如图 3.54 所示。

③在【Coordinates】(坐标)卷展栏下,设置【Offset】(偏移)选项下的【U】和【V】值,结果如图 3.55 所示。

U:1　V:1

U:2　V:2

U:3　V:3

图 3.54　赋予物体【棋盘格】材质　　　　图 3.55　调整【Offset】(偏移)参数的作用

④在【Coordinates】(坐标)卷展栏下,设置【Tiling】(平铺)类下的【U】和【V】值,结果如图 3.56 所示。

U:1　　V:1

U:2　　V:2

U:3　　V:3

图 3.56　【Tiling】(平铺)参数的作用

⑤在【Coordinates】(坐标)卷展栏下,设置【Angle】(角度)类下的【W】值,结果如图 3.57 所示。

⑥调整贴图。单击主菜单中的【Modify】(修改器)/【UVW Map】(UVW 贴图)命令。在命令面板中的【Mapping】(贴图)项下选择【Box】(长方体)复选项,再单击【Alignment】(对齐)项下的【Fit】(适配)按钮。

⑦打开修改器堆栈中【UVW Map】(UVW 贴图)前面的"＋"号,选择【Gizmo】(线框)项,如图 3.58 所示。

⑧在视图中使用【移动】、【旋转】和【缩放】等命令,调整【Gizmo】的位置(显示贴图范围的黄色网框),则立方体表面的贴图会跟随 Gizmo 的变化而变化。最终结果如图 3.59 所示。

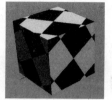

W：45   W：60   W：100

图 3.57 【Angle】（角度）参数的作用

图 3.58 选择【Gizmo】项

图 3.59 移动、旋转、缩放 Gizmo 的结果

2）次对象贴图——编辑坡面屋顶材质

有些对象的贴图坐标相对麻烦一些，如两面坡屋顶。如果用单一贴图方式，难以准确贴图。为了能够准确地对坡屋顶赋予材质贴图，就必须分别为两个坡面赋予不同的贴图坐标，为此来制作次对象贴图——坡面屋顶贴图。

①创建人字形屋顶。在顶视图创建一个 100×170×60 的长方体，如图 3.60 所示。

②单击右键，选择转换为【Editable Poly】（可编辑多边形），以【Vertex】（顶点）子一级在前视图中沿【X】轴进行缩放，如图 3.61 所示。

③激活左视图，继续以【Vertex】（顶点）子一级沿【X】轴进行压缩，直至不能压缩为止，得到如图 3.62 所示人字形屋顶，并取消顶点子一级选择。

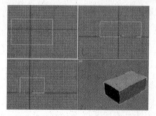
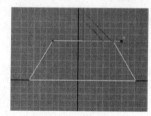
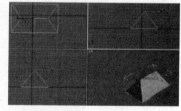

图 3.60 创建的长方体及其参数   图 3.61 缩放顶点   图 3.62 人字形屋顶

④按下【M】键，打开材质编辑器，编辑屋顶材质，并将编辑好的屋顶材质赋予屋顶，如图 3.63 所示。渲染透视图，发现屋顶贴图不能按我们预想的正确显示。

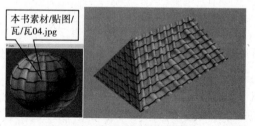
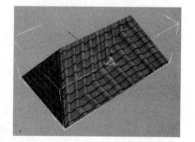

图 3.63 将屋顶材质赋予屋顶   图 3.64 选择屋顶的三角面

⑤选择修改器列表中的【Mesh Select】（网格选择）命令，选中【Polygon】（多边形）子一级，在视图中选中屋顶的三角面如图 3.64 所示。在这种次对象选择状态下单击【UVW

Map】(UVW 贴图)命令,此时修改器堆栈列表中 UVW 贴图名字后面出现"灰色方块"如图 3.65 所示,表示当前的 UVW 贴图作用于【Mesh Select】(网格选择)所选择的面片。

⑥激活透视视图,单击 UVW 贴图修改面板下的【Normal Align】(法线对齐)按钮,然后再单击所选择的坡面,面片法线清晰可见,此时坐标与所选择的面片对齐,释放鼠标左键,完成对齐,如图 3.66 所示。

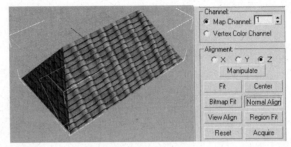

图 3.65 灰色方块 　　　　图 3.66 法线对齐

⑦单击 UVW 贴图修改面板下的【Fit】(适配)按钮,使贴图坐标与坡面完全吻合。

⑧重复⑤~⑦,分别重新应用网格选择,选择目标【Polygon】(多边形)再应用【UVW Map】(UVW 贴图)命令,为另外三个坡面分别赋予贴图坐标,如图 3.67 所示。

⑨打开材质编辑器,调整【Coordinates】(坐标)卷展栏下的【Tiling】(平铺)栏下的 U、V 值均为 2,如图 3.68 所示。最终渲染效果如图 3.69 所示。

图 3.67 为坡面赋予贴图坐标 　　图 3.68 参数设置 　　图 3.69 坡面屋顶贴图

子任务2 【Bitmap】(位图)贴图操作技能

1)台历面贴图

①打开"本书素材/项目 3/任务 10——创建常用贴图的操作技能/模型/台历. max"文件,如图 3.70 所示。

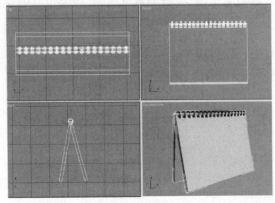

图 3.70 打开的场景文件

②按下键盘上的【M】键,在弹出的【Material Editor】(材质编辑器)对话框中选择一个空白的样本示例球。单击【Maps】(贴图)前面的"＋"号,就可以看到各种贴图通道,如图3.71所示。

③单击【Diffuse Color】(漫反射颜色)后面的【None】按钮,弹出【Material/Map Browser】(材质/贴图浏览器)对话框,选择【Bitmap】(位图),然后单击【OK】按钮,弹出【Select Bitmap Image File】(选择位图图像文件)对话框,选择"本书素材/贴图/人物/人物 01.jpg"文件,单击【打开】按钮,这样该位图就添加到【Diffuse Color】(漫反射颜色)贴图通道上,此时【材质编辑器】如图3.72所示。

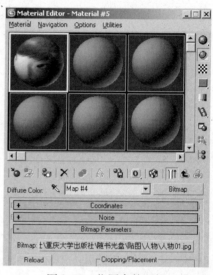

图3.71　贴图通道　　　　　　　　图3.72　位图参数面板

④单击【Material Editor】(材质编辑器)工具行中的 按钮,把材质赋给场景中的"台历封面"物体,单击 按钮,在视图中显示材质,如图3.73所示。

⑤在【Bitmap Parameters】(位图参数)卷展栏下,单击【View Image】(查看图像)按钮,对贴图进行剪裁,将上面的边留小点,如图3.74所示。

⑥调节好之后,勾选【Apply】(应用)项,最终渲染结果如图3.75所示。

图3.73　位图贴图效果　　　　图3.74　剪裁贴图　　　　图3.75　渲染效果

2)制作砖墙材质

①在顶视图创建一个 15×250×120 的长方体,命名为"墙体",如图3.76所示。

②按下【M】键,打开【Material Editor】(材质编辑器)对话框,选择一个新的材质球,使用默认的【Standard】(标准)材质即可。将材质命名为"砖墙",基本参数设置如图3.77所示。

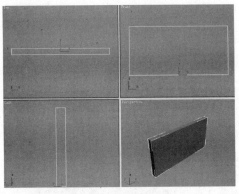

图 3.76　创建的墙体

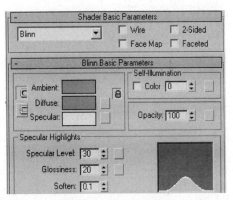

图 3.77　基本参数设置

③单击【Diffuse】(漫反射)右侧的小按钮,在弹出的对话框中选择【Bitmap】(位图)选项,在弹出的【Select Bitmap Image File】(选择位图图像文件)对话框中选择"本书素材/贴图/砖墙/砖墙9. jpg"文件,单击【打开】按扭。

④设置【Coordinates】(坐标)卷展栏下的【Blur】(模糊)为0.1,这样可以使贴图更加清晰。

⑤单击 按钮,回到父对象,在【Maps】(贴图)卷展栏下将【Diffuse Color】(漫反射颜色)中的位图复制到【Bump】(凹凸)通道中,将数量设置为60左右。

⑥在视图中选择墙体,单击 按钮,将"砖墙"材质赋给墙体,单击 按钮即可显示纹理,渲染效果如图3.78所示。

图 3.78　砖墙渲染效果

> 说明:【Bitmap】(位图)贴图是3ds Max程序贴图中最常用的贴图类型。它支持多种图像格式,如. gif,. jpg,. psd,. tif等图像,因此可以将实际生活中造型的照片图像作为位图使用,如大理石图片、木纹图片等。调用这种位图可以真实地模拟出实际生活中的各种材料。

子任务3　【Gradient】(渐变)贴图——编辑牵牛花材质

①打开"本书素材/项目3/任务10——创建常用贴图的操作技能/模型/牵牛花. max"文件,如图3.79所示。

②单击【Material Editor】(材质编辑器) 按扭,打开材质编辑器,选择一个空白的样本示例球,在【Shader Basic Parameters】(明暗器基本参数)卷展栏下勾选【2 - Sided】(双面)。然后单击【Diffuse】(漫反射)色块后面的方形按钮,在弹出的【Material/Map Browser】(材质/贴图浏览器)对话框中,双击【Gradient】(渐变),即为【Diffuse Color】(漫反射颜色)通道加入了一个【Gradient】(渐变)贴图,打开的【Gradient Parameters】(渐变参数)卷展栏如图3.80所示。

③在【Gradient Properties】(渐变参数)卷展栏中,设置【Color #1】(颜色 #1)的R、G、B分别为64、0、136;【Color #2】(颜色 #2)的R、G、B均为255;【Color #3】(颜色 #3)的R、G、B也均为255,如图3.81所示。

④选择视口中的两朵牵牛花,单击【Assign Material to Selection】(将材质指定给选定对象) 按钮,将编好的材质赋予物体,最终渲染效果如图3.82所示。

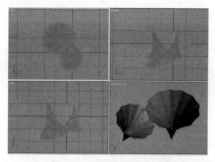

图 3.79　打开的场景文件

图 3.80　【Gradient Parameters】(渐变参数)卷展栏

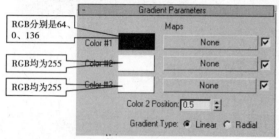

图 3.81　【渐变参数】卷展栏

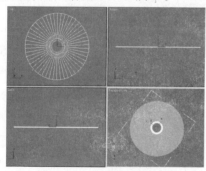

图 3.82　渐变贴图效果

> 说明:【Gradient】(渐变)贴图可以产生三色(或 3 个贴图)的渐变过渡效果,它有线性渐变和放射渐变两种类型,三个色彩和相互区域的比例大小均可随意调整,通过贴图可以产生无限级别的渐变和图像嵌套效果,另外自身还有【Noise】(噪波)参数可调,用于控制相互区域之间融合产生杂乱效果。

子任务 4　【Gradient Ramp】(渐变坡度)贴图——编辑光盘材质

①打开"本书素材/项目 3/任务 10——创建常用贴图的操作技能/模型/光盘. max"文件,如图 3.83 所示。

②单击【Material Editor】(材质编辑器) 按扭,打开材质编辑器,选择一个空白的样本示例球,在【Blinn 基本参数】卷展栏中设置【Specular Levet】(高光级别)为 57,【Glossiness】(光泽度)为 31,如图 3.84 所示。

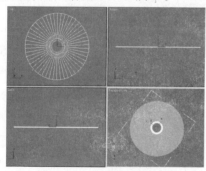

图 3.83　打开的场景文件

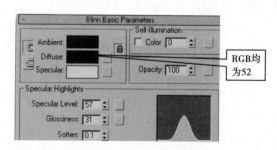

图 3.84　基本参数设置

③打开【Maps】(贴图)卷展栏,单击【Reflection】(反射)后面的 None 按钮,在弹出的【Material/Map Browser】(材质/贴图浏览器)对话框中,双击【Mask】(遮罩)贴图并进入其属性面板,如图 3.85 所示。

④单击【Map】(贴图)后面的 None 按钮,在打开的【Material/Map Browser】(材质/贴图浏览器)对话框中,双击【Gradient Ramp】(渐变坡度)贴图进入其属性面板,编辑并设置【Gradient Ramp Parameters】(渐变坡度参数)卷展栏,如图 3.86 所示。

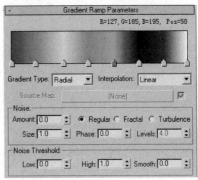

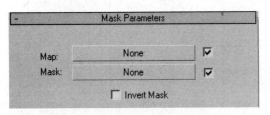

图 3.85 【Mask】(遮罩)参数面板　　　　图 3.86 渐变坡度参数设置

说明:色块由左向右依次为红、橙、黄、绿、青、蓝、紫、白。由于光盘表面的光斑呈发射状,因此要将【Gradient Type】(渐变类型)设置为【Radial】(径向)方式。

⑤打开【Coordinates】(坐标)卷展栏,修改相关参数,如图 3.87 所示。

⑥单击【Go to Parent】(转到父对象) 按钮回到上级目录,单击【Mask】(遮罩)后面的 None 按钮,在弹出的【Material/Map Browser】(材质/贴图浏览器)对话框中,双击【Gradient】(渐变)贴图并进入其属性面板,编辑并设置【Gradient Parameters】(渐变参数)卷展栏,如图 3.88 所示。

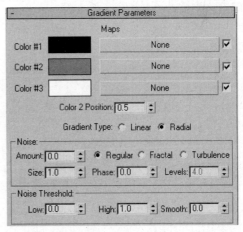

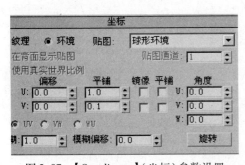

图 3.87 【Coordinates】(坐标)参数设置　　图 3.88 【Gradient Parameters】(渐变参数)设置

⑦打开【Coordinates】(坐标)卷展栏,修改相关参数,如图 3.89 所示。

⑧在场景中选择光盘片,单击 按钮,将当前材质赋予它,渲染效果如图 3.90 所示。

⑨再选择一个空白的样本示例球,在【Blinn 基本参数】卷展栏中设置【Specular Levet】(高光级别)为 66,【Glossiness】(光泽度)为 10,如图 3.91 所示。

⑩打开【Maps】(贴图)卷展栏,单击【Refraction】(折射)后面的 None 按钮,在弹出的【Material/Map Browser】(材质/贴图览器)对话框中,双击【Raytrace】(光线跟踪),打开【Raytrace Parameters】(光线跟踪参数)卷展栏,参数默认。

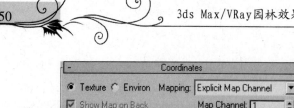

图 3.89 【Coordinates】(坐标)参数设置

图 3.90 光盘片渲染效果

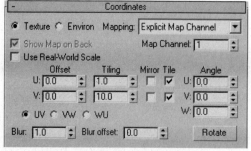

图 3.91 参数设置

图 3.92 光盘渲染效果

⑪在场景中选择光盘内圈,单击 按钮,将当前材质赋予它,渲染效果如图所示。渲染透视图,最终效果如图 3.92 所示。

说明:【Gradient Ramp】(渐变坡度)贴图是可以使用许多颜色的高级渐变贴图,它常用在漫反射通道中,在它的卷展栏里可以设置渐变的颜色及每种颜色的位置。并且还可以利用下面的【Noise】(噪波)选项组来设置噪波的类型和大小,使渐变的过渡看起来不那么规则,从而增加渐变的真实程度。

子任务 5 【Tiles】(平铺)贴图——编辑马赛克材质

①在顶视图中创建一个 $400 \times 300 \times 10$ 的长方体。

②按下【M】键,打开材质编辑器,选择一个空白的材质样本球,在【Blinn 基本参数】卷展栏中设置材质的反光度,如图 3.93 所示。

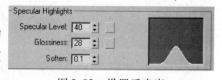

图 3.93 设置反光度

③单击【Difftse】(漫反射)色块后面的方形按钮,在弹出的【Material/Map Browser】(材质/贴图浏览器)对话框中,双击【Tiles】(平铺)选项,即为【Diffuse Color】(漫反射颜色)通道加入了一个【Tiles】(平铺)贴图。此时材质编辑器中会弹出【Tiles】(平铺)贴图类型的参数面板。向上拖动参数面板,单击最下方的【Advanced Controls】(高级控制)卷展栏按钮,将其展开,如图 3.94 所示。

④在【Advanced Controls】(高级控制)卷展栏中设置马赛克材质的颜色、砖块大小、混合色彩、灰缝的颜色以及粗细等参数,如图 3.95 所示。

⑤选择视口中的长方体,单击 按钮,将编好的材质给赋于物体,渲染效果如图 3.96 所示。

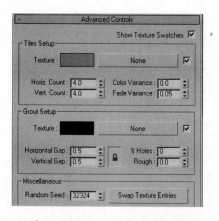

图3.94　【Advanced Controls】(高级控制)卷展栏

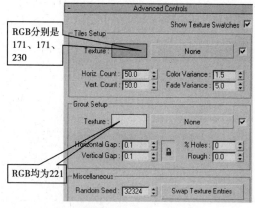

RGB分别是171、171、230

RGB均为221

图3.95　参数设置

图3.96　马赛克渲染效果

　　说明:【Tiles】(平铺)贴图是专门用来创建砖块效果的,它常用在漫反射贴图通道中,有时也可在【Bump】(凹凸)贴图通道中使用。

子任务6　【Checker】(棋盘格)贴图——编辑石材地面材质

　　①在顶视图中创建一个400×300×10的长方体。

　　②按下【M】键,打开材质编辑器,选择一个空白的样本示例球。单击【Diffuse】(漫反射)色块后面的方形按钮,在弹出的【材质/贴图浏览器】(Material/Map Browser)对话框中,双击【Checker】(棋盘格),即为【Diffuse Color】(漫反射颜色)通道加入了一个【Checker】

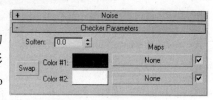

图3.97　棋盘格参数面板

(棋盘格)贴图,此时材质编辑器下方展开【Checker Parameters】(棋盘格参数)参数面板,如图3.97所示。

　　③下面用贴图来替换两种颜色。单击第一个 None 按钮,在弹出的对话框中双击【Bitmap】(位图)按钮,从【Select Bitmap Image File】(选择位图文件)对话框中,找到"本书素材/贴图/石材/008.jpg"贴图。

　　④单击样本球下方的 按钮,返回【Checker Parameters】(棋盘格参数)参数面板,再单击下面一个 None 按钮,以同样的方法调出"本书素材/贴图/石材/005.jpg"贴图。再次单击 按钮,在【Coordinates】(坐标)卷展栏中设置平铺的次数,如图3.98所示,将石材块缩小。

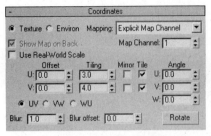

图 3.98　设置平铺次数

⑤再次单击 📧 按钮,返回基本参数面板,将石材【Specudlar Highlights】(反射高光)参数设置为如图 3.99 所示的状态,使石材有一定的光泽感,以表现石材的属性。

⑥选择视图中的长方体,单击 🎨 按钮,将材质赋给它,再单击 🎨 按钮,按【Shift + Q】组合键渲染透视图,最终效果如图 3.100 所示。

【棋盘格】贴图类型是由方格形的黑白颜色块相互交错而组成的图案。操作时,可以将黑白两色替换成其他颜色,也可以用两种贴图来替代,这种贴图常用于制作地面、砖墙等效果。

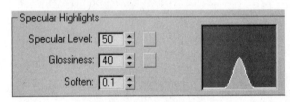

图 3.99　基本参数设置

图 3.100　棋盘格贴图效果

子任务 7　【Flat Mirror】(平面镜像)贴图——创建地面反射材质

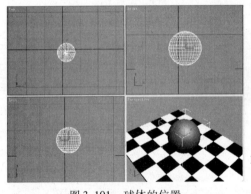

图 3.101　球体的位置

从图 3.100 中可以发现,虽然应用【Checker】(棋盘格)贴图类型制作了石材地面,但是它不具有现实生活中反射倒影的属性,本子任务就应用【Flat Mirror】(平面镜像)贴图为其制作倒影效果。

①打开上面制作的"石材地面. max"文件,在顶视图绘制一个半径为 30 的球体,位置如图 3.101 所示。

②单击 ⚏ 按扭,打开材质编辑器,确认已编辑的棋盘格地面材质的样本球处于被激活的状态,打开【Maps】(贴图)卷展栏,展开 12 个贴图通道,可以看到【Checker】(棋盘格)贴图类型已经在【Difftse】(漫反射)贴图通道上。单击【Reflection】(反射)贴图通道后面的 None 按钮,从【Material/Map Browser】(材质/贴图浏览器)对话框中双击【Flat Mirror】(平面镜)贴图类型。

③此时会弹出【Flat Mirror Parameters】(平面镜参数)面板,在其中勾选【Apply to Faces with ID:】(应用于带 ID 的面)选项,如图 3.102 所示。

④单击 📧 按钮,返回【Reflection】(反射)贴图通道,将该通道【Amount】(数量)文本框中的 100 调节为 50,按【Shift + Q】组合键渲染透视图,效果如图 3.103 所示。

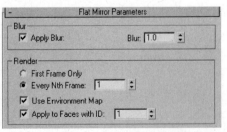

图 3.102　平面镜像参数面板

知识链接

模拟反射倒影的贴图类型有【Flat Mirror】（平面镜像）、【Raytracer】（光线跟踪）、【Reflect/Refract】（反射/折射）以及【Thin Wall Refraction】（薄壁折射）。它们都应用在12个贴图通道中的【Reflect】（反射）或【Refract】（折射）通道中。

图3.103　平面镜贴图制作的反射倒影

●【Flat Mirror】（平面镜像）是应用最为广泛的一种贴图类型。但它只能计算出平面物体的反射倒影，而不能计算曲面的物体。该贴图类型能准确地产生镜像效果，而且渲染速度快。在效果图制作的过程中，制作水面反射、地面反射、家具台面反射、玻璃幕墙反射时大多使用该贴图类型。

●【Raytracer】（光线跟踪）贴图类型能计算出真实的反射效果，但是渲染速度太慢。它既能计算平面物体的反射倒影，也能计算曲面物体的反射倒影。

●【Reflect/Refract】（反射/折射）贴图类型只能计算出曲面物体的反射倒影，而不能计算平面物体的反射倒影。【反射/折射】贴图生成反射或折射表面。要创建反射，就要指定此贴图类型作为材质的反射贴图。要创建折射，就要指定将其作为折射贴图。

●【Thin Wall Refraction】（薄壁折射）贴图模拟"缓进"或偏移效果，如果查看通过一块玻璃的图像就会看到这种效果。对于为玻璃建模的对象（如窗口窗格形状的"框"），这种贴图的速度更快，所用内存更少，并且提供的视觉效果要优于【反射/折射】贴图。

子任务8　【cellular】（细胞）贴图——模拟大理石材质

①重置3ds Max9，单击【文件】/【打开】菜单，打开"本书素材/项目3/任务10——创建常用贴图的操作技能/模型/园林小品.max"，如图3.104所示。

②按下【M】键，打开材质编辑器，选择一个空白的样本球，【明暗器基本参数】卷展栏保持默认设置，在【Blinn 基本参数】卷展栏下单击【Diffuse】（漫反射）色块后面的方形按钮，在弹出的【Material/Map Browser】（材质/贴图浏览器）对话框中双击【cellular】（细胞），参数保持默认。

③确认视口中的"园林小品"处于选择状态，点击工具行中的 📇 按钮，将当前材质球赋予对象。渲染效果如图3.105所示。命名为"细胞贴图.max"，存盘。

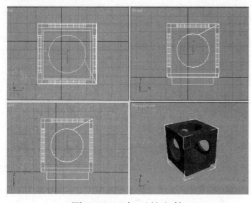

图3.104　打开的文件

图3.105　渲染效果

子任务9 【Dent】(凹痕)贴图——模拟岩石材质

①重置3ds Max9,单击【文件】/【打开】菜单,打开"本书素材/项目3/任务10——创建常用贴图的操作技能/模型/石拱桥.max",如图3.106所示。

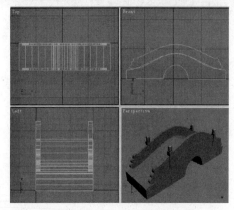

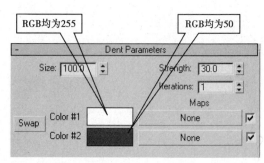

图3.106　打开的场景文件

图3.107　【Dent】(凹痕)参数设置

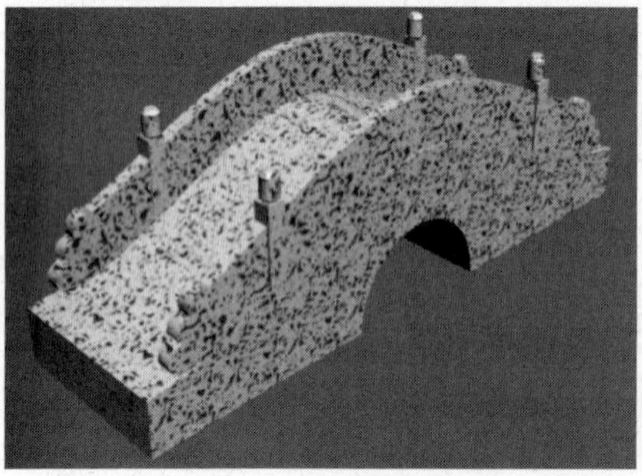

②按下【M】键,打开材质编辑器,选择一个空白的样本球,【明暗器基本参数】卷展栏保持默认设置,在【Blinn 基本参数】卷展栏下单击【Diffuse】(漫反射)色块后面的方形按钮,在弹出的【Material/Map Browser】(材质/贴图浏览器)对话框中双击【Dent】(凹痕),【Dent Parameters】(凹痕参数)设置如图3.107所示。

③确认视口中的"石拱桥"处于选择状态,点击工具行中的 ![按钮] 按钮,将当前材质球赋予对象。渲染效果如图3.108所示。命名为"凹痕贴图.max"。

图3.108　凹痕程序纹理贴图模拟岩石

◆◇◆

　说明:由于程序纹理作用于整个物体,所以不用像位图那样需要制定贴图轴,使用起来方便灵活,特别适合复杂模型,不会使纹理在物体表面产生变形。

◇◆◇

子任务10 【Environment】(环境)贴图——创建星云背景

①在透视图中绘制一个半径为1 200的球体,命名为月球,如图3.109所示。

②按【M】键,在材质编辑器中选择一个空白样本球,命名为"月亮"材质。在【Blinn 基本参数】卷展栏中设置【Specular Levet】(高光级别)为45,【Glossiness】(光泽度)为32。单击【Diffuse】(漫反射)色块后面的方形按钮,在弹出的【Material/Map Browser】(材质/贴图浏览器)对话框中双击【Bitmap】(位图),打开"本书素材/贴图/图片/月亮的脸.jpg"文件,单击【打开】按钮。

③单击 ![按钮] 按钮,打开【Maps】(贴图)卷展栏,拖动【Diffuse Color】(漫反射颜色)贴图通道上的贴图到【Bump】(凹凸)贴图通道上进行复制,凹凸数量为100。

④在场景中选择"月球",单击工具行中的 ![按钮] 按钮,将当前材质赋予对象。结果如图3.110所示。

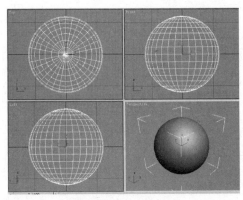
图 3.109　绘制的球体

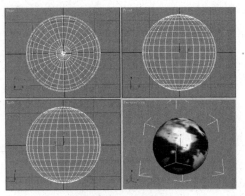
图 3.110　月球材质

⑤制作环境贴图。在键盘上按【8】键打开【Environment and Effects】（环境和效果）对话框，单击【Environment Map】（环境贴图）按钮，在弹出的【Material/Map Browser】（材质/贴图浏览器）对话框中双击【Noise】（噪波），【Noise】（噪波）贴图即出现在【Environment Map】（环境贴图）成分中，如图 3.111 所示。

⑥按【M】键，打开材质编辑器，将【Noise】（噪波）贴图从【Environment and Effects】（环境和效果）对话框，拖动至未使用的示例球。选择【Instance】（实例），并单击【OK】。示例球体消失，改为显示【Noise】（噪波）贴图。此贴图显示为方形，如图 3.112 所示。

⑦打开【Noise Parameters】（噪波参数）卷展栏，设置【Size】（大小）为 0.4；设置【Noise Threshold】（噪波阈值）中的【Low】（低）阈值为 0.6、【High】（高）阈值为 0.7，如图 3.113 所示。用以缩小白色和黑色之间的范围，使噪波显示为圆点或微粒。

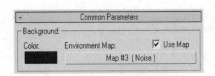
图 3.111　噪波贴图

图 3.112　噪波贴图

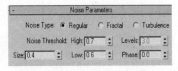
图 3.113　噪波参数设置

⑧渲染透视图，成百上千的星星出现在天空中，如图 3.114 所示。

⑨将【Low】（低）阈值增加到 0.65 以减少星星数量。然后，通过将白色"噪波"颜色更改为淡灰色以降低星的亮度，再次渲染场景，许多星星消失在背景中，如图 3.115 所示。

图 3.114　噪波材质创建的星星

图 3.115　调整噪波材质后

⑩在【Noise Parameters】(噪波参数)卷展栏里,单击【Color#1】(颜色#1)贴图按钮,在弹出的【Material/Map Browser】(材质/贴图浏览器)对话框中双击【Gradient Ramp】(渐变坡度)贴图,示例球即替换为灰度渐变。

⑪打开【Gradient Ramp Parameters】(渐变坡度参数)卷展栏,颜色编辑条如图3.116所示。

⑫双击右侧色块以显示颜色选择器。将颜色更改为黑色。在不关闭颜色选择器的情况下,单击中间色块并将其更改为蓝色。如图3.117所示。

图3.116　颜色编辑条

图3.117　编辑颜色编辑条

⑬关闭颜色选择器。在【Noise】(噪波)组中,将【Amount】(数量)设置为1,选择【Fractal】(分形)选项,并将【Size】(大小)设置为9,如图3.118所示。

⑭渲染透视图,漫射的蓝色星云出现在天空中。如图3.119所示。

图3.118　【Noise】(噪波)组中的参数设置

图3.119　蓝色星云

⑮再次打开【Gradient Ramp Parameters】(渐变坡度参数)卷展栏,在颜色编辑条中心附近区域单击两次,添加两个色块,然后双击中间色块,将其颜色更改为亮蓝色,如图3.120所示。

⑯关闭颜色选择器。在【Noise】(噪波)组中,将【Levels】(级别)设置为6,为条纹添加更多枝节。渲染透视图,最终结果如图3.121所示。

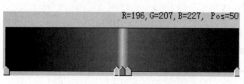

图3.120　编辑颜色编辑条

图3.121　星云背景渲染效果

说明:环境贴图是一种特殊类型的贴图,其作用是为渲染的图形背景添加贴图。

子任务11　【double Sided】(双面)材质——制作双面旗帜材质

①单击 ／ ／【Plane】(平面)命令,在前视图中创建一个平面,设置参数如图3.122所示。

②在场景中选择平面,单击 【Modify】(修改)命令,在修改列表中选择【Noise】(噪波),设置其参数如图3.123所示。

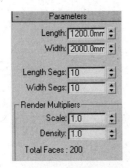
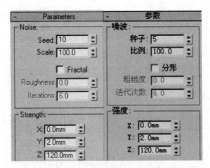

图 3.122　参数设置　　　　　图 3.123　参数设置（英汉对照）

③按【M】键，打开材质编辑器，选择一个空白材质球，命名为"旗帜"。单击【Standard】按钮，在弹出的【Material/Map Browser】（材质/贴图浏览器）对话框中双击【double Sided】（双面）材质类型。在弹出的【Replace Material】（替换材质）对话框中，保持默认设置，即选择【Keep old material as sub-material】（将旧材质保存为子材质）项，单击【OK】按钮。

④在【double Sided Basic Parameters】（双面基本参数）卷展栏中单击【Facing Material】（正面材质）右侧的长按钮，在【Maps】（贴图）卷展栏中点击【Diffuse Color】（漫反射颜色）后面的长按钮，在弹出的【Material/Map Browser】（材质/贴图浏览器）对话框中双击【Bitmap】（位图）按钮，弹出【Select Bitmap Image File】（选择位图图像文件）对话框，选择"本书素材/贴图/图片/旗帜 01.jpg"文件，单击【打开】按钮。

⑤单击 按钮两次，返回到【double Sided Basic Parameters】（双面基本参数）界面，单击【Back Material】（背面材质）右侧的长按钮，在【Maps】（贴图）卷展栏中点击【Diffuse Color】（漫反射颜色）后面的长按钮，在弹出的【Material/Map Browser】（材质/贴图浏览器）对话框中双击【Bitmap】（位图）按钮，【Select Bitmap Image File】（选择位图图像文件）对话框，选择"本书素材/贴图/图片/旗帜 03.jpg"文件，单击【打开】按钮。

⑥在视窗中选择平面，单击 按钮，赋给物体，效果如图 3.124 所示。命名为"双面材质.max"。

图 3.124　旗帜的正反两面效果图

子任务 12　【Blend】（混合）材质——制作花瓶材质

①用【Lathe】（车削）命令，创建一个花瓶，如图 3.125 所示。

②单击 按钮打开材质编辑器，选择一个材质球，单击【Standard】（标准）按钮，从弹出的对话框中双击【Blend】（混合）选项，在弹出的【Replace Material】（替换材质）对话框中，保持默认设置，即选择【Keep old material as sub-material】（将旧材质保存为子材质）项，单击【OK】按钮。

③在【Blend Basic Parameters】（混合基本参数）卷展栏下，单击【Material 1】（材质1）按钮，调整材质1为白色陶瓷材质，具体参数设置如图3.126所示。

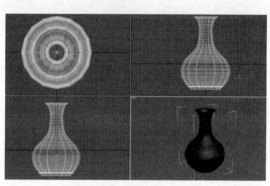

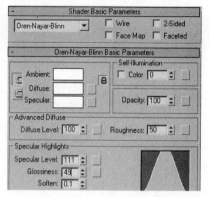

图3.125　创建的花瓶　　　　　　　图3.126　材质1参数设置

④单击 按钮，单击【Material 2】（材质2）按钮，调整材质2为蓝色陶瓷材质，参数设置如图3.127所示。

⑤单击 按钮，单击【Mask】（遮罩）按钮，在弹出的对话框中双击【Bitmap】（位图），打开"本书素材/贴图/图片/牡丹花.jpg"的文件。

⑥单击修改器下拉列表下的【UVW Map】（UVW贴图）选项，在【Parameters】（参数）卷展栏下勾选【Spherical】（球形）项，如图3.128所示。至此，混合材质制作完毕。

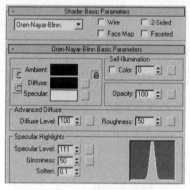

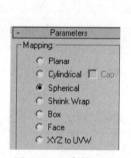

图3.127　材质2参数设置　　　　图3.128　参数设置　　　　图3.129　花瓶渲染效果

⑦选择场景中的"花瓶"，单击 按钮，将材质赋给"花瓶"，单击 按钮，渲染透视图，效果如图3.129所示。命名为"混合材质.max"。

子任务13　【Multi/Sub-Object】（多维/子对象）材质

1) 制作太阳伞顶材质

①单击 / /【Cone】（圆锥体）命令，在透视图中创建一个圆锥体，参数如图3.130所示。

②在场景中选择圆锥体，在修改器列表中选择【Edit Mesh】（编辑网格）命令，进入 【Polygon】（多边形）子层级，在顶视图中选择2个面，如图3.131所示。

③在【Surface Properties】（曲面属性）卷展栏中的【Material】（材质）选项组下【Select ID】（设置ID）右侧的数值框中输入1，按【Enter】键，如图3.132所示。

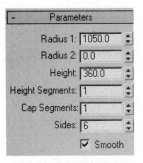

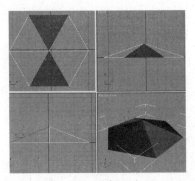

图 3.130 参数设置   图 3.131 选择两个面   图 3.132 设置 ID 号为 1

④用相同的方法,设置如图 3.133 所示选择的面 ID 号为 2,如图 3.134 所示选择的面 ID 号为 3。

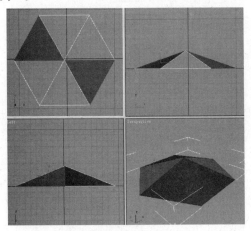

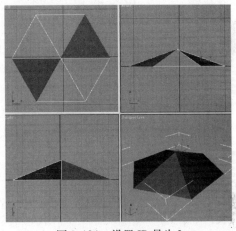

图 3.133 设置 ID 号为 2   图 3.134 设置 ID 号为 3

⑤退出子对象编辑。按【M】键,打开材质编辑器,选择一个空白材质球,命名为"伞"材质,单击【Standard】(标准)按钮,在弹出的对话框中双击【Multi/Sub-Object】(多维/子对象)材质类型。在弹出的【Replace Material】(替换材质)对话框中,保持默认设置,即选择【Keep old material as sub-material】(将旧材质保存为子材质)项,单击【OK】按钮。

⑥在【Multi/Sub-Object Basic Parameters】(多维/子对象基本参数)卷展栏中单击【Set Number】(设置数量)按钮,在弹出的【Set Number of Materials】(设置材质数量)对话框中设置【Number of Materials】(材质数量)为 3,单击【OK】按钮。

⑦在【Multi/Sub-Object Basic Parameters】(多维/子对象基本参数)卷展栏中单击 1 号材质右侧的长按钮,在【Blinn Basic Parameters】(胶性基本参数)卷展栏中设置【环境光】颜色,R、G、B 分别为 252、255、20。

⑧单击 按钮,返回上一层次,单击 2 号材质右侧的长按钮,在【Blinn Basic Parameters】(胶性基本参数)卷展栏中设置【环境光】颜色,R、G、B 分别为 255、0、0。

⑨单击 按钮,返回上一层次,单击 2 号材质右侧的长按钮,在【Blinn Basic Parameters】(胶性基本参数)卷展栏中设置【环境光】颜色,R、G、B 分别为 10、21、247。

⑩在场景中选择圆锥体,单击 按钮,赋给物体,渲染透视图如图 3.135 所示。命名为"多维子对象——伞的材质.max"。

2）编辑树材质

①单击 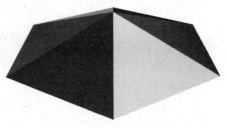/【AEC Ectended】（AEC 扩展）/
【Foliage】（植物)/【Scotch Pine】（苏格兰松树）命
令,在透视图中创建一颗松树模型,如图 3.136
所示。

②按【M】键,打开材质编辑器,选择一个空白材
质球,按下 工具,在透视图中树木的位置点击鼠
标提取树木的材质,结果在当前的材质球上出现了

图 3.135　渲染效果

一个有 5 个子材质的【Multi/Sub-Object】（多维/子对象)材质,每一个材质对应树木的一个
部分,如图 3.137 所示。

图 3.136　创建的松树

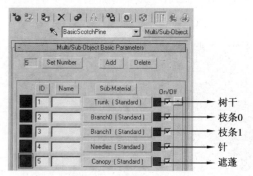

图 3.137　子材质数

③单击 1 号材质右侧的长按钮,在【Blinn Basic Parameters】（胶性基本参数)卷展栏中,
为【Diffuse Color】（漫反射颜色)贴图通道贴一张位图,选择"本书素材/贴图/树木/树干 03.
jpg"文件。在【Bitmap Parameters】（位图参数)卷展栏下,单击【View Image】（查看图像)按
钮,然后对贴图进行剪裁,只保留树干部分,调节好之后,勾选【View Image】（查看图像)】前
面的【Apply】（应用)项,如图 3.138 所示。

④按下 按钮,可以在视图中看到树干的纹理,如图 3.139 所示。

⑤单击 按钮两次,返回到【Multi/Sub-Object Basic Parameters】（多维/子对象基本参
数)卷展栏下,将第 1 个子材质拖拽以实例的方式复制到第 2 个和第 3 个子材质上,视图中
树木所有的枝条即都显示出了树干贴图的纹理,如图 3.140 所示。

图 3.138　剪裁贴图　　　图 3.139　树干的纹理　　　图 3.140　所有枝条的纹理

⑥单击 4 号材质右侧的长按钮,进入第 4 个子材质,可以看到【Diffuse】（漫反射)颜色是
一种绿色,而【Opacity】（不透明度)贴图通道上贴有一张位图,点击其后面的按钮,可以看到

该文件是 3ds Max 根目录下"Maps 文件夹"中的"fir2. tga"文件,如图3.141所示。

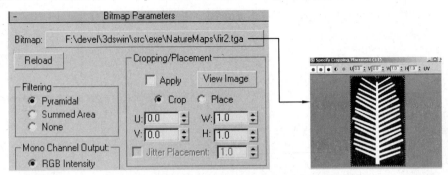

图 3.141 【Opacity】(不透明度)贴图通道上的贴图

⑦下面来更改树叶材质。设置【Diffuse】(漫反射)颜色的 RGB 分别为 195、87、15,再为【Opacity】(不透明度)贴图通道贴一张位图,选择"本书素材/贴图/树木/橡树叶 01. jpg",并进行剪裁,只留下树叶部分,可以看到视图中树叶的颜色和纹理都发生了变化,渲染透视图,最终结果如图3.142 所示。命名为"多维子对象——树的材质. max"。

 巩固训练

1. 在视图中创建一个球体,为其编辑一个【Checker】(棋盘格)贴图材质并给赋值,然后自行为其施加【UVW Map】(UVW 贴图)命令,调整后观察其效果。

图 3.142 渲染效果

2. 打开"本书素材/项目一/任务 1——3ds Max 基本操作技能/模型/房子. max"文件,如图 3.143 所示,为其屋顶使用次对象贴图编辑坡面屋顶材质,为其他部分自行编辑合适的材质。

3. 打开"本书素材/项目二/任务 7——创建园林小品模型的操作技能/目标文件/路牌. max"文件,如图 3.144 所示,为其编辑一个位图贴图并给赋值。

4. 使用【Lathe】(车削)命令绘制一个苹果模型,使用【Gradient Ramp】(渐变坡度)贴图为其编辑一个材质并给赋值。

5. 参考图 3.145,使用【Tiles】(平铺)贴图,制作一个马赛克材质。

图 3.143 房子模型

图 3.144 路牌模型

图 3.145 马赛克贴图

6.打开前面自己制作的"建筑小品"模型,如图3.146所示。试使用【Checker】(棋盘格)贴图为地面编辑一个石材材质;使用【Flat Mirror】(平面镜像)贴图为地面创建反射效果;再使用【Environment】(环境)贴图为其创建一个天空背景。

7.创建一个茶壶,去掉壶盖,如图3.147所示,试为其编辑一个双面材质,贴图自定。

8.单击 ↖ / ◎ /【AEC Ectended】(AEC扩展)/【Foliage】(植物)/【Society Garlic】(芳香蒜)命令,在透视图中创建一颗芳香蒜模型,如图3.148所示,试为其各部分编辑材质。

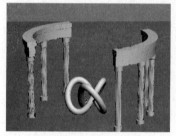

图3.146　建筑小品

图3.147　创建的无盖茶壶

图3.148　芳香蒜模型

任务4　创建常用材质的操作技能

子任务1　创建水材质

1)创建清水材质

①打开"本书素材/项目3/任务11——创建常用材质的操作技能/模型/水材质模型一.max"场景文件,如图3.149所示。

②按下【M】键,打开【Material Editor】(材质编辑器)对话框,选择一个新的材质球,设置材质类型为VRayMtl材质,并将材质命名为"清水"。

③由于清水材质的透明度很好,因此设置【Diffuse】(漫反射)颜色为黑色,如图3.150所示。

图3.149　打开的场景文件渲染效果

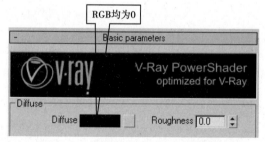

图3.150　设置漫反射颜色为纯黑色

④清透的清水材质具有反射现象与光泽效果,单击【Reflection】(反射)贴图按扭■,在弹出的【Material/Map Browser】(材质/贴图浏览器)中选择【Falloff】(衰减)程序贴图,调整衰减方式为Fresnel,设置【Refl. glossiness】(光泽度)为0.98,使水表面在光线的照射下产生一点点泛光的效果,参数设置如图3.151所示。

⑤制作水的透明效果。单击【Refraction】(折射)颜色色块,在打开的【Color Selector】(颜色选择器)中将折射颜色RGB值设置为230、246、252的灰度,将【IOR】(折射率)修改为液态水的

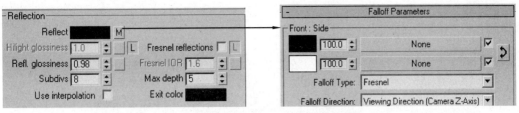

图 3.151　【Reflection】（反射）参数设置

折射率 1.33，最后再勾选【Affect shadows】（影响阴影）复选框，参数设置如图 3.152 所示。

　　⑥在场景中选择清水物体，单击 按钮，将调制好的"清水"材质赋给它，渲染效果如图 3.153 所示。命名为"清水材质.max"，存盘。

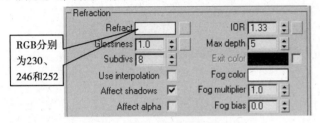

图 3.152　【Refraction】（折射）参数设置　　　　图 3.153　清水材质渲染效果

　　说明：只有渲染器设置成【Vray 渲染器】的情况下，VrayMtl 材质类型才会显示出来。

2) 创建酒水材质

　　①打开"本书素材/项目 3/任务 11——创建常用材质的操作技能/模型/水材质模型二.max"场景文件，如图 3.154 所示。

　　②按下【M】键，打开【Material Editor】（材质编辑器）对话框，选择一个新的材质球，设置材质类型为 VRayMtl 材质，并将材质命名为"红酒"。

　　③展开【Basic parameters】（基本参数）卷展栏，设置【Diffuse】（漫反射）的颜色为黑色。

　　④红酒材质表面具有比较明亮的光泽，而略常红色，单击【Reflection】（反射）颜色色块，设置颜色的 RGB 值为 36、2、2 的酒红色，然后将【Refl. glossiness】（光泽度）设置为 0.95，使得材质的反射也透出酒水特有的红色光泽，具体参数如图 3.155 所示。

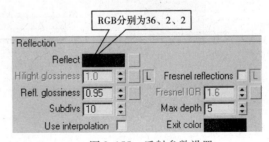

图 3.154　打开的场景文件渲染效果　　　　图 3.155　反射参数设置

　　⑤制作红酒材质的透明效果。单击【Refraction】（折射）颜色色块，在打开的【Color Selector】（颜色选择器）中将折射颜色的 RGB 均设置为 230，将【IOR】（折射率）修改为 1.33。接下来调整烟雾参数，进行酒水色彩的表现，调整【Fog Color】（烟雾颜色）的 RGB 值分别为 78、0、0 的暗红色，【Fog multiplier】（烟雾倍增）为 0.66，勾选【Affect shadows】（影响阴影）复选框，使得光线能正确地透过玻璃并形成投影效果，如图 3.156 所示。

⑥在场景中选择红酒物体,单击按钮,将调制好的"红酒"材质赋给它,渲染效果如图3.157所示。命名为"酒水材质.max",存盘。

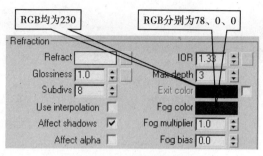

图3.156　折射参数设置

图3.157　酒水材质渲染效果

3)创建园林景观水面材质的操作技能

①打开"本书素材/项目3/任务11——创建常用材质的操作技能/模型/水材质场景.max"场景文件,如图3.158所示。

②按下【M】键,打开【Material Editor】(材质编辑器)对话框,选择一个新的材质球,使用默认的【Standard】(标准)材质并命名为"水面",设置【Diffuse】(漫反射)颜色的RGB值为(40、60、65),【Specular Level】(高光级别)为100,【Glossiness】(光泽度)为50,如图3.159所示。

③单击【Maps】(贴图)卷展栏中【Bump】(凹凸)右侧的 None 按钮,在弹出的【Material/Map

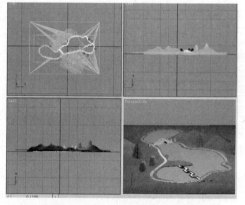

图3.158　水材质场景文件

Browse】(材质/贴图浏览器)对话框中选择【Noise】(噪波)选项,在弹出的对话框中选择【Noise Type】(噪波类型)为【Fractal】(分形),并设置【Size】(大小)为200左右,如图3.160所示。

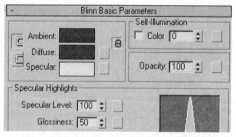

图3.159　参数设置

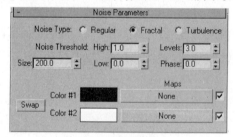

图3.160　噪波参数设置

说明:在【Bump】(凹凸)通道中使用【Noise】(噪波)纹理贴图是用来模拟水面的波纹效果的,这里噪波的大小是用来控制波纹大小的参数。本子任务将大小设置为200,只是一个测试的数值,具体效果还要根据实际情况来进行调整。

④单击 (转到父对象)按钮,打开【Maps】(贴图)卷展栏,单击【Reflection】(反射)右侧的 None 按钮,在打开的【Material/Map Browse】(材质/贴图浏览器)对话框中选择【Raytrace】(光线跟踪)选项,打开【Raytracer Parameters】(光线跟踪参数)卷展栏,参数设置默认,然后单击 按钮,设置【Amount】数量为50左右,如图3.161所示。

⑤在场景中选择水物体,单击 按钮,将调制好的"水"材质赋给水体,渲染效果如图3.162所示。命名为"园林水面材质.max"。

图 3.161　参数设置　　　　　　　　　　图 3.162　水材质渲染效果

子任务 2　创建玻璃材质

1)创建普通玻璃材质

①打开"本书素材/项目二/任务 7——创建园林小品模型的操作技能/目标文件/阳台护栏.max"场景文件,如图 3.163 所示。

②按下【M】键,打开【Material Editor】(材质编辑器)对话框,选择一个新的材质球,使用默认的【Standard】(标准)材质并将其命名为"玻璃",颜色调整为深灰蓝色,【Opacity】(不透明度)设置为 35 左右,再调整一下高光,参数设置如图 3.164 所示。

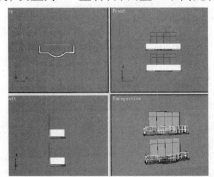

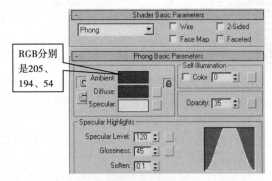

图 3.163　打开的场景文件　　　　　　　图 3.164　基本参数设置

③展开【Maps】(贴图)卷展栏,在【Reflection】(反射)贴图通道添加一幅【VRayMap】(VRay 贴图),参数默认;单击 按钮,返回父级,设置【Amount】(数量)为 35 左右。

④在场景中选择"玻璃"和"玻璃 01",单击 按钮,将"玻璃"材质赋予给它。按数字键【8】,打开【Environment and Effects】(环境和效果)对话框,为其添加一个环境贴图(本书素材/贴图/图片/天空 01.jpg)作为背景,渲染透视图,最终效果如图 3.165 所示。命名为"普通玻璃材质.max"。

2)创建磨砂玻璃材质

①打开"本书素材/项目二/任务 5——二维转三维建模的操作技能/目标文件/台式草坪灯.max"场景文件,如图 3.166 所示。

②按下【M】键,打开【Material Editor】(材质编辑器)对话框,选择一个新的材质球,设置材质类型为 VRayMtl 材质,命名为"磨砂玻璃"。

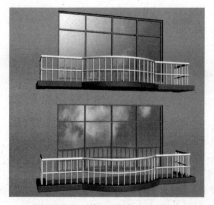

图 3.165 普通玻璃渲染效果

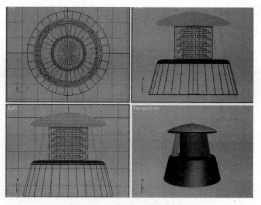

图 3.166 打开的场景文件

③设置参数如图 3.167 所示。

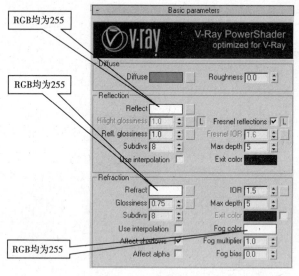

图 3.167 参数设置

④在场景中选择"灯罩"和"支架",单击 按钮,将"磨砂玻璃"材质赋予给它;渲染透视图,效果如图 3.168所示。命名为"磨砂玻璃材质.max"。

子任务 3 创建砖墙材质

①打开"本书素材/项目3/任务11——创建墙材质的操作技能/目标文件/普通玻璃材质.max"场景文件,如图 3.169 所示。

②按下【M】键,打开【Material Editor】(材质编辑器),选择一个新的材质球,使用默认的【Standard】(标准)材质并命名为"砖墙"。

图 3.168 磨砂玻璃材质渲染效果

③单击【Diffuse】(漫反射)右侧的方形钮,在弹出的【Material/Map Browser】(材质/贴图浏览器)对话框中双击【Bitmap】(位图)选项,弹出【Select Bitmap Image File】(选择位图图像文件)对话框,从中选择"本书素材/贴图/砖墙/砖墙7.jpg"文件,单击【打开】按钮。

④在【Coordinates】(坐标)卷展栏下,设置U方向的【Tiling】(平铺)值为1.5,设置【Blur】(模糊)为0.1,使贴图更加清晰,如图3.170所示。

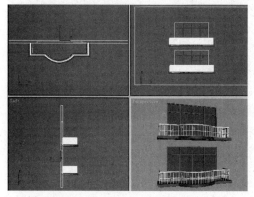

图3.169　打开的场景文件

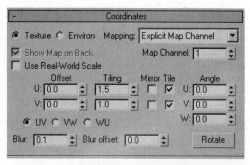

图3.170　参数设置

⑤单击 ⤾ 按钮,返回父级,在【Maps】(贴图)卷展栏下将【Diffuse Color】(漫反射颜色)中的位图复制到【Bump】(凹凸)通道中,并将【Amount】(数量)设置为60左右。

⑥在场景中选择"墙体",单击 🎇 按钮,将"砖墙"材质赋予给它;渲染透视图,效果如图3.171所示。命名为"砖墙材质.max"。

图3.171　砖墙材质渲染效果

子任务4　创建金属材质

①打开"本书素材/项目二/任务4——基本体模型的操作技能/目标文件/风铃.max"场景文件,如图3.172所示。

②调制亮光不锈钢材质。按下【M】键,打开【Material Editor】(材质编辑器),选择一个新的材质球,命名为"亮光不锈钢"。

③单击【Standard】(标准)按钮,设置材质类型为VRayMtl材质。

④设置【Basic Parameters】(基本参数)卷展栏中的参数如图3.173所示。

⑤在场景中选择"四个风铃管",单击 🎇 按钮,将"亮光不锈钢"材质赋予给它,渲染透视图,结果如图3.174所示。

⑥调制拉丝不锈钢材质。再选择一个新的材质球,命名为"拉丝不锈钢"。

⑦单击【Standard】(标准)按钮,设置材质类型为VRayMtl材质。

⑧设置【Basic Parameters】(基本参数)卷展栏中的参数如图3.175所示。

⑨展开【Maps】(贴图)卷展栏,在【Reflect】(反射)贴图通道添加【Falloff】(衰减)贴图,随即打开【Falloff Parameters】(衰减参数)卷展栏,单击【Color1】(颜色1)贴图通道后面的长按钮,在打开的【Material/Map Browder】(材质/贴图浏览器)对话框中,双击【Bitmap】(位图)

贴图,选择"本书素材/贴图/金属/2.jpg",单击【打开】按钮,设置【Coordinates】(坐标)参数如图3.176所示。

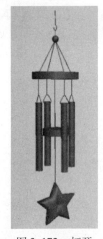

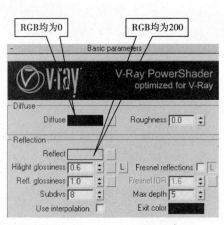

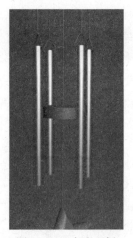

图3.172　打开　　　　　图3.173　基本参数设置　　　　图3.174　亮光不锈

的场景文件　　　　　　　　　　　　　　　　　　　　钢渲染效果

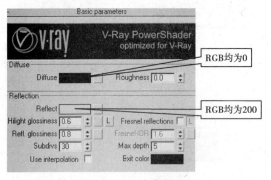

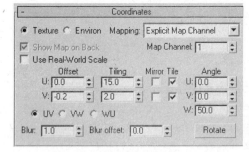

图3.175　基本参数设置　　　　　　图3.176　【Coordinates】(坐标)参数设置

⑩在场景中选择"管状体",单击📇按钮,将"拉丝不锈钢"材质赋予给它,渲染透视图,结果如图3.177所示。

⑪调制磨砂不锈钢材质。再选择一个新的材质球,命名为"磨砂不锈钢"。

⑫单击【Standard】(标准)按钮,设置材质类型为 VRayMtl 材质。

⑬设置【Basic Parameters】(基本参数)卷展栏中的参数如图3.178所示。

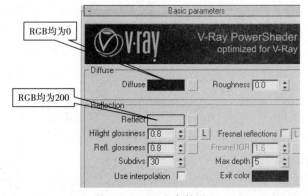

图3.177　拉丝不锈钢渲染效果　　　　图3.178　基本参数设置

⑭展开【Maps】(贴图)卷展栏,在【Bump】(凹凸)贴图通道添加【Noise】(噪波)贴图,参

数默认。

⑮在场景中选择"挂钩""吊环""中绳"和"球体",单击🔳按钮,将"磨砂不锈钢"材质赋予给它们,渲染透视图,结果如图3.179所示。

⑯调制镀金材质。再选择一个新的材质球,命名为"镀金材质"。

⑰单击【Standard】(标准)按钮,设置材质类型为VRayMtl材质。

⑱设置【Basic Parameters】(基本参数)卷展栏中的参数如图3.180所示。

⑲在场景中选择"风铃片"和"装饰星",单击🔳按钮,将"镀金材质"赋予给它们,渲染透视图,结果如图3.181所示。命名为"金属材质.max"。

图3.179 磨砂不锈钢渲染效果

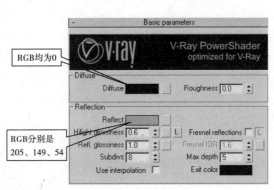
图3.180 基本参数设置

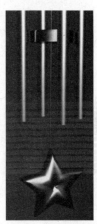
图3.181 镀金材质渲染效果

子任务5 创建植物材质

①打开"本书素材/项目3/任务9——VRay基础操作技能/目标文件/一盆植物.max"场景文件,如图3.182所示。

②按下【M】键,打开【Material Editor】(材质编辑器)对话框,选择一个新的材质球,命名为"植物球"。

将"植物球"材质类型转换为【VRayMtl】(VRay专业材质),设置参数如图3.183所示。在场景中选择所有的"植物球",单击🔳按钮,将"植物球"材质赋予给它。

③再选择一个新的材质球,命名为"花茎"。将"花茎"材质类型转换为【VRayMtl】(VRay专业材质),单击【Diffuse】(漫反射)后面的灰色钮,在弹出的【Material/Map Browse】(材质/贴图浏览器)对话框中选择【Bitmap】(位图)选项,选择"本书素材/贴图/植物/植物的茎.jpg"文件,单击【打开】按钮,在漫反射贴图通道中加入此图片。

然后打开【Maps】(贴图)卷展栏,将【Diffuse Color】(漫反射颜色)通道上的"植物的茎.jpg"贴图拖动到【Bump】(凹凸)通道上进行复制,并将【Amount】(数量)值改为200。

在场景中选择"花茎"模型,单击🔳按钮,将"花茎"材质赋予给它。

④再选择一个新的材质球,命名为"花土"。将"花土"材质类型转换为【VRayMtl】(VRay专业材质),单击【Diffuse】(漫反射)后面的灰色钮,在弹出的【Material/Map Browse】(材质/贴图浏览器)对话框中选择【Bitmap】(位图)选项,选择"本书素材/贴图/植物/花土.jpg"文件,单击【打开】按钮,在漫反射贴图通道中加入此图片。

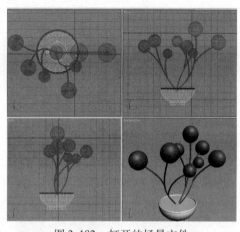

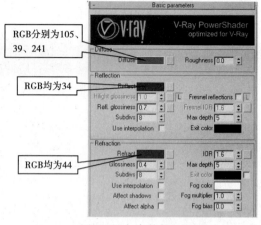

RGB分别为105、39、241

RGB均为34

RGB均为44

图3.182　打开的场景文件　　　　　　　　　图3.183　参数设置

　　然后打开【Maps】(贴图)卷展栏,将【Diffuse Color】(漫反射颜色)通道上的"花土.jpg"贴图拖动到【Bump】(凹凸)通道上进行复制,并将【Amount】(数量)值改为100。

　　在场景中选择"花土"模型,单击 ![按钮] 按钮,将"花土"材质赋予给它。

　　⑤再选择一个新的材质球,命名为"花盆"。将"花盆"材质类型转换为【VRayMtl】(VRay专业材质),设置参数如图3.184所示。将花盆调成一种磨砂多金属的材质。

　　在【Maps】(贴图)卷展栏中,单击【Bump】(凹凸)通道后面的长按钮,在弹出的【Material/Map Browse】(材质/贴图浏览器)对话框中选择【Bitmap】(位图)选项,选择"本书素材/贴图/金属/磨砂花纹.jpg"文件,单击【打开】按钮,在凹凸通道中加入此图片,并将【Amount】(数量)值改为60。

　　在场景中选择"花盆",单击 ![按钮] 按钮,将"花盆"材质赋予给它。

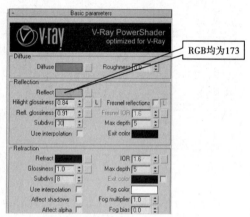

RGB均为173

图3.184　参数设置

　　确认"花盆"处于被选择状态,在修改器下拉列表中,选择【UVW Map】(UVW贴图)命令,设置参数如图3.185所示。

　　⑥最终透视图渲染效果如图3.186所示。命名为"植物材质.max"。

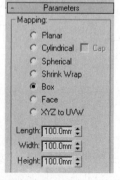

图3.185　参数设置　　　　　　图3.186　植物材质渲染效果

子任务 6　创建蜡质材质

①打开"本书素材/项目 3/任务 11——创建常用材质的操作技能/模型/蜡烛场景. max"场景文件,如图 3.187 所示。

②按下【M】键,打开【Material Editor】(材质编辑器)对话框,选择一个新的材质球,设置材质类型为 VRayMtl 材质,并将材质命名为"蜡烛"。

③在 VRayMtl 的【Basic parameters】(基本参数)卷展栏中,单击【Diffuse】(漫反射)颜色色块,将其颜色的 RGB 值调整为 223、218、213,制作出蜡烛材质表面颜色,参数设置如图3.188所示。

④蜡烛主体由油脂制成,表面有些许油亮的光泽,将【Reflect】(折射)颜色调整为 RGB 值均为 10 的灰

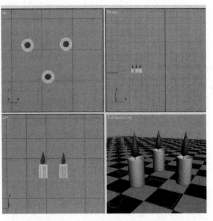

图 3.187　打开的场景文件

度,将【Hilight glossiness】(高光光泽度)参数设置为 0.6,【Refl glossiness】(光泽度)参数设置为 0.8,【Subdivs】(细分)参数增大至 10,具体参数设置如图 3.189 所示。

⑤透明效果与半透明效果都有赖于折射参数的调整,将【Refract】(折射)色块颜色调整为 RGB 值均为 50 的灰度,使蜡烛材质具有轻微的半透明效果,由于蜡烛的半透明是比较模糊的,因此将【Glossiness】(光泽度)调整为 0.7。为了使蜡烛的半透明部位与不透明部位产生色彩的变化,将【Fog color】(烟雾颜色)的 RGB 值调整为 79、54、25,【Fog multiplier】(烟雾倍增)调整为 0.15,将【Subdivs】

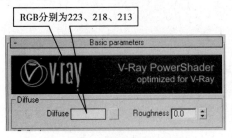

图 3.188　设置漫反射参数

(细分)参数值增大至 25,最后再勾选【Affect shadows】(影响阴影)复选框,具体参数设置如图 3.190 所示。

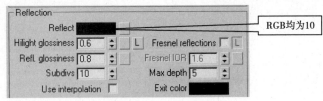

图 3.189　反射参数设置

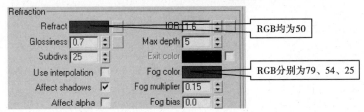

图 3.190　折射参数设置

⑥通过【translucency】(半透明)卷展栏,对材质的半透明效果进行细化。因为蜡烛是硬质半透明材质,首先选择【Type】类型)为预设的【Hard(Wak)model】[硬(蜡)模型]类别,然

后将【Back-side color】(背面颜色)调整为纯白色,对于其他参数的调整,可以根据渲染效果进行调整,具体参数设置如图 3.191 所示。

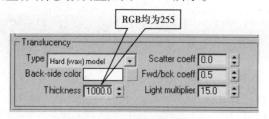

图 3.191　半透明参数设置　　　　　图 3.192　蜡质材质渲染效果

⑦在场景中同时选择三个"蜡柱",单击 按钮,将"蜡烛"材质赋予给它们,渲染透视图最终效果如图 3.192 所示,命名为"蜡质材质.max"。

子任务7　创建木纹材质

1)创建清漆木纹材质

①打开"本书素材/项目 3/任务 11——创建常用材质的操作技能/模型/亭.max"场景文件,如图 3.193 所示。

②按下【M】键,打开【Material Editor】(材质编辑器),选择一个新的材质球,命名为"清漆木纹"。

③单击【Standard】(标准)按钮,设置材质类型为 VRayMtl 材质。

④设置【Basic Parameters】(基本参数)卷展栏中的参数如图 3.194 所示。

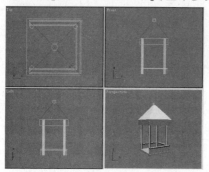

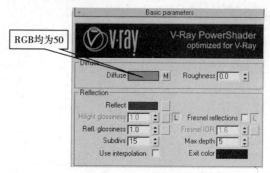

图 3.193　打开的场景文件　　　　　图 3.194　基本参数设置

⑤展开【Maps】(贴图)卷展栏,单击【Diffuse】(漫反射)后面的长按钮,在打开的【Material/Map Browder】(材质/贴图浏览器)对话框中,双击【Bitmap】(位图)贴图,选择"本书素材/贴图/木材/03.jpg"文件,单击【打开】按钮,设置【Coordinates】(坐标)参数如图 3.195 所示。

⑥拖动【Diffuse】(漫反射)贴图按钮至【Bump】(凹凸)按钮,在弹出的对话框中选择【Instance】(关联)复制方式。

⑦在场景中选择"亭柱"和"亭座",单击 按钮,将"清漆木纹"赋予给它们,渲染透视图,结果如图 3.196 所示。

2)创建亚光漆木纹材质

①继续在上面的场景中,按下【M】键,打开【Material Editor】(材质编辑器),再选择一个新的材质球,命名为"亚光漆木纹"。

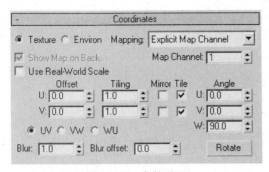

图3.195　参数设置　　　　　　　　　　　图3.196　清漆木纹材质渲染效果

②单击【Standard】（标准）按钮，设置材质类型为 VRayMtl 材质。

③在【Basic Parameters】（基本参数）卷展栏中的【Reflection】（反射）区域中，设置【hilight glossiness】（高光光泽度）为0.8，【Relf. Glossiness】（反射模糊）为0.85，【Subdivs】（细分）为15，如图3.197所示。

④展开【Maps】（贴图）卷展栏，单击【Reflect】（反射）后面的长按钮，在打开的【Material/Map Browder】（材质/贴图浏览器）对话框中，双击【Falloff】（衰减）贴图，展开【Falloff Parameters】（衰减参数）卷展栏，在【Falloff Type】（衰减类型）下选择【Fresnel】（菲涅尔）衰减方式，如图3.198所示。

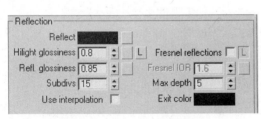

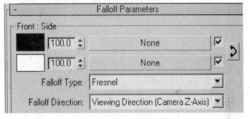

图3.197　基本参数设置　　　　　　　　　图3.198　选择反射方式

⑤单击 按钮，返回上一级，在【Maps】（贴图）卷展栏中，单击【Diffuse】（漫反射）后面的长按钮，在打开的【Material/Map Browder】（材质/贴图浏览器）对话框中，双击【Bitmap】（位图）贴图，选择"本书素材/贴图/木材/01.jpg"文件，单击【打开】按钮，设置【Coordinates】（坐标）参数如图3.199所示。

⑥拖动【Diffuse】（漫反射）贴图按钮至【Bump】（凹凸）按钮，在弹出的对话框中选择【Instance】（关联）复制方式。

⑦在场景中选择"角梁""宝顶"和"檐枋"，单击 按钮，将"亚光漆木纹"赋予给它们，渲染透视图，结果如图3.200所示。命名为"木纹材质.max"。

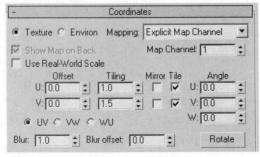

图3.199　参数设置　　　　　　　　　　　图3.200　亚光漆木纹渲染效果

说明:制作"亚光漆木纹"材质,也可以在"清漆木纹"材质的基础之上,改变【Relf. Glossiness】(反射模糊)值为0.5和【Reflect】(反射)颜色亮度值为65,同样可以得到"亚光漆木纹"材质效果。

子任务8　创建石材材质

1)创建光滑地砖材质

①打开本书素材"本书素材/项目3/任务11——创建常用材质的操作技能/模型/石桌凳场景.max"场景文件,如图3.201所示。

②按下快捷键【M】,打开【Material Editor】(材质编辑器),选择一个新的材质球,命名为"光滑地砖"。

③单击【Standard】(标准)按钮,设置材质类型为VRayMtl材质。

④单击【Reflect】(反射)色块,在打开的颜色选择器对话框中设置反射颜色灰度为25,其他参数保持默认,即【Basic Parameters】(基本参数)设置如图3.202所示。

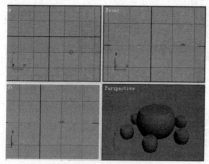

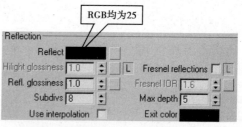

图3.201　打开的场景文件　　　　　图3.202　基本参数设置

⑤单击【Diffuse】(漫反射)贴图按钮,指定一张砖块纹理贴图("本书素材/贴图/石材/014.jpg")。

⑥在场景中选择"地面",单击⬜按钮,将"光滑地砖"材质赋予给它,渲染透视图,结果如图3.203所示。

⑦确认"地面"处于选择状态,选择【Modifiers】(修改器)/【UV Coordinates】(UV坐标)/【UVW Mapping】(UVW贴图)命令,为地砖添加【UVW Mapping】(UVW贴图)修改器,选择【Planar】(平面)方式,设置砖块大小为1 200×1 200,如图3.204所示。

⑧再次渲染透视图,结果如图3.205所示,命名为"光滑地砖材质.max"。

图3.203　此时透视图渲染效果　　　图3.204　贴图坐标设置　　　图3.205　光滑地砖材质渲染效果

说明："地砖.max"场景,设置不同的反射模糊值即会得到亚光砖材质效果。【Refl. glossiness】参数可在0~1之间调节,默认值1表示没有模糊效果,数值越小模糊反射的效果越强烈。此参数不宜设置过小,一般控制在0.8左右即可得到较理想的亚光效果。

2)创建大理石桌凳材质

①继续在上面的场景中,按下【M】键,打开【Material Editor】(材质编辑器),再选择一个新的材质球,命名为"大理石"。

②单击【Standard】(标准)按钮,设置材质类型为VRayMtl材质。

③在【Basic Parameters】(基本参数)卷展栏中的【Reflection】(反射)区域中,设置反射颜色灰度为40,【hilight glossiness】(高光光泽度)为0.9,【Relf. Glossiness】(反射模糊)为1,【Subdivs】(细分)为9,如图3.206所示。

④单击【Diffuse】(漫反射)贴图按钮,指定一张石材纹理贴图("本书素材/贴图/石材/013.jpg")。

⑤在场景中选择"石桌"和"石凳",单击 按钮,将"大理石"材质赋予给它,渲染透视图,结果如图3.207所示。命名为"大理石材质.max"。

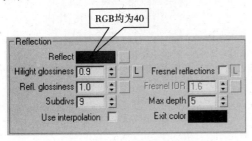

图3.206　基本参数设置　　　图3.207　大理石材质渲染效果

巩固训练

1.打开前面自己制作的"花墙"模型,如图3.208所示,试为其所有的模型分别编辑合适的材质。

2.打开前面自己制作的"凉亭"模型,如图3.209所示,试为其所有的模型分别编辑合适的材质。

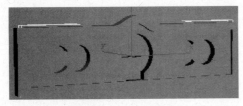

图3.208　花墙模型　　　图3.209　凉亭模型

3.打开前面自己制作的"园桥"模型,如图3.210所示,试为其所有的模型分别编辑合适的材质。

4. 打开前面自己制作的"树池座凳"模型,如图 3.211 所示,试为其所有的模型分别编辑合适的材质。

5. 打开前面自己制作的"喷泉"模型,如图 3.212 所示,试为其所有的模型分别编辑合适的材质。

图 3.210　园桥模型

图 3.211　树池座凳模型

图 3.212　喷泉模型

6. 打开前面自己制作的"拉膜"模型,如图 3.213 所示,试为其所有的模型分别编辑合适的材质。

7. 打开前面自己制作的"传达室"模型,如图 3.214 所示,试为其所有的模型分别编辑合适的材质。

图 3.213　拉膜模型

图 3.214　传达室模型

8. 打开前面自己制作的"景观墙"模型,如图 3.215 所示,试为其所有的模型分别编辑合适的材质。

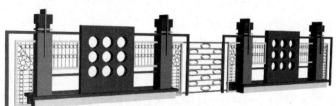

图 3.215　景观墙模型

项目 4 创建摄影机和灯光的操作技能

摄影机在效果图制作过程中,有统筹全局的作用,它决定着画面构图、影响场景建模和灯光设置。灯光是效果图制作中重要的一环,真实的灯光布置能营造场景气氛,体现出材质的质感。VRay 渲染器能够兼容 3ds Max 的【Standard】(标准)灯光和【Photometric】(光度学)灯光,除此之外,VRay 也拥有自己的灯光系统,在实际工作时,可以灵活使用各种灯光类型。

如果选择 VRay 渲染器,那么很多场景就应该使用 VRay 灯光来布光,可以配合【Standard】(标准)灯光和【Photometric】(光度学)灯光来设置。

VRay 渲染器有自己的专用摄影机,即 VR 物理摄影机,它的创建方法与 3ds Max 摄影机创建方法基本相同,但由于该摄影机是基于物理原理,有光圈、快门和感光度等参数,因而功能强大,可以轻易通过光圈、快门等参数调整场景曝光,控制图像的白平衡。

任务 1 创建摄影机场景的操作技能

子任务 1 创建【Target】(目标)摄影机

①打开"本书素材/项目四/模型/景观墙材质效果. max"文件。

②单击 / /【Standard】(标准)【Target】(目标)按钮,按照图 4.1 所示在顶视图拖动鼠标创建一个目标摄影机,并在【Parameters】(参数)卷展栏中将【Lens】(镜头)参数设置为 35,激活透视图,按【C】键将其转换为摄影机视图,通过摄影机视图进一步调效果,如图 4.2 所示。

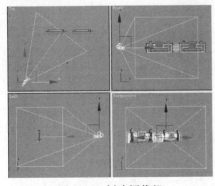

图 4.1　创建摄像机

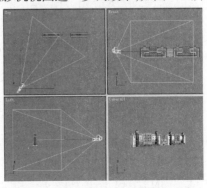

图 4.2　将透视图转换为摄像机视图

说明:对于室外效果图摄影机的高度,如果要产生仰视的效果,可以将摄影机的镜头低于目标点;如果要表现俯视的效果,相反即可。

③单击 ／／【Target Spot】(目标聚光灯)按钮,在顶视图中创建一盏目标聚光灯,在视图中调整其位置,如图4.3所示。

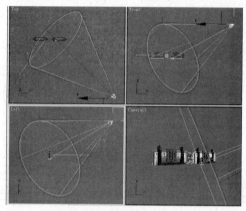

图4.3　目标聚光灯的位置

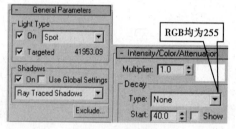

图4.4　参数设置

④单击【Modify】(修改)命令,调整目标聚光灯的参数。在【General Parameters】(常规参数)卷展栏中选择【Shadows】(阴影)选项组中的【On】(启用)复选框,并将阴影类型设置为【Ray Traced Shadows】(光线跟踪阴影);在【Intensity/Color/Attenuation】(强度/颜色/衰减)卷展栏中将【Multiplier】(倍增)设置为1,将RGB颜色值设置为255、255、255,如图4.4所示。

⑤单击 ／／【Omni】(泛光灯)按钮,在顶视图中创建一盏泛光灯,位置如图4.5所示。

⑥单击【Modify】(修改)命令,调整泛光灯的参数。在【Intensity/Color/Attenuation】(强度/颜色/衰减)卷展栏中将【Multiplier】(倍增)设置为0.8,将RGB颜色值设置为255、255、255,如图4.6所示。

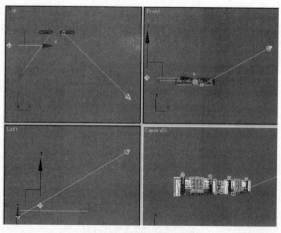

图4.5　泛光灯的位置

图4.6　参数设置

⑦渲染摄影机视图,结果如图4.7所示。命名为"景观墙摄影机效果.max"。

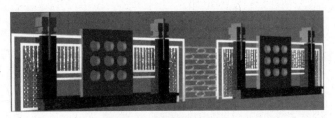

图 4.7 景观墙渲染效果

子任务 2 创建【VrayPhysicalCamera】（VRay 物理摄影机）

①打开"本书素材/项目四/模型/拉膜场景. max"文件。如图 4.8 所示。

②单击 ◎/◎/【VRay】/【VrayPhysicalCamera】（VRay 物理摄影机）按钮，在顶视图拖动鼠标创建一个 VRay 物理摄影机，参数默认，位置如图 4.9 所示。

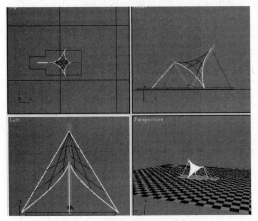

图 4.8 打开的场景文件

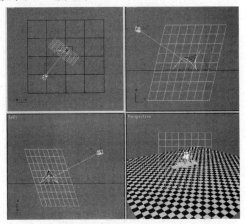

图 4.9 摄影机的位置

③激活透视图，按【C】键将其转换为摄影机视图，通过摄影机视图进一步调整效果，如图 4.10 所示。

④此时渲染透视图，看不到拉膜模型。单击 ◎/☀【Lights】（灯光）/【VRay】/【VraySun】（VRay 天光）按钮，在顶视图中拖动鼠标创建一盏 VRay 天光，位置如图 4.11 所示。

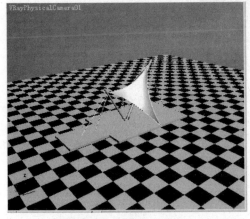

图 4.10 摄影机视图

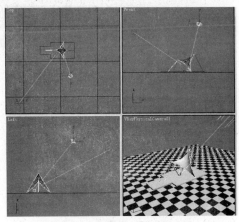

图 4.11 VRay 天光的位置

⑤单击 ◢【Modify】（修改）命令，在【VraySun Parameters】（VRay 天光参数）卷展栏下，设置【turbidity】（混浊度）为 2，【ozone】（臭氧）为 0.8，【intensity multiplier】（强度倍增）为 0.5，

其他参数保持默认状态,如图4.12所示。

⑥渲染摄影机视图,结果如图4.13所示。命名为"VRay物理摄影机.max"。

图4.12　参数设置   图4.13　VRay物理摄影机渲染效果

 巩固训练

1.自己创建一个简单的场景为其创建两个【Target】(目标)摄影机,分别转换为摄影机视图,观察效果。

2.自己创建一个简单的场景,为其创建一个【VrayPhysicalCamera】(VRay物理摄影机),转换为摄影机视图后观察其效果。

任务2　创建灯光场景的操作技能

子任务1　以【Target Spot】(目标聚光灯)为主光创建阴影效果

①打开"本书素材/项目四/模型/花架场景.max"文件,这个场景的材质已经设置完成,如图4.14所示。

②单击 【Cameras】(摄影机)/【Target】(目标)按钮,在顶视图中拖动鼠标创建一架目标摄影机,位置如图4.15所示。

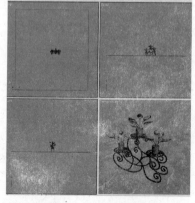 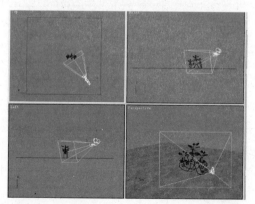

图4.14　打开的场景文件   图4.15　创建摄影机

③激活透视图,按【C】键,将其转换为相机视图。

④按【Shift + C】键隐藏摄影机,然后单击
【Lights】(灯光)/【Target Spot】(目标聚光灯)
按钮,在顶视图中拖动鼠标创建一盏目标聚光
灯,用它做为主光来照亮大部分场景,位置如图
4.16 所示。

⑤单击【Modify】(修改)命令,设置【Target Spot】(目标聚光灯)的【General Parameters】
(常规参数)、【Spotlight Parameters】(聚光灯参
数)和【Shadow Parameters】(阴影参数),如图
4.17所示。

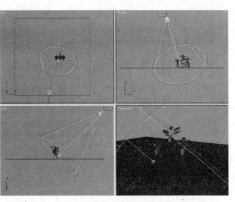

图 4.16　目标聚光灯(主光)的位置

⑥此时渲染相机视图效果如图 4.18 所示。

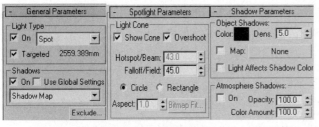

图 4.17　参数设置　　　　　　　　　图 4.18　渲染效果

⑦发现场景较暗,单击【Lights】(灯光)/【Omni】(泛光灯)按钮在视图中创建一盏泛
光灯作为辅助光,位置及再次渲染相机视图结果如图 4.19 所示。

说明:辅助光对主光产生的照明区域进行柔化和延伸,并且使得更多的物体提高度以
显现现出来。它的位置应该处于主光相反的角度上,也就是说如果主光在左侧,辅助光
就在右侧;反之亦然,但是不必100%的对称。

⑧在视图中再创建一盏泛光灯作为背光,位置如图 4.20 所示。

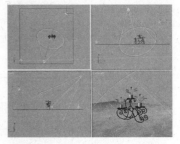

图 4.19　泛光灯(辅助光)的位置及渲染效果　　　图 4.20　泛光灯(背光)的位置

说明:背光给物体加上一条"分界边缘",使其从背景中分离出来。在顶视图中添加一
个泛光灯,将其置于物体之后,摄影机的对面。在左视图中将背光放置于高于物体的位
置。

⑨确认"泛光灯(背光)"处于被选择状态,单击【General Parameters】(常规参数)卷展栏
下的【Exclude】(排除)按钮,在弹出【Exclude/Include】(排除/包含)对话框中设置如图 4.21
所示,排除地面的照射,然后单击【OK】按钮。

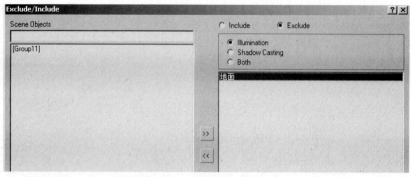

图 4.21 【排除/包含】设置

⑩按下【F10】键，打开【Render Scene】（渲染场景）对话框，选择【Renderer】（渲染）选项，设置【V-Ray::Global switches】（V-Ray::全局开关）、【V-Ray::Image sampler】（V-Ray::图像采样）、【V-Ray::Indirect illumination】（V-Ray::间接照明）和【V-Ray::Irradiance map】（V-Ray::发光贴图）参数，即设置 VRay 的渲染参数如图 4.22 所示。

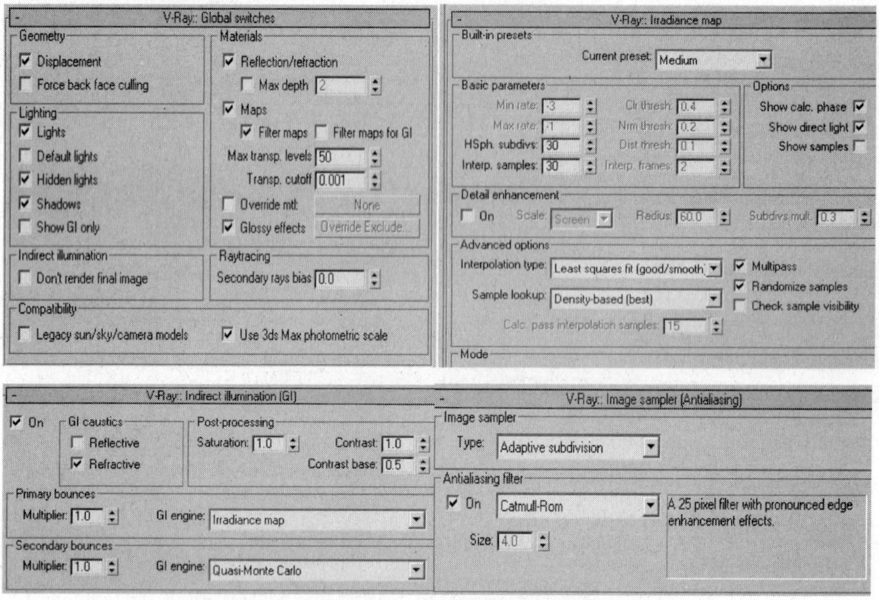

图 4.22 VRay 的渲染参数设置

⑪渲染相机图，效果如图 4.23 所示。命名为"花架阴影效果.max"。

图 4.23 花架阴影渲染效果

> 说明:本子任务中的布光方法称为三点照明布光法。是3D用光的一种基本方法,简便易行,可以适用于很多类型的场景中,特别是静帧场景。它是一种使用三种灯光的方法,三种灯光分别是主光、辅光和背光,分别处于不同的位置,并且每个光所起的作用各不相同。

子任务 2　【Target Direct】(目标平行光) 创建太阳光效果

①打开"本书素材/项目四/模型/亭子模型/亭子. max"场景文件,场景中已编辑好了材质和摄影机,如图 4.24 所示。

②单击 【Lights】(灯光)/【Target Direct】(目标平行光)按钮,在顶视图中创建一盏目标平行光,角度和位置如图 4.25 所示。此时渲染相机视图,效果如图 4.26 所示。观察发现,此时只有中间的部分被照亮,周围非常黑,而且没有建筑的阴影。

③单击 【Modify】(修改)命令,设置【Target Direct】(目标平行光)的【General Parameters】(常规参数)、【Intensity/Color/Attenuation】(强度/颜色/衰减)、【Directional Parameters】(平行光参数)和【Shadow Parameters】(阴影参数),如图 4.27 所示。

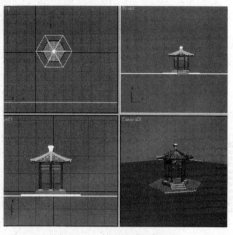

图 4.24　打开的场景文件

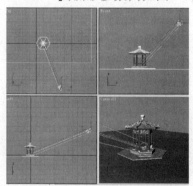

图 4.25　目标平行光的位置

图 4.26　渲染效果

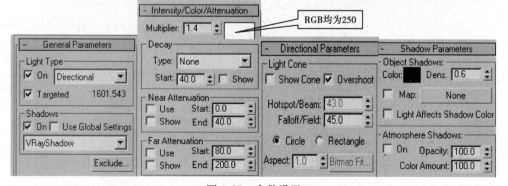

图 4.27　参数设置

④此时渲染相机视图,效果如图 4.28 所示。发现建筑稍暗。

⑤应用泛光灯创建一盏辅助光源来照亮建筑,位置如图4.29所示。

图4.28　渲染效果

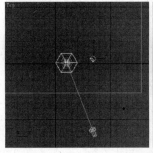

图4.29　泛光灯的位置

⑥将泛光灯的【Multiplier】(倍增)设置为0.3,并排除对地面的照射。按【F10】键,打开【Render Scene】(渲染场景)窗口,将VRay指定为当前渲染器,渲染相机视图,结果如图4.30所示。命名为"太阳光效果.max"。

子任务3　【Omni】(泛光灯)创建壁灯效果

①打开"本书素材/项目四/模型/壁灯模型/壁灯.max"文件,场景中已编辑好了材质和设置好了摄影机,如图4.31所示。

图4.30　太阳光效果

②单击【Lights】(灯光)/【Omni】(泛光灯)按钮,在顶视图中单击鼠标左键创建一盏泛光灯,位置如图4.32所示。

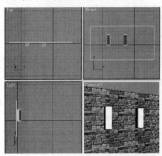
图4.31　打开的场景文件

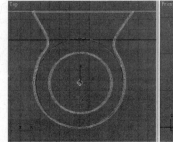
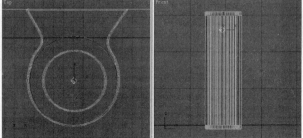
图4.32　泛光灯的位置

③单击【Modify】(修改)命令,打开【Omni】(泛光灯)的【Intensity/Color/Attenuation】(强度/颜色/衰减)卷展栏,从中设置【Multiplier】(倍增)为0.6,颜色为淡黄色(RGB分别为254、255和205),【Far Attenuation】(远距衰减)区域中选择【Use】(使用)和【Show】(显示),并设置【Start】(开始)为150,【End】(结束)为300,如图4.33所示。

④在前视图中用移动复制的方式将泛光灯沿Y轴复制4盏,然后选择这5盏灯再复制一组到另一个壁灯的位置,如图4.34所示。

⑤按【F10】键,打开【Render Scene】(渲染场景)窗口,将VRay指定为当前渲染器,设置一下VRay的渲染参数,此时渲染相机视图,结果如图4.35所示。观察发现,光晕以外的地方特别的黑,看起来不真实。

⑥应用泛光灯创建一盏辅助光源来照亮墙壁,设置这个泛光灯的【Multiplier】(倍增)为0.5,位置如图4.36所示。

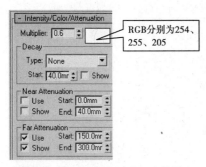

图4.33 【Omni】(泛光灯)参数设置

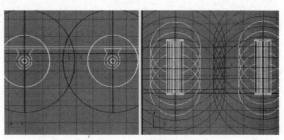

图4.34 复制泛光灯

图4.35 渲染结果

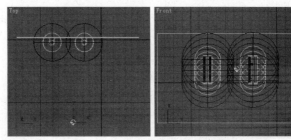

图4.36 泛光灯的位置

⑦按【Shift+Q】键,快速渲染相机视图,结果如图4.37所示。命名为"壁灯效果.max"。

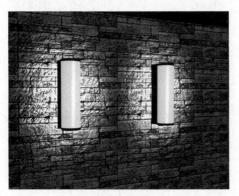

图4.37 壁灯效果

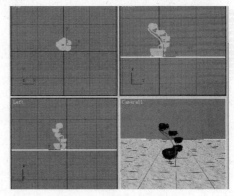

图4.38 打开的场景文件

子任务4 【Skylight】(天光)创建天光效果

①打开"本书素材/项目四/模型/小品模型.max"文件,这个场景的材质及摄影机已经设置完成,如图4.38所示。

②单击【Lights】(灯光)/【Skylight】(天光)按钮,在顶视图中单击鼠标左键创建一盏天光,位置如图4.39所示。

③单击【Modify】(修改)命令,设置【Multiplier】(倍增)为0.8,其他参数默认,如图4.40所示。

说明:在创建【Skylight】(天光)的时候,其位置及形态对后面的不会造成任何影响。

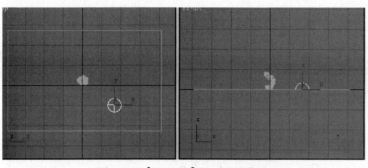

图 4.39 【Skylight】(天光)的位置   图 4.40 参数设置

④单击菜单栏中的【Rendering】(渲染)/【Advanced Lighting】(高级照明)/【Light Tracer】(光跟踪器),在弹出的【Render Scene】(渲染场景)对话框中将【Rays/Sample】(光线/采样数)设置为300,如图4.41所示。

⑤按【Shift+Q】键,快速渲染相机视图,效果如图4.42所示。观察发现,小品很黑,我们可以创建一盏目标聚光灯,来模拟太阳光的光照效果。

图 4.41 渲染场景对话框设置   图 4.42 第一次渲染效果

说明:如果使用【Skylight】(天光)进行渲染,必须配合【Light Tracer】(光跟踪器)才能达到所需要的效果,否则达不到良好的效果。

⑥单击【Lights】(灯光)/【Target Spot】(目标聚光灯)按钮,在顶视图创建一盏目标聚光灯,【Multiplier】(倍增)设置为0.4左右,阴影选择【Ray Traced Shadows】(光线跟踪阴影),如图4.43所示。

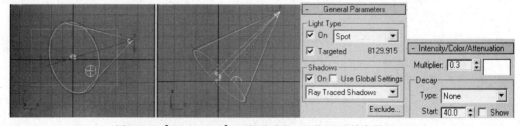

图 4.43 【Target Spot】(目标聚光灯)的位置及其参数设置

⑦渲染相机视图,效果如图4.44所示。命名为"天光效果.max"。

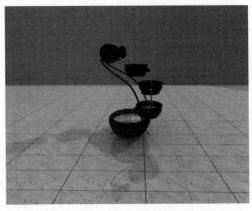

图 4.44　渲染效果

说明：本子任务是使用【Skylight】（天光）模拟天空的漫反射；使用【Target Spot】（目标聚光灯）模拟太阳光；使用【Light Tracer】（光跟踪器）产生真实效果。

子任务 5　用【Free Point】（自由点光源）创建房间内吊灯效果

①打开"本书素材/项目四/模型/房间场景模型01/房间场景01.max"文件，场景中已编辑好了材质和设置好了摄影机，如图4.45所示。

图 4.45　打开的场景文件及渲染效果

②单击 【Lights】（灯光）/【Free Point】（自由点光源）按钮，在顶视图中单击鼠标左键创建一盏自由点光源，位置如图4.46所示。

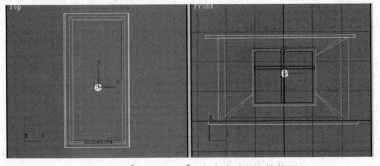

图 4.46　【Free Point】（自由点光源）的位置

说明:在场景中设置自由点光源的时候,应按照比实际的灯光所在位置偏下的方法来安排光源的位置,这样才可以模拟出真实的光晕效果。如果灯光离顶面太近就会出现大片的光斑。

③单击 【Modify】(修改)命令进入修改命令面板,勾选启用【Shadows】(阴影)选项,阴影方式选择【VRayShadows】(VRay 阴影)选项,调整颜色为暖色调,【Intensity】(强度)设置为 500,再调整一下【VRayShadows params】(VRay 阴影参数)如图 4.47 所示。

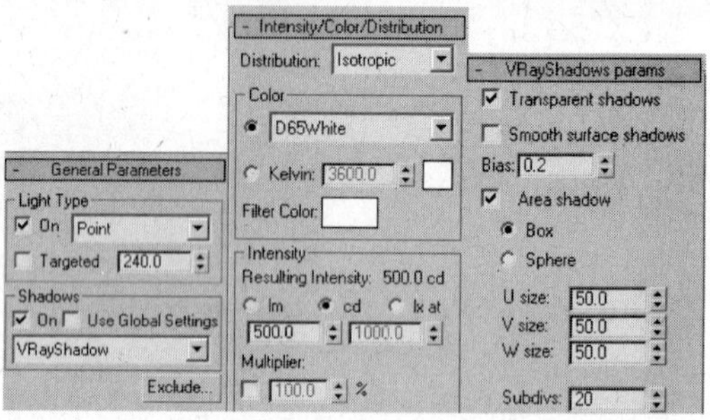

④按【F10】键,打开【Render Scene】(渲染场景)窗口,然后将 VRay 指定为当前渲染器。

图 4.47　【Free Point】(自由点光源)的参数设置

⑤在【Render Scene】(渲染场景)窗口中,选择【Renderer】(渲染器)选项卡,设置【V-Ray::Global switches】(V-Ray::全局开关)、【V-Ray::Image sampler】(V-Ray::图像采样)、【V-Ray::Indirect illumination】(V-Ray::间接照明)、【V-Ray::Irradiance map】(V-Ray::发光贴图)、【V-Ray::Environment】(V-Ray::环境)和【V-Ray::Color mapping】(V-Ray::颜色映射)的参数,如图 4.48 所示。

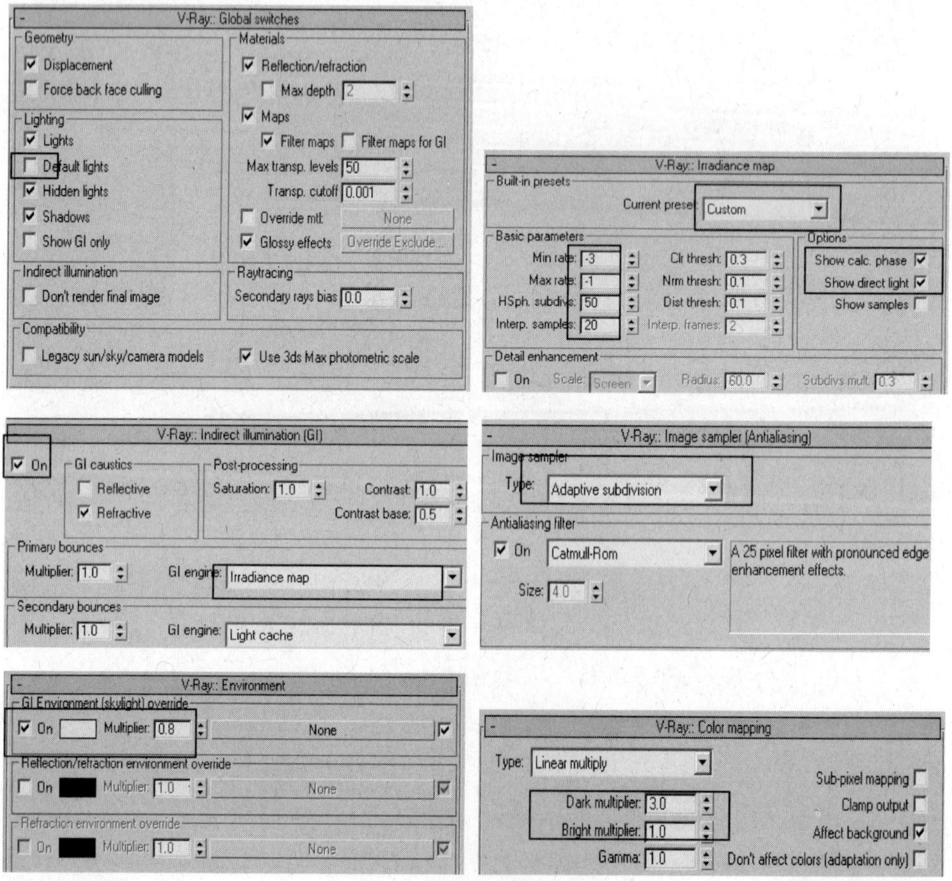

图 4.48　VRay 渲染参数设置

⑥渲染相机视图,最终效果如图4.49所示。命名为"吊灯效果. max"。

子任务6　用【Free Linear】(自由线光源)创建房间内灯槽效果

①打开"本书素材/项目四/模型/房间场景模型02/房间场景02. max"文件,场景中已编辑好了材质和设置好了摄影机,如图4.50所示。

②单击 ![icon]【Lights】(灯光)/【Free Linear】(自由线光

图4.49　吊灯渲染效果

源)按钮,在顶视图中单击鼠标左键创建一盏自由线光源,位置如图4.51所示。

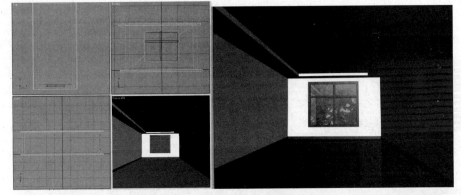

图4.50　打开的场景文件及渲染效果

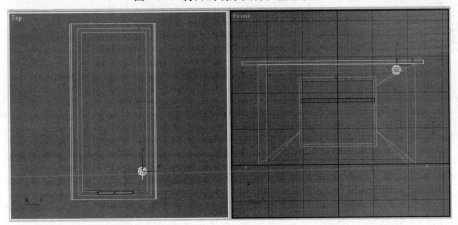

图4.51　【Free Linear】(自由线光源)的位置

③单击 ![icon]【Modify】(修改)命令进入修改命令面板,勾选启用【Shadows】(阴影)选项,阴影方式选择【VRayShadows】(VRay 阴影)选项,【Intensity】(强度)设置为200,【Length】(长度)设置为1 000,如图4.52所示。

④激活左视图,确认创建的自由线光源处于选择状态,单击工具栏中的 ![icon]【Mirror】(镜像)按钮,将线光源沿 Y 轴镜像一下(使灯头朝上),如图4.53所示。

⑤在顶视图中用实例的方式复制多盏灯,如图4.54所示。

⑥在房间的中间创建一盏【Free Point】(自由点光源),亮度设置为300 左右即可,用来照亮整个房间,如图4.55所示。

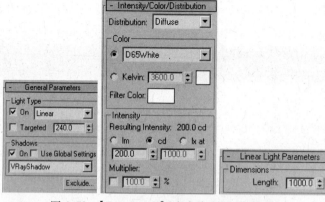

图4.52　【Free Linear】(自由线光源)参数设置

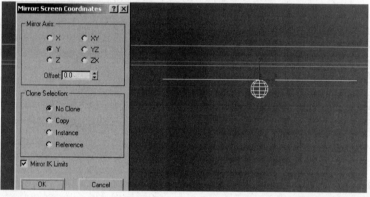

图4.53　镜像自由线光源

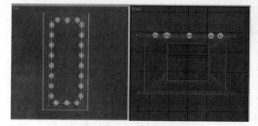

图4.54　复制自由线光源

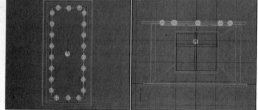

图4.55　自由点光源的位置

⑦按【F10】键,打开【Render Scene】(渲染场景)窗口,然后将 VRay 指定为当前渲染器。

⑧VRay 渲染参数的设置同上面的"子任务7"。

⑨渲染相机视图,最终效果如图4.56所示。命名为"灯槽效果.max"。

子任务7　【Free Area】(自由面光源)创建房间内灯片发光效果

①打开"本书素材/项目四/模型/房间场景模型03/房间场景03.max"文件,场景中已编辑好了材质和设置好了摄影机,如图4.57所示。

图4.56　渲染效果

②单击【Lights】(灯光)/【Free Area】(自由面光源)按钮,在顶视图中单击鼠标左键

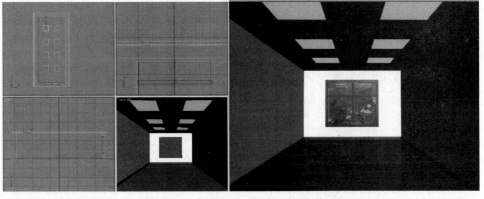

图 4.57　打开的场景文件及渲染效果

创建一盏【自由面光源，位置如图 4.58 所示。

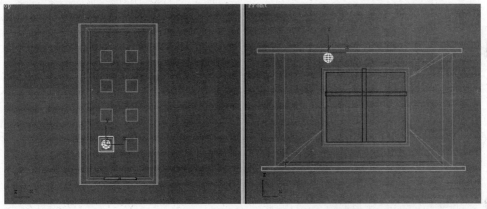

图 4.58　【Free Area】(自由面光源)的位置

③单击 【Modify】(修改)命令进入修改命令面板，勾选启用【Shadows】(阴影)选项，阴影方式选择【VRayShadows】(VRay 阴影)选项，【Multiplier】(倍增)设置为 350，设置【Area Light Parameters】(面光源参数)的【Length】(长度)和【Width】(宽度)均为 600，如图 4.59 所示。

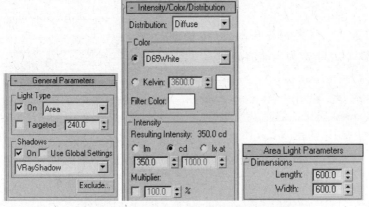

图 4.59　【Free Area】(自由面光源)参数设置

④在顶视图中用实例的方式复制多盏灯，如图 4.60 所示。

⑤按【F10】键，打开【Render Scene】(渲染场景)窗口，然后将 VRay 指定为当前渲染器。

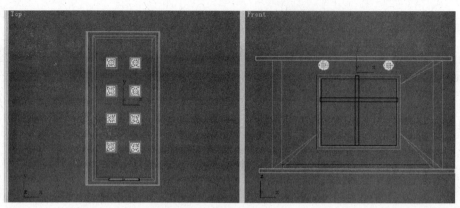

图4.60　复制后的效果

⑥VRay渲染参数的设置同上面的"子任务7"。

⑦渲染相机视图,最终效果如图4.61所示。命名为"灯片发光效果.max"。

图4.61　灯片发光渲染效果

子任务8　光域网创建筒灯效果

①打开"本书素材/项目四/模型/门头招牌.max"文件,这个场景的材质及摄影机已经设置完成,如图4.62所示。

②单击【Lights】(灯光)/【Photometric】(光度学)/【Target Point】(目标点光源)按钮,在前视图中拖动鼠标,创建一盏目标点光源,将它移动到如图4.63所示的位置。

图4.62　打开的场景文件

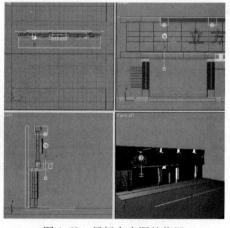

图4.63　目标点光源的位置

③单击【Modify】(修改)按钮,进入修改命令面板,在【Shadows】(阴影)区域,勾选【On】(启用)项,阴影方式选择【VrayShadow】(VRay阴影)选项,在【Intensity/Color/Distribution】(强度/颜色/分布)卷展栏下【Distribution】(分布)右侧的窗口中选择【Web】(光域网)选项,如图4.64所示。

④在【Web Parameters】(光域网参数)卷展栏下单击【None】(无)按钮,在弹出的【Open a Photometric Web】(打开光域网)对话框中选择"本书素材/光域网文件/筒灯/004.ies"文件,

单击【打开】按钮。

⑤将【Target Point】（目标点光源）的亮度修改为300，然后在前视图中用【Instance】（实例）的方式复制三盏灯，如图4.65所示。

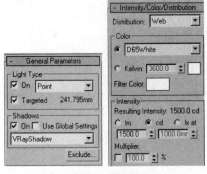

图4.64 参数设置

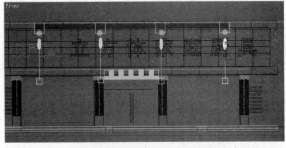

图4.65 复制三个目标点光源

⑥按【F10】键，打开【Render Scene】（渲染场景）窗口，然后将VRay指定为当前渲染器。

⑦设置一下VRay的渲染参数，并且为场景添加一张环境贴图（本书素材/贴图/图片/夜景02.jpg）。

⑧渲染透视图，效果如图4.66所示，命名为"筒灯效果.max"。

子任务9 创建园林小景VRay日景效果

①打开"本书素材/项目四/模型/园林小景模型

图4.66 筒灯渲染效果

01/园林小景01.max"文件，这个场景的材质及摄影机已经设置完成，如图4.67所示。

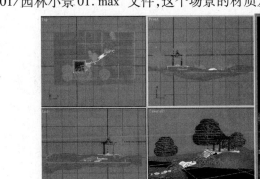

图4.67 打开的场景文件及渲染效果

②在顶视图中创建一个半径为5 000的球体，然后将球体转换为【Editable Poly】（可编辑多边形），进入【Polygon】（多边形）子物体层级，选择下面一半的面，如图4.68所示。将其删除，然后选择所有多边形，单击【Flip】（翻转）按钮，将法线进行翻转。

③退出次物体编辑，选择球体，单击鼠标右键，在弹出的级联菜单中，选择【Object Properties】（对象属性）命令，在弹出的【Object Properties】（对象属性）对话框中设置各项参数，如图4.69所示。

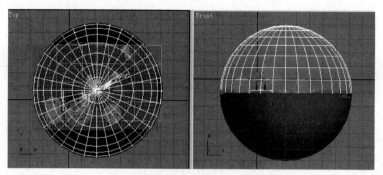

图 4.68　选择球体下面一半的面

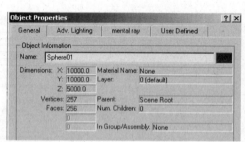

图 4.69　对象属性对话框参数设置

> 说明:在创建灯光之前,须设置球体的属性,不然将会照不到场景上面,因为【Target Direct】(目标平行光)勾选了【Ray Traced Shadows】(光线跟踪阴影)方式。设置的方法是:选择球体,单击鼠标右键,选择【Object Properties】(对象属性)命令,将【Receive Shadows】(接收阴影)及【Cadt Shadows】(投影阴影)取消就可以了。

④单击【OK】按钮。按【M】键,打开【Material Editor】(材质编辑器)窗口,选择一个新的材质球,命名为"球天"。将【Self-Illumination】(自发光)设置为100,在【Ambient】(漫反射)中添加一张位图("本书素材/贴图/图片/天空 021. jpg"),如图 4.70 所示。

⑤将调制好的材质赋给半球体,然后为球体添加一个【UVW Map】(UVW 贴图)修改器,在【Mapping】(贴图)下方选择【Cylindrical】(柱形)贴图方式,如图 4.71 所示。

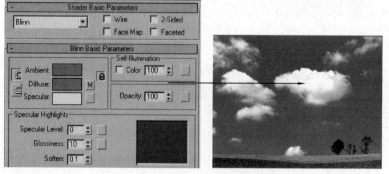

图 4.70　调制球天材质的基本参数

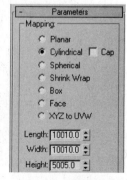

图 4.71　参数设置

◆◆◆
　说明：以半球体作为球天材质的模型，就是为了模拟现实生活中我们视觉所见到的
"天圆地方"的效果。
◆◆◆

　⑥按【F10】键，打开【Render Scene】（渲染场景）窗口，然后将 VRay 指定为当前渲染器。设置一下【V-Ray∷Global switches】（V-Ray∷全局开关）、【V-Ray∷Image sampler】（V-Ray∷图像采样）、【V-Ray∷Indirect illumination】（V-Ray∷间接照明）、【V-Ray∷Irradiance map】（V-Ray∷发光贴图）和【V-Ray∷Environment】（V-Ray∷环境）的参数，如图 4.72 所示。

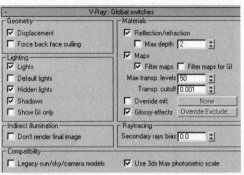

图 4.72　设置 VRay 渲染参数

　⑦按【Shift + Q】键，渲染透视图，效果如图 4.73 所示。通过观察，此时场景已初步具备了微弱的天光效果，但是效果不是很理想，这时必须通过太阳光的照射才能表现出场景中各物体的明暗关系，立体效果。

　⑧单击 【Lights】（灯光）/【Target Direct】（目标平行光）按钮，在顶视图中创建一盏目标平行光，作为主光源"太阳光"，角度和位置如图 4.74 所示。

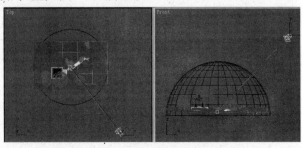

图 4.73　此时的渲染效果　　　　　图 4.74　【Target Direct】（目标平行光）的位置

⑨单击 【Modify】（修改）命令，勾选启用阴影，选择【VrayShadow】（VRay 阴影）方式，【Multiplier】（倍增）调整为 0.5 左右，调整一下【Direct Parameters】（平行光参数）及【VRay-Shadow Params】（VRay 阴影参数），如图 4.75 所示。

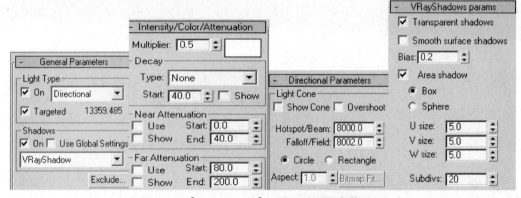

图 4.75　【Target Direct】（目标平行光）参数设置

⑩此时再次进行渲染摄影机视图，效果如图 4.76 所示。发现渲染的背景是黑色的，那么我们可以为背景添加一幅【Gradient】（渐变）贴图或者一幅真实的天空图片，来模拟天空的效果。

⑪按数字键【8】，打开【Environment and Effects】（环境和效果）窗口，单击 None 按钮，在弹出的【Material/Map Browser】（材质/贴图浏览器）窗口中双击【Gradient】（渐变）贴图 。

图 4.76　渲染效果

⑫按【M】键，打开【Material Editor】（材质编辑器）窗口，将【Environment and Effects】（环境和效果）中的渐变贴图实例复制到任意一个未用的材质球上面，如图 4.77 所示。

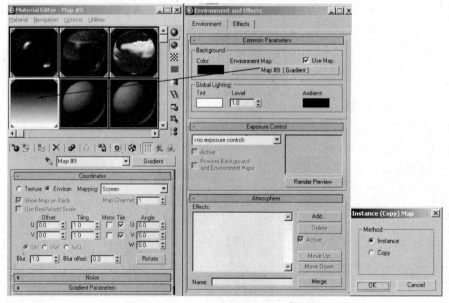

图 4.77　复制环境贴图到材质球

⑬在【Coordinates】(坐标)卷展栏下,调整【Offset】(偏移)卷展栏下的 V 为 0.4,在【Gradient】(渐变参数)卷展栏下调整三个颜色,颜色 1 的 RGB 分别为 45、115、200;颜色 2 的 RGB 分别为 90、160、220;颜色 3 的 RGB 分别为 220、230、245,这样就基本靠近天空的效果,如图 4.78 所示。

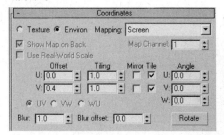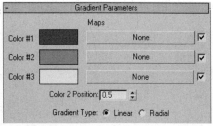

图 4.78　调整渐变参数

⑭按【F10】键,打开【Render Scene】(渲染场景)窗口,调整一下,目的是让渲染的效果更好,如图 4.79 所示。

⑮按【Shift + Q】键,渲染透视图,最终效果如图 4.80 所示。命名为"日景效果.max"。

图 4.79　调整发光贴图参数　　　　图 4.80　日景渲染效果

子任务 10　创建 VRay 夜景效果

①打开"本书素材/项目四/模型/园林小景模型 02/园林小景 02.max"文件,这个场景的材质及摄影机已经设置完成,如图 4.81 所示。

图 4.81　打开的场景文件及渲染效果

·②按【M】键,打开【Material Editor】(材质编辑器)窗口,将"球天"材质的自发光设置为0,调整背景渐变贴图的颜色,颜色 1 的 RGB 分别为 1、3、20;颜色 2 的 RGB 分别为 18、23、

62；颜色 3 的 RGB 分别为 100、120、160，这样就基本靠近黄昏天空的效果。

③单击 【Lights】(灯光)/【VRay】/【VrayLight】(VRay 灯光)按钮，在顶视图中单击鼠标创建一盏 VRay 灯光，灯光类型选择【Dome】(穹顶)，灯光的【Color】(颜色)调整为灰蓝色（RGB 分别为 124、133 和 249），【Multiplier】(亮度)设置为 0.3，位置及参数设置如图 4.82 所示。

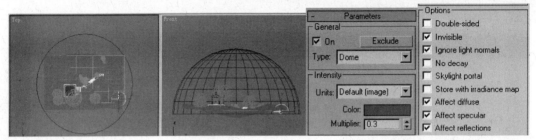

图 4.82　VRay 灯光的位置及参数

④VRay 渲染参数设置同上面的日光设置，渲染相机视图，效果如图 4.83 所示。命名为"夜景效果. max"。

图 4.83　夜景渲染效果

巩固训练

1. 打开"本书素材/项目四/模型/广告路牌. max"场景文件，如图 4.84 所示，首先为其编辑材质，然后以【Target Spot】(目标聚光灯)为主光创建其阴影效果。

2. 打开"本书素材/项目四/模型/城市雕塑. max"场景文件，如图 4.85 所示，使用【Target Direct】(目标平行光)为其创建太阳光效果。

图 4.84　广告路牌场景

图 4.85　城市雕塑场景

3. 打开"本书素材/项目四/模型/圆形壁灯. max"场景文件，如图 4.86 所示。首先为场景中所有的模型编辑合适的材质并设置一个目标摄影机，然后使用【Omni】(泛光灯)为其创建壁灯效果。

4. 打开"本书素材/项目四/模型/候车亭. max"场景文件，如图 4.87 所示。首先为场景中所有的模型编辑合适的材质并设置一个目标摄影机，然后使用【Skylight】(天光)命令为其创建天光效果。

5. 仍然使用第三题的场景文件，使用光域网创建筒灯效果。

6. 打开"本书素材/项目四/模型/城市街道. max"场景文件,如图 4.88 所示。首先为场景中所有的模型编辑合适的材质并制作一个背景,然后为其创建 VRay 日景效果。

仍然使用这一场景文件,再为其创建一个 VRay 夜景效果。

图 4.86 圆形壁灯场景

图 4.87 候车亭场景

图 4.88 城市街道场景

项目 5 制作园林设计效果图

项目实战

园林设计效果图真实、直观、形象、生动。它是建筑效果图的一种,随着计算机技术的发展和人们要求的提高,效果图的制作方法突飞猛进,使用计算机软件制作的园林效果图更加精确、更加容易,已经成为当前效果图制作的主流方法。其绘制过程分为四步:建模、赋予材质和贴图、设置灯光和摄影机、渲染场景。

要想做好园林效果图,除掌握项目一、项目二、项目三、项目四的内容以外,还须掌握必要的行业知识和 Auto CAD、Photoshop 等相关软件,本书对这两款软件不做详细介绍,但使用已完成的 CAD 图纸导入建模,展示经 Photoshop 后期处理后的效果图。

任务 1 校园一角之长廊景观制作的操作技能

说明:在制作本任务时需导入"长廊施工图"CAD 图纸作为辅助之用,这样便可以加快制作速度和提高创建模型的准确性。导入之前需对 CAD 图纸进行整理,本任务中的 CAD 图纸已经整理完毕,直接导入即可。

子任务 1 导入 CAD 图纸

①打开"本书素材/项目五/任务 1/长廊 CAD. dwg"文件。CAD"长廊施工图",经整理、写块后,存为"立面图 1""立面图 2""平面图""铺装图""大样图""立面图 3"六个文件,如图 5.1、图 5.2、图 5.3、图 5.4、图 5.5 和图 5.6 所示。

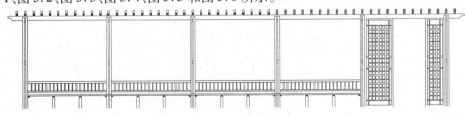

图 5.1 立面图 1

②打开 3ds Max 软件,选择【Customize】(自定义)/【Units Setup】(单位设置)命令,设置【Metric】(公制)单位和【System Unit Scale】(系统单位设置)均为【Millimeters】(mm)。

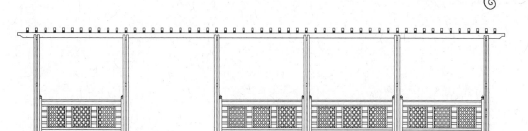

图5.2 立面图2

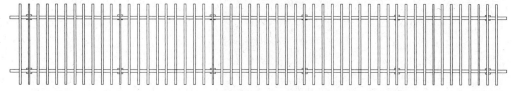

图5.3 平面图

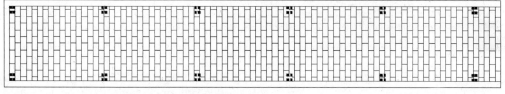

图5.4 铺装图

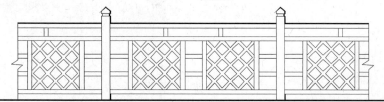

图5.5 大样图

③单击菜单栏【File】(文件)/【Import】(导入)命令，此时弹出【Select File to Import】(选择导入文件)对话框，首先选择文件类型"AutoCAD Drawing（∗.DWG，∗.DXF)"，然后找到"本书素材/项目五/任务1——校园一角之长廊景观制作/整理后的长廊CAD图纸/平面图.dwg"文件，如图5.7所示，单击【打开】按钮。

④在弹出的【AutoCAD DWG/DXF Import Options】(导入选项)中，单击【OK】(确定)按钮。

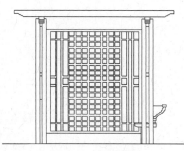

图5.6 立面图3

⑤右键单击工具栏中的 ✛ 按钮，在弹出的【Move Transform Type-In】(移动变换输入)对话框中设置参数，此操作称为"归零"处理，如图5.8所示。

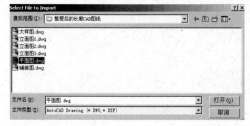

图5.7 【Select File to Import】(选择导入文件)对话框

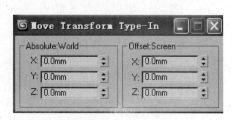

图5.8 "归零"处理

⑥使用同样的方法,将"立面图1""立面图2""立面图3""铺装图""大样图"都导入进来,如图5.9所示。然后使用【Group】(组)/【Group】(成组)命令,将六个图分别成组,并分别命名为"平面图""立面图1""立面图2""立面图3""铺装图""大样图"。

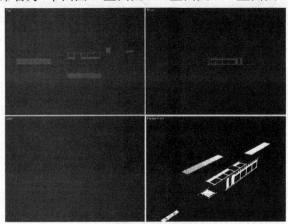

图 5.9　导入的图形

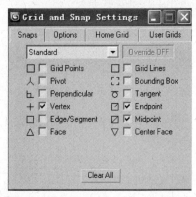

图 5.10　设置【Grid and Snap Settings】对话框

⑦按下工具栏中的 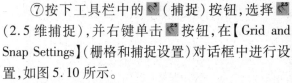（捕捉）按钮,选择 （2.5维捕捉）,并右键单击 按钮,在【Grid and Snap Settings】(栅格和捕捉设置)对话框中进行设置,如图5.10所示。

⑧使用 （旋转）命令,将各个图纸对应"平面图"放置在正确的位置,如图5.11所示,保存场景并命名为"校园一角——长廊景观.max"。

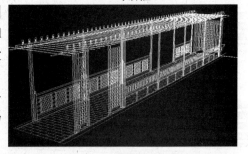

图 5.11　图形的位置

子任务2　创建场景模型

说明:为了模型创建的精确性,在进行创建模型时,经常需要在CAD图纸中查找相关数据,所以我们在建模过程中原始CAD图纸始终处于打开状态。

1)创建长廊的梁和柱子模型

①为了建模时不妨碍观察模型,除"立面图2""平面图"以外,将其他CAD图形暂时隐藏,并将"立面图2""平面图"进行"冻结"。

单击 【Splines】(图形)/【Line】(线)命令,配合 工具,在前视图中围绕横梁创建一条闭合的曲线,命名为"横梁",如图5.12图所示。

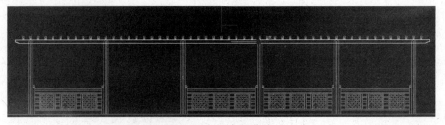

图 5.12　闭合的曲线

②进入修改面板，在【Selection】(选择)卷展栏中单击 ▦【Vertex】(顶点)按钮，选择横梁两头的部分点，单击右键，在右键菜单中选择【Bezier Corner】(贝兹尔角点)命令，并按照 CAD 图的细节进行修改，如图 5.13 所示。

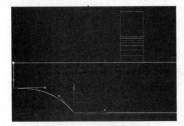

图 5.13　调整顶点

图 5.14　挤出

③在修改面板中添加【Extrude】(挤出)命令，设置挤出的【Amount】(数量)为 100，如图 5.14 所示。

④将横梁复制一个，按照"平面图"的位置将其放置在正确的位置，如图 5.15 所示。

⑤单击鼠标右键，在弹出的右键菜单中选择【Unhide by Name】(按名称显示)，将"立面图 3"显示出来，并使用同样的方法创建出长廊顶部的模型，如图 5.16 所示。

图 5.15　两个横梁的位置

图 5.16　长廊顶部

⑥单击右键，在弹出的右键菜单中选择【Unhide by Name】(按名称显示)，将"铺装图"显示出来，单击【Rectangle】(矩形)命令，在顶视图中配合 2.5 维捕捉，绘制一个矩形，命名为"柱子底轮廓"，如图 5.17 所示。

⑦将"柱子底轮廓"复制三个，在修改面板中添加【Editable Spline】(编辑曲线)修改器，单击右键，在右键菜单栏中选择【Attach】(附加)命令，将其余三个底轮廓附加进来，如图 5.18 所示。

⑧在修改面板中添加【Extrude】(挤出)修改器，设置挤出【Amount】(数量)为 3050，形成单个的柱子，如图 5.19 所示。

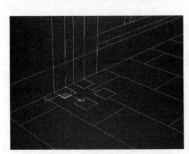

图 5.17　柱子底轮廓

图 5.18　附加 4 个矩形

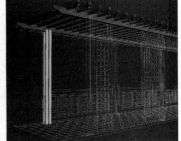

图 5.19　挤出柱子的高度

⑨使用同样的方法，绘制柱子之间的连接件，并进行复制，在修改面板中添加【Extrude】(挤出)修改器，设置挤出【Amount】(数量)为 30，如图 5.20 所示。

⑩复制一组连接件到对面,如图5.21所示。

⑪将这两组连接件进行旋转复制,并在修改面板中添加【Editable Mesh】(编辑网格)修改器,激活 ⬚【Vertex】(顶点)子物体,将其尺寸进行修改,如图5.22所示。

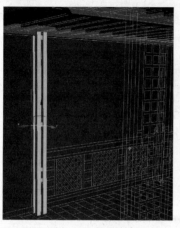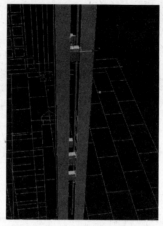

图5.20　连接件　　　　图5.21　复制连接件　　　　图5.22　调整顶点位置

⑫同时选择4组连接件及4根柱子,执行菜单中的【Group】(组)/【Group】(成组)命令,命名为"柱子",如图5.23所示。

⑬将"柱子"以【Instance】(实例)的方式复制5组,并按照"立面图2"放置在合适的位置,如图5.24所示。

⑭单击【Rectangle】(矩形)命令,配合2.5维捕捉,在前视图绘制一个矩形,作为柱子的侧面,如图5.25所示。

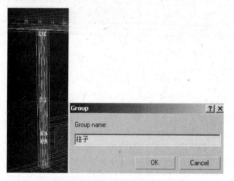

图5.23　成组　　　　　　　　图5.24　复制柱子及位置

⑮在修改面板中添加【Extrude】(挤出)命令,设置挤出【Amount】(数量)为90,结果如图5.26所示。

⑯确认柱子的侧面处于选择状态,单击鼠标右键,选择【Convert to】(转换为)/【Editable Poly】(转换为可编辑多边形)命令,激活 ■【Polygon】(多边形)层级,选择上面的多边形,单击右键,在右键菜单中单击【Inset】(插入)命令前面的 ▣图标,弹出【Inset Polygons】(插入多边形)对话框,设置参数为80,如图5.27所示。

⑰单击右键,在右键菜单中单击【Extrude】(挤出)命令前面的 ▣图标,设置【Extrusion Height】(挤出高度)为30,如图5.28所示。

⑱激活 ■【Polygon】(多边形)层级,选择上面的多边形,单击右键,在右键菜单中单击【Inset】(插入)命令前面的 ▣图标,设置参数为80,如图5.29所示。

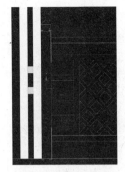

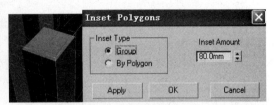

图5.25　柱子的侧面　　　　图5.26　挤出　　　　　图5.27　参数设置

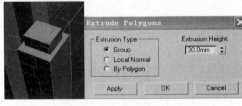

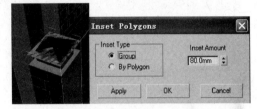

图5.28　挤出参数设置及结果　　　　　图5.29　插入参数设置及结果

⑲单击右键,在右键菜单中单击【Extrude】(挤出)命令前面的□图标,设置【Extrusion Height】(挤出高度)为30,如图5.30所示。

⑳单击右键,在右键菜单中单击【Bevel】(倒角)命令前面的□图标,设置【Height】(高度)为40,【Outline Amount】(轮廓数量)为0,如图5.31所示。

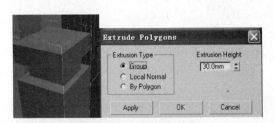

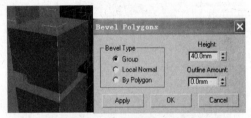

图5.30　挤出参数设置及结果　　　　　图5.31　倒角参数设置及结果

㉑单击右键,在右键菜单中单击【Outline】(轮廓)命令前面的□图标,设置【Outline Amount】(轮廓数量)为-45,如图5.32所示。

㉒将该模型复制一个,放置在合适的位置,如图5.33所示。

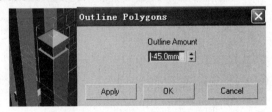

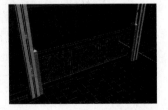

图5.32　轮廓参数设置及结果　　　　　图5.33　柱子侧面模型的位置

㉓单击🖰按钮,进入【Splines】(图形)创建面板,勾去【Start New Shape】(开始新图形),单击【Rectangle】(矩形)命令,配合2.5维捕捉工具,在前视图中绘制三个矩形,如图5.34所示。

㉔在修改面板中添加【Extrude】(挤出)命令,设置挤出【Amount】(数量)为90,如图5.35所示。

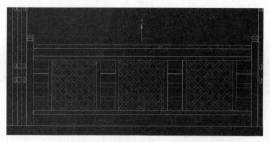
图 5.34　绘制的三个矩形

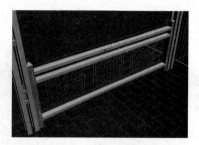
图 5.35　挤出后的造型

㉕使用同样的方法，绘制出其他部件，如图 5.36 所示。

2）创建长廊隔断模型

①使用同样的方法，绘制出一根隔断，如图 5.37 所示。

②配合 2.5 维捕捉工具，使用移动、旋转工具进行复制这根隔断，结果如图 5.38 所示。

③选择隔断花纹模型，选择【Group】（组）/【Group】（成组）命令，命名为"隔断"，在修改面板中添加【Slice】（切片）命令，把【Slice Plane】（切片平面）移动到"隔断"顶部，在【Slice Parameters】（切片参数）卷展栏中选择【Remove Top】（移除顶部）单选按钮，如图 5.39 所示。

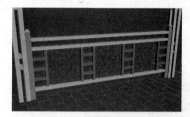
图 5.36　绘制的其他部件

图 5.37　绘制的隔断

图 5.38　移动、旋转复制后的隔断

④使用同样的方法，将左边、右边、下边多出的隔断进行移除，如图 5.40 所示。

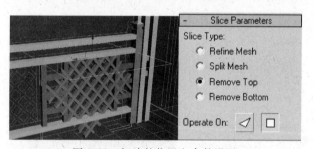
图 5.39　切片的位置和参数设置

图 5.40　隔断移除结果

⑤将该组"隔断"进行复制，如图 5.41 所示。

⑥选择创建的整个围栏模型，选择【Group】（组）/【Group】（成组）命令，命名为"围栏"，如图 5.42 所示。

图 5.41　复制隔断

图 5.42　成组

⑦将"围栏"复制3个,放置在合适的位置,如图5.43所示。

图5.43 复制围栏

⑧单击右键,在弹出的右键菜单中选择【Unhide by Name】(按名称显示),将"立面图1"显示出来,考虑观察方便,将"立面图2"及其创建的模型隐藏起来,如图5.44所示。

图5.44 隐藏图形和造型后

⑨单击 /【Line】(线)命令,配合2.5维捕捉,在前视图中围绕该隔断创建一条闭合的样条线,如图5.45所示。

⑩在修改面板中添加【Editable Spline】(编辑样条线)修改器,在【Spline】(样条线)层级中,点击【Outline】(轮廓),设置参数为60,如图5.46所示。

⑪在修改面板中添加【Extrude】(挤出)修改器,设置挤出【Amount】(数量)为70,如图5.47所示。

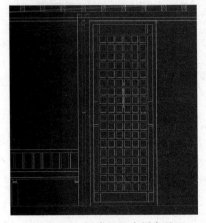
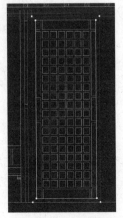

图5.45 创建的闭合样条线　　　图5.46 轮廓后　　　图5.47 挤出

⑫单击 🔘 按钮，进入【Splines】（图形）创建面板，勾去【Start New Shape】（开始新图形），单击【Rectangle】（矩形）命令，配合 2.5 维捕捉工具，在前视图绘制多个矩形，如图 5.48 所示。

⑬在修改面板中添加【Extrude】（挤出）修改器，设置挤出【Amount】（数量）为 70，如图 5.49 所示。

⑭单击 🔘 按钮，进入【Splines】（图形）创建面板，单击【Rectangle】（矩形）命令，配合 2.5 维捕捉工具，在前视图中绘制一个矩形，如图 5.50 所示。

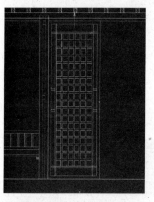
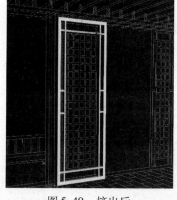
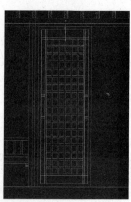

图 5.48　绘制的矩形　　　　图 5.49　挤出后　　　　图 5.50　绘制的矩形

⑮选择 ✛（移动）工具，配合 2.5 维捕捉工具进行复制，如图 5.51 所示。

⑯对其中一个矩形，添加修改器中的【Editable Spline】（编辑样条线），点击【Attach Multiple】（多重附加），在弹出的对话框中，选择所有复制的矩形进行附加，如图 5.52 所示。

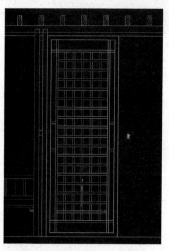
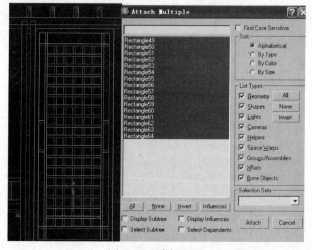

图 5.51　复制矩形　　　　　　图 5.52　附加矩形

⑰在修改面板中添加【Extrude】（挤出）修改器，设置挤出【Amount】（数量）为 70，如图 5.53 所示。

⑱使用同样的方法，创建出竖向的隔断，如图 5.54 所示。

⑲使用同样的方法，制作出另一个隔断，如图 5.55 所示。

3）创建长廊座椅和地面模型

①进入左视图，单击 🔘/【Rectangle】（矩形）命令，对照"立面图 3"，配合 2.5 维捕捉，在

左视图中围绕靠背横梁创建一个矩形,如图 5.56 所示。

图 5.53　挤出后

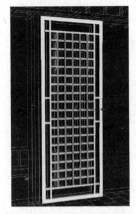

图 5.54　创建的竖向隔断

图 5.55　另一个隔断

②在修改面板中添加【Extrude】(挤出)修改器,设置挤出【Amount】(数量)为 13 050,如图 5.57 所示。

③使用同样的方法,在左视图中对照"立面图 3",绘制座椅模型,如图 5.58 所示。

图 5.56　绘制的矩形

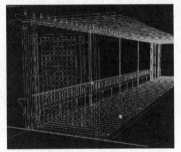

图 5.57　挤出后

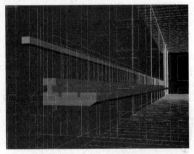

图 5.58　座椅模型

④在左视图中,单击 ✍/【Line】(线)命令,配合 2.5 维捕捉,围绕靠背绘制一条闭合的样条线,如图 5.59 所示。

⑤单击 ▦ 按钮,右键单击,在弹出的菜单中,选择【Bezier Corner】(贝兹尔角点),对照 CAD 图纸进行调节,如图 5.60 所示。

⑥在修改面板中添加【Extrude】(挤出)修改器,设置挤出【Amount】(数量)为 30,并按照图纸进行复制,结果如图 5.61 所示。

图 5.59　绘制的线

图 5.60　调整顶点的位置

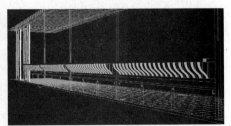

图 5.61　挤出并复制

⑦将前面创建好的"柱子"按照"立面图 1"进行复制,放置在合适的位置,如图 5.62 所示。

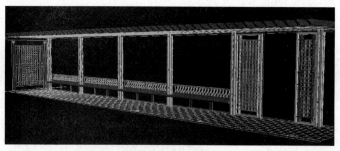

图 5.62　复制柱子　　　　　图 5.63　隔断模型

⑧使用之前制作隔断的方法,制作出"立面图 3"的隔断模型,如图 5.63 所示。

⑨只显示"铺装图",单击 ⚙/【Line】(线)命令,配合 2.5 维捕捉,在顶视图围绕铺装外沿绘制一条闭合的样条线,如图 5.64 所示。

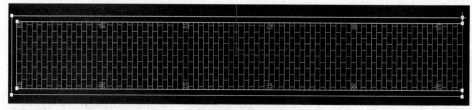

图 5.64　绘制的样条线

⑩在修改面板中添加【Extrude】(挤出)修改器,设置挤出【Amount】(数量)为 −70,如图 5.65 所示。

⑪选择该模型【Editable Spline】(编辑样条线)下面的 📏【Segment】(线段),选择内侧的三条线段,勾选【Cope】(复制),单击【Detach】(分离)命令,在弹出的【Detach】(分离)对话框中,使用默认名字,单击【OK】,如图 5.66 所示。

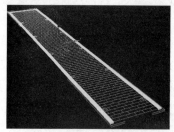
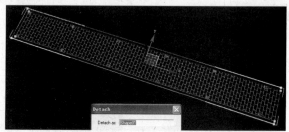

图 5.65　挤出后　　　　　　　图 5.66　复制并分离线段

⑫对分离出来的二维线,选择两个端点,单击右键,在右键菜单中选择【Connect】(连接)命令,如图 5.67 所示。点击其中一个端点,拖拽至另一个端点,如图 5.68 所示。

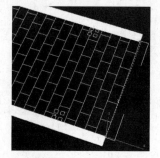

图 5.67　选择两个端点　　　　　图 5.68　拖拽端点

⑬连接两个端点后，在修改面板中添加【Extrude】（挤出）修改器，设置挤出【Amount】（数量）为 -70 mm，如图 5.69 所示。

至此，长廊的模型部分全部完成，如图 5.70 所示。

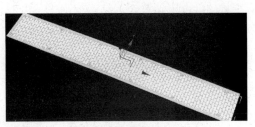

图 5.69　挤出

4）创建长廊外围环境模型

①创建一个简单的外围环境，外围环境模型效果如图 5.71 所示。

图 5.70　长廊的模型

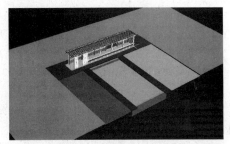

图 5.71　创建的外围模型

②在修改面板中单击 按钮，进入【Hide by Category】（按类别隐藏）面板，勾选【Shapes】（图形），视图中的 CAD 图形将全部被隐藏，如图 5.72 所示。

> 说明：为了模型以后修改方便，此处将二维线，即 CAD 图纸在显示面板中进行隐藏，不建议将其作删除处理。

③渲染透视效果图，效果如图 5.73 所示。

图 5.72　参数设置

图 5.73　长廊模型渲染效果

子任务 3　创建摄影机

①在创建面板中单击 ![]【Cameras】（摄影机）/【Target】（目标）按钮，在顶视图中创建一个目标摄影机，如图 5.74 所示。

②将透视图转换为摄影机视图，在前视图中调整摄影机和目标点的高度，设置镜头参

数,调整摄影机和目标点的位置,如图5.75所示。

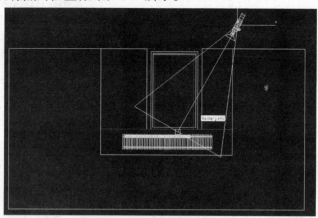

图5.74　创建的目标摄影机

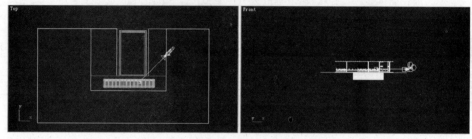

图5.75　调整摄影机和目标点的位置

③右键单击摄影机视图名称,在弹出的菜单栏中选择【Show Safe Frame】(显示安全框)命令,查看构图效果如图5.76所示。

说明:显示安全框的快捷键是【Shift + F】键,它可以准确地显示摄像机拍摄的范围,三层彩色的线框中最外层的黄色框是渲染出的画面范围。

④渲染摄影机视图,效果如图5.77所示。

图5.76　查看构图效果

图5.77　摄影机视图渲染效果

子任务4　编辑材质

1)编辑木纹材质

①单击■按钮或者按下快捷键F10,在弹出的对话框中选择【Common】(公用)选项卡,打开【Assign Renderer】(指定渲染器)卷展栏,单击■按钮,设置渲染器为【V-Ray Adv 1.5 RC5】版本。

②选择长廊模型,右键单击,在弹出的菜单栏中选择【Isolate Selection】(孤立当前选择)命令(快捷键为【Ctrl + Q】复合键)。选择一个空白材质球,命名为"木纹",选择长廊模型,单击 按钮,将该材质球赋予给它,如图5.78所示。

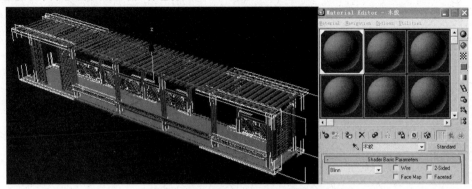

图5.78 对长廊孤立选择并赋予材质

③选择"木纹"材质球,在其【Diffuse】(漫反射颜色)通道中添加一张木纹位图,设置【Specular Level】(高光级别)和【Glossiness】(光泽度)分别为15和14,单击 按钮,显示纹理,如图5.79所示。

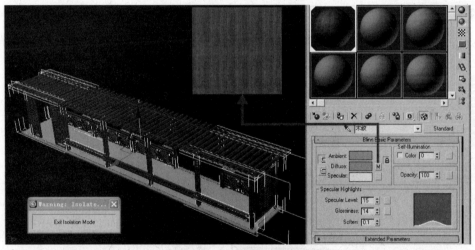

图5.79 木纹材质

说明:本任务的贴图均在"本书素材/项目五/任务1——校园一角之长廊景观制作"文件夹中,以后不再提示。

④以【Instance】(实例)的方式复制贴图至【Bump】(凹凸)通道中,设置凹凸【Amount】(数量)为30,如图5.80所示。

⑤在修改面板中添加【UVW Mapping】(UVW贴图)修改器,设置参数,如图5.81所示。

说明:为了方便在赋予材质时选择模型,同时避免赋予材质误操作,可以把材质赋予完成的模型进行隐藏。

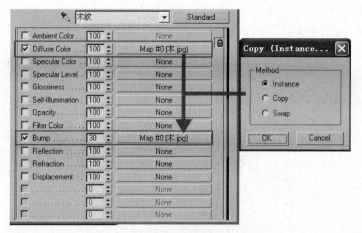

图 5.80　复制贴图

图 5.81　设置贴图坐标

2）编辑铺装材质

①选择一个空白的材质球,选择铺装模型,单击 按钮,将该材质球赋予它,如图 5.82
所示。

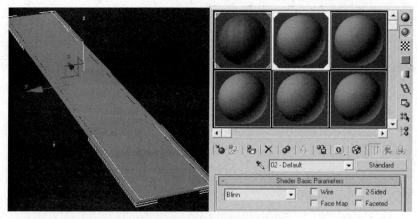

图 5.82　给铺装模型赋予材质

②单击【Standard】(标准)按钮,在弹出的【Material Editor】(材质/贴图浏览器)对话框中
选择【Multi/Sub-Object】(多维/子对象)类型,单击【OK】按钮,在弹出的【Replace Material】
(替换材质)对话框中,选择【Discard old material】(丢弃旧材质)单选按钮,单击【OK】按钮,
此时【Standard】(标准)材质会转换为【Multi/Sub-Object】(多维/子对象)材质,并命名为"铺
装"材质。

③单击【Set Number 】（设置数量）按钮，在【Set Number of Materials】（设置材质数量）提示框中设置【Number of Materials】（材质数量）为2，单击【OK】按钮，如图5.83所示。

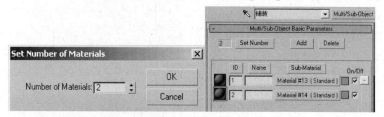

图5.83　设置材质数量

④将铺装模型进入孤立模式操作，单击右键，在右键菜单中选择【Convert to】（转换为）/【Editable Poly】（可编辑多边形）命令。

⑤选择其中一个模型，单击右键，单击【Attach】（附加）前面的■图标，在弹出的【Attach List】（附加列表）对话框中单击【All】（全部）按钮，附加模型。

⑥在修改面板中单击■按钮，勾选【Ignore Backfacing】（忽略背面）选项，选择如图5.84所示的多边形，设置ID编号为1；按【Ctrl + I】键进行反选多边形，如图5.85所示，设置ID编号为2。

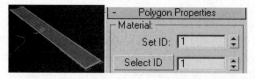
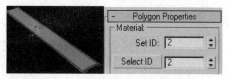

图5.84　选择多边形并设置1号ID编号　　　　图5.85　反选多边形并设置2号ID编号

⑦选择1号子材质，在【Diffuse】（漫反射颜色）通道中添加一张位图，设置【Specular Level】（高光级别）和【Glossiness】（光泽度）参数分别为13和10，单击■按钮，显示纹理，如图5.86所示，并以【Instance】）（实例）的方式复制贴图至【Bump】（凹凸）通道中，设置凹凸【Amount】（数量）为50，如图5.87所示。

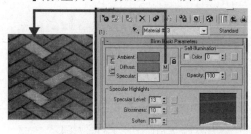
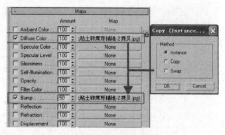

图5.86　1号材质　　　　　　　　图5.87　复制贴图

⑧使用同样的方法，设置2号材质，如图5.88、5.89所示。

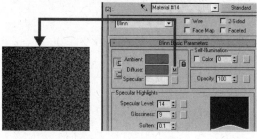
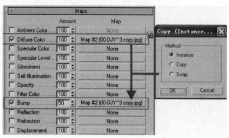

图5.88　2号材质　　　　　　　　图5.89　复制贴图

⑨选择铺装模型,在修改面板中添加【UVM Mapping】(UVW 贴图)修改器,设置参数,如图 5.90 所示,退出孤立模式,隐藏铺装模型。

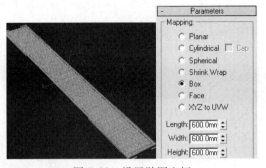

图 5.90　设置贴图坐标

3)编辑水池材质

①使用同样的方法,将水池的材质设置为【Multi/Sub-Object】(多维/子材质),并将水池边、池壁、水面的 ID 号分别设置为 1、2、3 号材质,如图 5.91 所示。

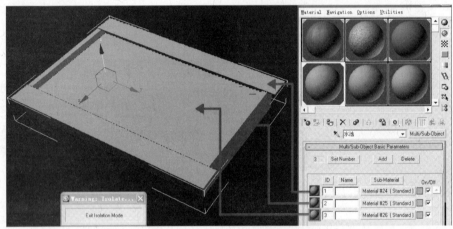

图 5.91　设置水池材质 ID 编号

②使用同样的方法,分别编辑 1、2、3 号材质,其中 3 号水材质在后期中进行调节,所以只需修改漫反射颜色,如图 5.92 所示,设置完水池材质后,将其模型进行隐藏。

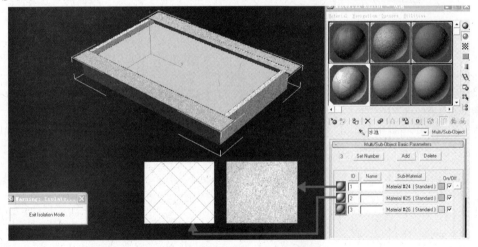

图 5.92　编辑水池 1、2、3 号材质

4)编辑草地材质

选择一个空白的材质球,选择草地模型,将该材质球赋予草地模型,设置【Diffuse】(漫反射)颜色为绿色(RGB 分别为 40、144 和 40),基本参数设置如图 5.93 所示,赋予完成后将草地模型隐藏。

5）编辑地面材质

①选择一个空白的材质球,选择地面模型,将该材质球赋予地面模型,在其【Diffuse】(漫反射颜色)通道中添加一张位图,设置【Specular Level】(高光级别)和【Glossiness】(光泽度)参数分别为 12 和 9,单击 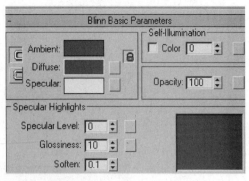 按钮,显示纹理,并以【Instance】)(实例)的方式复制贴图至【Bump】(凹凸)通道中,设置凹凸【Amount】(数量)为50,如图 5.94 所示。

②此时渲染摄像机视图,效果如图 5.95所示。

图 5.93 草地材质的参数设置

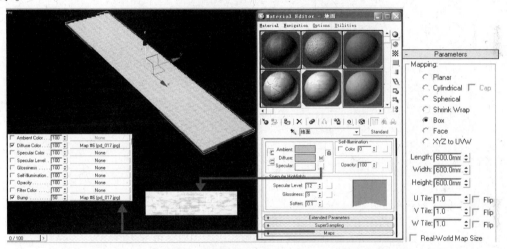

图 5.94 地面材质

子任务 5 渲染测试和灯光设置

1）渲染测试设置

①按下【F10】快捷键,打开【Render Scene】(渲染场景)对话框,选择【Render】(渲染器)选项卡,进行渲染测试设置。

②打开【V-Ray:Global switchss】(全局开关)卷展栏,取消【Default Lights】(默认灯光)、【Hidden Lights】(隐藏灯光)的勾选,勾选【Max depth】(最大深度)并设置为1,如图 5.96 所示。

③打开【V-Ray:Image sampler（Antialiasing）】(图形采样)卷展栏,设置【Image sampler】(图像采样器)的【Type】(类型)为【Fixed】(固定),勾去【On】(开)选项,如图 5.97 所示。

图 5.95 编辑材质后的渲染效果

④打开【V-Ray:Indirect illumination(GI)】(间接照明 GI)卷展栏,勾选【On】(开)前面的复选框,设置【Secondary bounces】(二次反弹)的【Multiplier】(倍增值)为 0.9,【GI engine】

（全局光引擎）为【Light cache】（灯光缓存），如图 5.98 所示。

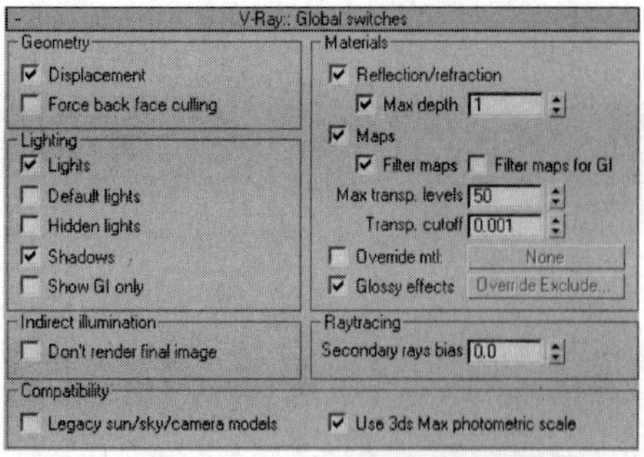

图 5.96 设置全局开关参数

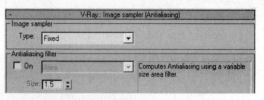

图 5.97 设置图像采样（反锯齿）参数

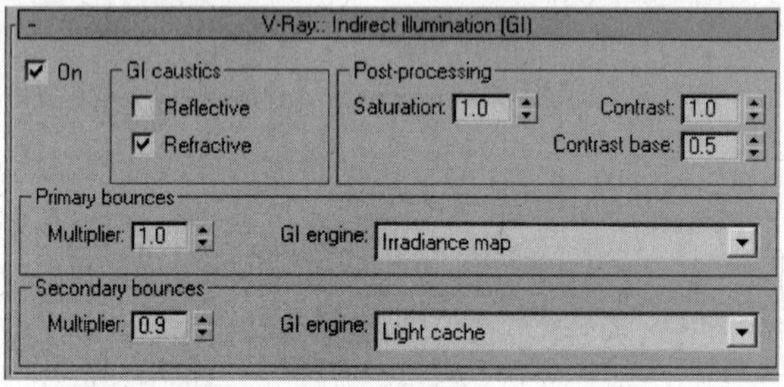

图 5.98 设置间接照明（GI）参数

⑤打开【V-Ray：Irradiance map】（发光贴图）卷展栏，设置【Current preset】（当前预置）为【Very Low】（非常低），【HSph. subdivs】（半球细分）为 20，【Interp. samples】（插补采样）为20，勾选【Show calc. phase】（显示计算状态）、【Show direct light】（显示直接光），如图 5.99所示。

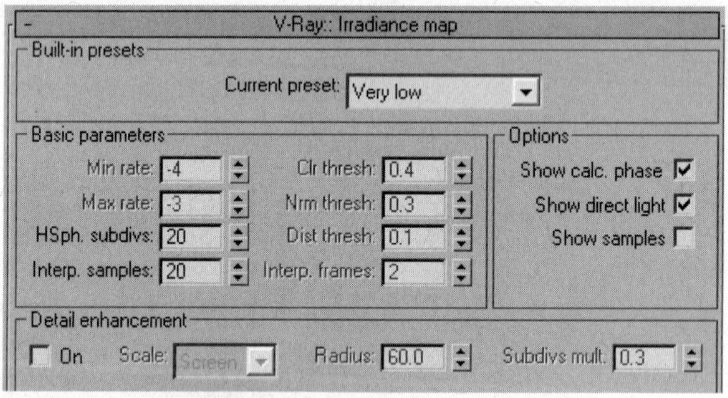

图 5.99 设置发光贴图参数

⑥打开【V-Ray：Light cache】（灯光缓存）卷展栏，设置【Subdivs】（细分）为 100，如图5.100所示。

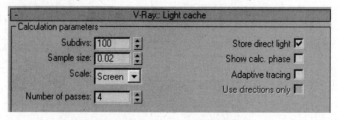

图 5.100 设置灯光缓存参数

说明:设置完渲染参数后,需为场景创建球天环境,这样可以更好地观察渲染效果。

⑦切换到顶视图,进入创建面板,在标准几何体面板中单击【Sphere】(球体)按钮,在顶视图创建一个【Radius】(半径)为 40 000 的球体。

⑧将球体转换为【Editable Poly】(可编辑多边形),在前视图中删除球体的下半部分,然后在【Vertex】(顶点)次物体下使用缩放及移动工具调整球体形状和位置,如图 5.101 所示。

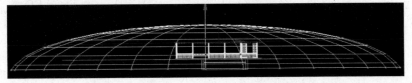

图 5.101　调整球体形状

说明:球体的大小是根据场景的模型大小确定,球体只需包含住整个场景即可。

⑨打开材质编辑器,赋予球天一个空白的材质球,在【Diffuse】(漫反射颜色)通道中添加一张天空环境的位图,并在【Self-Illumination】(自发光)中的【Color】(颜色)数值设置为 100,如图 5.102所示。

⑩在修改面板中添加【Normal】(法线)修改器,并添加【UVW Mapping】(UVW 贴图)修改器,设置贴图类型为【Cylindrical】(柱形),如图 5.103所示。

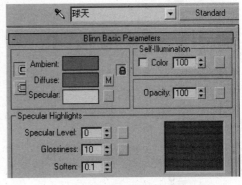

图 5.102　球天材质

⑪选择球天模型,右键单击,在右键菜单中选择【Object Properties】(对象属性)命令,在弹出的对话框中,勾去【Visble to Camera】(对摄影机可见)、【Receive Shadows】(接收阴影)、【Cast Shadows】(投射阴影)选项。

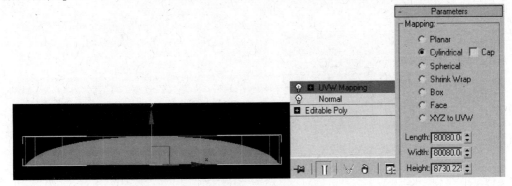

图 5.103　设置贴图坐标

⑫渲染摄影机视图,如图 5.104 所示。

2)灯光设置

①在灯光创建面板中单击【Target Directional Light】(目标平行光)按钮,在顶视图合适位置单击并拖拽鼠标,创建一盏目标平行光作为场景的主光源,调整灯光的位置,如图5.105所示。

②设置灯光参数:勾选【On】(启用)阴影选项,选择【VRayShadow】(VRay阴影);设置灯光颜色为暖色系;灯光【Multiplier】(倍增值)为0.78;【Hotspot/Beam】(聚光区/光束)为13 972,【Falloff/Field】(衰减区/区域)为41 155,如图5.106所示。

图5.104　渲染摄像机视图效果

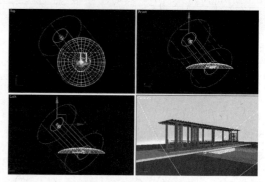

图5.105　主光源位置

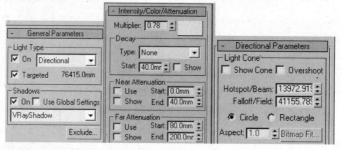

图5.106　灯光参数设置

说明:创建完成灯光后,按下【Shift+$】组合键,可以进入灯光视图,可以通过 ⊙、◎ 按钮分别调节聚光区、衰减区的大小,一般将聚光区包含场景主体建筑物,衰减区包含整个场景,不要设置的过大,否则会增加渲染时间。

③渲染摄像机视图,渲染结果如图5.107所示。

图5.107　渲染摄像机视图效果

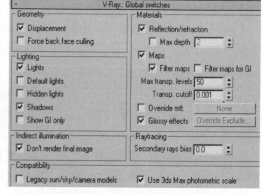

图5.108　设置全局开关参数

子任务6　渲染输出

①设置渲染光子参数:打开【V-Ray:Global switches】(全局开关)卷展栏,勾选【Don't render final image】(不渲染最终的图像)选项,勾去【Max depth】(最大深度)选项,如图5.108所示。

②打开【V-Ray：Image sampler (Antialiasing)】（图像采样）卷展栏，设置【Image sampler】（图像采样器）的【Type】（类型）为【Fixed】（固定），关闭【Antialiasing filter】（抗锯齿过滤器），如图 5.109 所示。

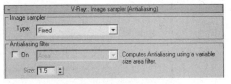

图 5.109　设置图像采集（反锯齿）参数

③打开【V-Ray：Irradiance map】（发光贴图）卷展栏，分别设置各参数，并勾选【Auto save】（自动保存）选项，单击【Browse】（浏览）按钮，设置保存光子路径，勾选【Switch to saved map】（切换到保存的贴图）选项，如图 5.110 所示。

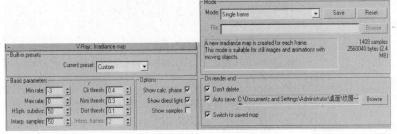

图 5.110　设置发光贴图参数

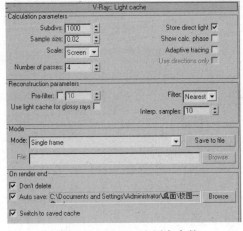

图 5.111　设置 rQMC 采样器采样器参数

④打开【V-Ray：rQMC Sampler】（rQMC 采样器）卷展栏，设置参数如图 5.111 所示。

⑤打开【V-Ray：Light cache】（灯光缓存）卷展栏，设置【Subdivs】（细分）为 1 000，并勾选【Auto save】（自动保存）选项，单击【Browse】（浏览）按钮，设置保存光子路径，勾选【Switch to saved cache】（切换到保存的缓存文件）选项，如图 5.112 所示。

⑥打开【Common】（公用）选项卡，使用系统默认的【Output Size】（输出大小）为 640×480。

> 说明：在设置发光贴图的尺寸时，按照发光贴图：成品图为 1∶4 即可，不需设置过大，否则浪费渲染时间。

⑦渲染摄像机视图，渲染效果如图 5.113 所示。

图 5.112　设置灯光缓存参数　　　　　　图 5.113　渲染摄像机视图效果

⑧光子文件渲染完毕后,在【V-Ray:Global switches】(全局开关)卷展栏中勾去【Don't render final image】(不渲染最终的图像)选项。打开【V-Ray:Image sampler(Antialiasing)】(图像采样)卷展栏中,设置参数如图5.114所示。

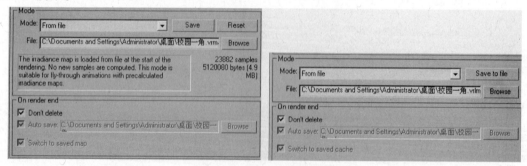

图5.114　设置图像采样(反锯齿)参数

⑨由于在渲染光子时勾选了【Switch to saved map】(切换到保存的贴图)、【Switch to saved cache】(切换到保存的缓存文件)选项,系统会在渲染光子结束后,自动调用光子,如图5.115所示。

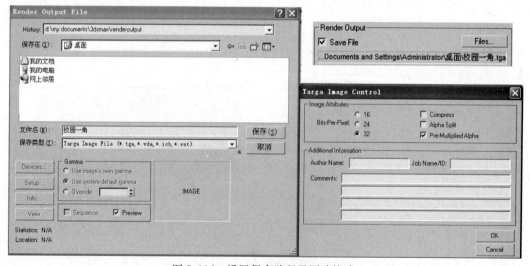

图5.115　系统自动调用光子

⑩进入【Common】(公用)选项卡,单击【Files】(文件)按钮,设置保存路径,文件命名,设置保存类型为TGA格式,单击保存按钮,在弹出的对话框去勾去【Compress】(压缩),单击确定按钮,如图5.116所示。

图5.116　设置保存路径及图片格式

⑪设置【Output Size】(输出大小)参数为 2 500 ×1 870,如图 5.117 所示。

⑫渲染摄影机视图,效果如图 5.118 所示。命名为"校园一角之长廊景观.max"。

⑬)经 Photoshop 后期制作后效果如图 5.119 所示。

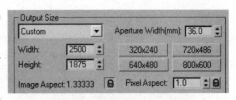

图 5.117　设置输出大小参数

图 5.118　渲染摄像机视图效果

图 5.119　校园一角之长廊景观最终效果

任务 2　步行街景观设计

子任务 1　创建场景模型

1)创建街道模型

①打开 3ds Max 软件,设置单位为 mm。

②单击 【Geometry】(几何体)/【Box】(长方体)命令,在顶视图中创建一个长方体,命名为"街道",参数设置如图 5.120 所示。

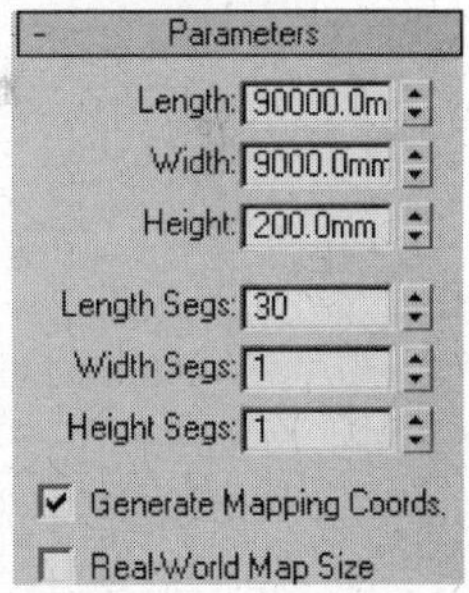

③单击【Box】(长方体)命令,在顶视图中创建一个 90 000 × 150 ×450、【Length Segs】(长度分段)为 30 的长方体,命名为"路沿", 将其复制一个,位置如图 5.121 所示。

④单击【Box】(长方体)命令,在顶视图中创建一个 90 000 × 2 000 ×300、【Length Segs】(长度分段)为 30 的长方体,命名为"侧道",将其复制一个,位置如图 5.122 所示。

图 5.120　参数设置

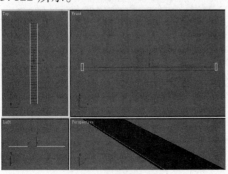

图 5.121　路沿的位置

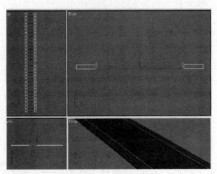

图 5.122　侧道的位置

⑤选择"路沿"将其复制两个,分别放在两侧,如图 5.123 所示。

⑥单击【Box】(长方体)命令,在顶视图中创建一个 90 000 × 12 000 × 200、【Length Segs】(长度分段)为 30 的长方体,命名为"路基",将其复制一个,位置如图 5.124 所示。

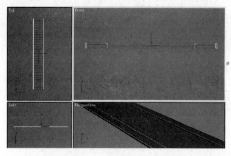 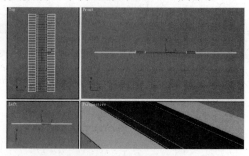

图 5.123　复制的路沿的位置　　　　　　图 5.124　路基的位置

⑦激活顶视图,选择场景中的所有物体,对其施加【Bend】(弯曲)命令,设置弯曲【Angle】(角度)为 45 度,并选择 Y 轴,参数设置及街道模型如图 5.125 所示。

2)创建树池模型

①单击【Box】(长方体)命令,在顶视图中创建一个 800 × 800 × 80 的长方体,命名为"树池"如图 5.126 所示。

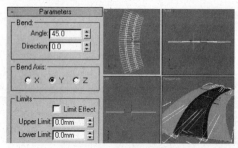 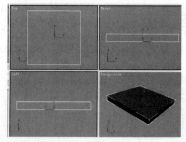

图 5.125　参数设置及结果　　　　　　图 5.126　创建的长方体

②单击创建命令面板中的　/【Rectangle】(矩形)命令,在顶视图中创建一个 800 × 800 的矩形,命名为"树池边";选择"树池边",将其转换为可编辑样条线,激活【Spline】(样条线)次物体级,在【Outline】(轮廓)按钮后的数值框中输入 -33,并按【Enter】键确认,结果如图 5.127 所示。

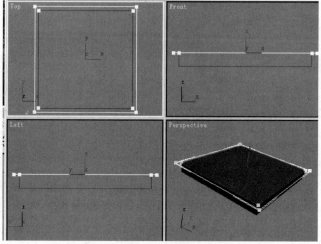

图 5.127　轮廓后

③关闭【Spline】（样条线）次物体，选择轮廓后的"树池边"，对其施加【Bevel】（倒角）命令，并设置其各项参数，如图 5.128 所示。"树池"和"树池边"的相对位置如图 5.129 所示。

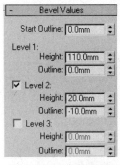

图 5.128　参数设置

图 5.129　造型的位置

④在视图中同时选择"树池"和"树池边"，将它们调整适当的角度放置到"侧道"上，然后复制 13 组，位置如图 5.130 所示。

⑤使用【VRay Proxy】（VRay 代理）创建树木。单击【Create】（创建）/【Geometry】（几何体）/【AEC Extended】（AEC 扩展）/【Foliage】（植物）/【Banyan tree】（孟加拉菩提树）命令，在顶视图创建一棵孟加拉菩提树，并根据场景对其进行缩放，确认孟加拉菩提树处于被选择状态，右击鼠标，在弹出的快捷菜单中选择【V-Ray mesh export】（V-Ray 网格导出）命令，弹出【V-Ray mesh export】（V-Ray 网格导出）对话框。

⑥在【V-Ray mesh export】（V-Ray 网格导出）对话框中为文件指定一个路径，命名为"树"，然后单击【OK】按钮，如图 5.131 所示。

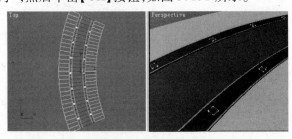

图 5.130　造型的位置

图 5.131　【V-Ray 网格导出】对话框

⑦单击命令面板中的【Create】（创建）/【Geometry】（几何体）/【VRay】/【VRay Proxy】（VR 代理）/【Browse】（浏览）按钮，在弹出的【Choose external mesh file】（选择外部网格文件）对话框中选择代理物体文件"树.vrmesh"，单击【打开】按钮。然后在顶视图中单击鼠标 14 次，即代替物体将树导入到场景中 14 棵，然后分别移入到所有的树池中，如图 5.132 所示。

子任务 2　编辑材质

1）编辑街道材质

①单击工具栏中的 ▧【Render Scene Dialog】（渲染场景对话框）按钮，设置【V-Ray Adv1.5RC5】为指定渲染器，单击【OK】按钮，关闭对话框。

②在工具栏中单击 ▦【Material Editor】（材质编辑器）按钮，打开材质编辑器，选择一个材质示例球，命名为"街道"。

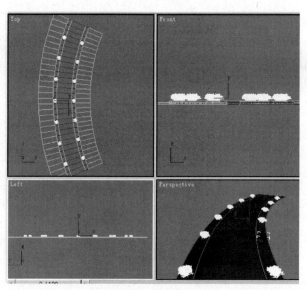

图 5.132　造型的位置

③在【Shader Basic Parameters】（明暗器基本参数）卷展栏中设置材质的明暗器为【Phong】（塑性），在【Phong Basic Parameters】（塑性基本参数）卷展栏中单击 按钮，取消锁定颜色，将材质的【Ambient】（环境光）设置为黑色（RGB 均为 0）、【Diffuse】（漫反射）和【Specular】（高光反射）均设置为白色（RGB 均为 255），并设置材质的【Specular Highlights】（反射高光）参数，如图 5.133 所示。

④单击【Diffuse】（漫射）按钮，在【Material/Map Browser】（材质/贴图浏览器）对话框中双击【Bitmap】（位图，选择"本书素材/任务 2——步行街景观设计/贴图/石材 03.jpg"文件，单击【打开】按钮。

⑤单击 按钮，返回贴图级别，将【Diffuse Color】（漫反射颜色）后的贴图类型拖动复制到【Bump】（凹凸）贴图类型，并将其数量设置为 200。

⑥在视图中选择所有的"街道"，在材质编辑器中，将材质赋予选择的造型。

⑦对所赋予的造型选择【UVWMap】（UVW 贴图）命令，并设置各项参数，如图 5.134 所示。

⑧制作街道材质后的效果如图 5.135 所示。

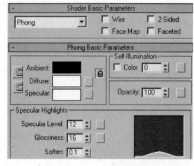

图 5.133　参数设置

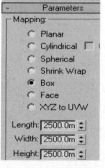

图 5.134　参数设置

图 5.135　街道材质效果

2）编辑路沿材质

①在材质编辑器中选择一个新的材质示例球，命名为"大理石"。

②在【Shader Basic Parameters】（明暗器基本参数）卷展栏中设置材质的明暗器为【Phong】（塑性），在【Phong Basic Parameters】（塑性基本参数）卷展栏中单击 按钮，取消锁定颜色，将材质的【Ambient】（环境光）设置为黑色（RGB 均为 0）、【Diffuse】（漫反射）和【Specular】（高光反射）均设置为白色（RGB 均为 255），并设置材质的【Specular Highlights】（反射高光）参数，如图 5.136 所示。

③单击【Diffuse】（漫射）按钮，在【Material/Map Browser】（材质/贴图浏览器）对话框中双击【Bitmap】（位图），选择"本书素材/任务 2——步行街景观设计/贴图/石材 02. jpg"文件，单击【打开】按钮。

④在视图中选择所有的"路沿"和"树池边"，在材质编辑器中，将材质赋予选择的造型。

⑤对所赋予的造型选择【UVWMap】（UVW 贴图）命令，并设置各项参数，如图 5.137所示。

⑥路沿材质效果如图 5.138 所示。

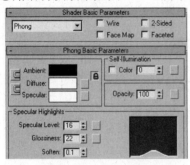  

图 5.136　参数设置　　　图 5.137　参数设置　　　图 5.138　路沿材质效果

3）编辑侧道材质

①在材质编辑器中选择一个新的材质示例球，命名为"侧道"。

②在【Shader Basic Parameters】（明暗器基本参数）卷展栏中设置材质的明暗器为【Phong】（塑性），在【Phong Basic Parameters】（塑性基本参数）卷展栏中单击 按钮，取消锁定颜色，将材质的【Ambient】（环境光）设置为黑色（RGB 均为 0）、【Diffuse】（漫反射）和【Specular】（高光反射）均设置为白色（RGB 均为 255），并设置材质的【Specular Highlights】（反射高光）参数设置如图 5.139 所示。

③单击【Diffuse】（漫射）按钮，在【Material/Map Browser】（材质/贴图浏览器）对话框中双击【Bitmap】（位图），选择"本书素材/任务 2——步行街景观设计/贴图/石材 07. jpg"文件，单击【打开】按钮。

④单击 按钮，返回贴图级别。将【Diffuse Color】（漫反射颜色）后的贴图类型拖动复制到【Bump】（凹凸）贴图类型，并将其数量设置为 100。

⑤在视图中选择所有的"侧道"，在材质编辑器中，将材质赋予选择的造型。

⑥对所赋予的造型选择【UVWMap】（UVW 贴图）命令，并设置各项参数，如图 5.140所示。

⑦侧道材质效果如图 5.141 所示。

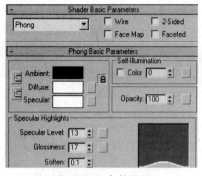

图 5.139　参数设置　　　　　图 5.140　参数设置　　　　图 5.141　侧道材质效果

4）编辑路基材质

①在材质编辑器中选择一个新的材质示例球,命名为"路基"。

②在【Shader Basic Parameters】(明暗器基本参数)卷展栏中设置材质的明暗器为【Phong】(塑性),在【Phong Basic Parameters】(塑性基本参数)卷展栏中单击 按钮,取消锁定颜色,参数默认。

③单击【Diffuse】(漫射)按钮,在【Material/Map Browser】(材质/贴图浏览器)对话框中双击【Bitmap】(位图),选择"本书素材/任务 2——步行街景观设计/贴图/石材 07.jpg"文件,单击【打开】按钮。

④在视图中选择所有的"路基",在材质编辑器中,将材质赋予选择的造型。

⑤对所赋予的造型选择【UVWMap】(UVW 贴图)命令,并设置各项参数,如图 5.142所示。

⑥制作路基材质后的效果如图 5.143 所示。

5）编辑树池材质

①在材质编辑器中选择一个新的材质示例球,命名为"树池"。

②在【Shader Basic Parameters】(明暗器基本参数)卷展栏中设置材质的明暗器为【Phong】(塑性),在【Phong Basic Parameters】(塑性基本参数)卷展栏中单击 按钮,取消锁定颜色,将材质的【Ambient】(环境光)设置为黑色(RGB 均为 0)、【Diffuse】(漫反射)设置为绿色(RGB 分别为 30、100、5)、【Specular】(高光反射)均设置白色(RGB 均为 255),并设置材质的【Specular Highlights】(反射高光)参数,如图 5.144 所示。

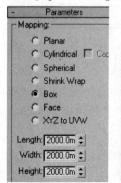

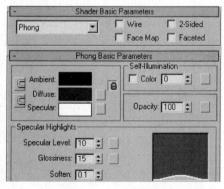

图 5.142　参数设置　　　图 5.143　路基材质效果　　　　　图 5.144　参数设置

③单击【Diffuse】(漫射)按钮,在【Material/Map Browser】(材质/贴图浏览器)对话框中

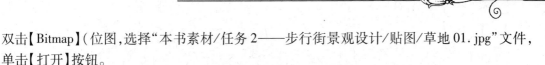

双击【Bitmap】(位图,选择"本书素材/任务2——步行街景观设计/贴图/草地01.jpg"文件,单击【打开】按钮。

④单击 按钮,返回贴图级别。将【Diffuse Color】(漫反射颜色)后的贴图类型拖动复制到【Bump】(凹凸)贴图类型,并将其数量设置为100。

⑤在视图中选择所有的"树池",在材质编辑器中,将材质赋予选择的造型。

⑥对所赋予的造型选择【UVWMap】(UVW贴图)命令,并设置各项参数,如图5.145所示。

⑦制作树池材质后的效果如图5.146所示。

图5.145　参数设置

图5.146　树池材质效果

6)编辑树木材质

①在材质编辑器中选择一个新的材质示例球,命名为"树池"。将材质类型设置为【VRay Mtl】。

②设置参数如图5.147所示。

③在视图中选择所有的"树池",将材质赋予选择的造型。制作树材质后的效果如图5.148所示。

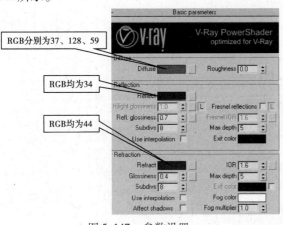

图5.147　参数设置

图5.148　树材质效果

子任务3　合并构件

①合并路灯。在菜单栏中执行【File】(文件)/【Merge】(合并)命令,从弹出的合并文件对话框中选择"本书光盘/项目五/任务2/合并线架/路灯01.max"文件,单击【打开】按钮将其打开,在弹出的合并对话框中选择【全部】,然后单击【OK】按钮,将造型合并到场景中。

②在视图中调整造型的位置,如图5.149所示。

③将路灯复制13个,分别放置到合适的位置,如图5.150所示。

图5.149　路灯的位置

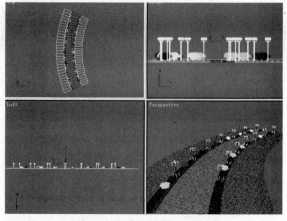

图5.150　复制后路灯的位置

④用相同的方法,将"合并线架"文件夹中的"转角楼.max""楼""广告牌""小品"等合并到场景中,并适当进行缩放、复制、旋转、移动等操作,分别放于合适的位置,如图5.151所示。

图5.151　合并所有造型的位置

子任务4　设置摄影机

①单击创建命令面板中的![]/【Target】(目标)命令,在顶视图中创建一个目标点摄影机,并在视图中调整摄影机的位置,如图5.152所示。

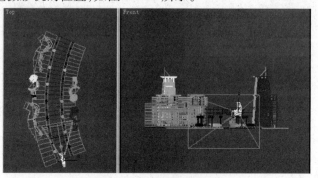

图5.152　摄影机的位置

②在修改命令面板中的【Parameters】(参数)卷展栏下,设置摄影机的【FOV】(视野)为60,激活透视图,按【C】键将透视图转换为摄影机视图,如图5.153所示。

③单击![]按钮打开显示命令面板,在【Hide by Category】(按类别隐藏)卷展栏下勾选

【Cameras】(摄影机)复选框将其隐藏,如图 5.154 所示。

图 5.153 转换为摄影机视图 图 5.154 隐藏摄影机

子任务 5 设置灯光

①在灯光创建命令面板中单击 /【VRay】/【VRaySun】(VR 阳光)按钮,在顶视图中创建一盏"VR 阳光"光源,命名为"太阳光"系统自动弹出【VRay Sun】(VR 阳光)对话框,如图 5.155 所示。单击【是】按钮关闭对话框,自动添加一张 VR 天光环境贴图。

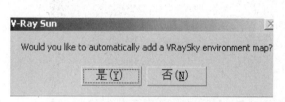

图 5.155 "VR 阳光"对话框 图 5.156 参数设置

②在【VraySun Parameters】(VR 阳光参数)卷展栏下设置其各项参数,如图 5.156 所示。

③在视图中调整"太阳光"的位置,如图 5.157 所示。

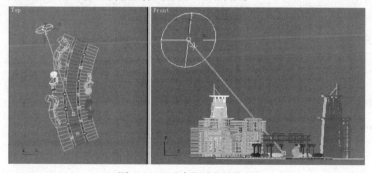

图 5.157 "太阳光"的位置

④在灯光创建命令面板中单击 /【Omni】(泛光灯)按钮,在顶视图中创建一盏泛光灯,命名为"漫反射光",在视图中调整它的位置,如图 5.158 所示。

⑤在【General Parameters】(常规参数)卷展栏下,勾选【Shadows】(阴影)下的【On】,并选择【VrayShadow】(Vray 阴影);在【Intensity、Color、Attenuation】(强度/颜色/衰减)卷展栏下设置【Multiplier】(倍增)为 0.3,颜色为淡蓝色,如图 5.159 所示。

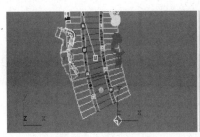

图 5.158　"漫反射光"的位置

⑥在菜单栏中执行【Rendering】（渲染）/【Environment】（环境）命令，在打开的【Environment and Effects】（环境和效果）对话框中设置背景颜色为白色，如图 5.160 所示。

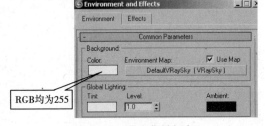

图 5.159　参数设置　　　　　　　图 5.160　设置背景颜色

⑦在工具栏中单击 【Material Editor】（材质编辑器）按钮，打开材质编辑器，将【Environment Map】（环境贴图）后的贴图类型拖动实例复制到一个新的材质示例球上。系统弹出【Instance（Copy）Map】（实例副本贴图）对话框，选择默认设置，然后单击【OK】按钮关闭对话框。

⑧在【VRaySky Parameters】（VR 阳光参数）卷展栏中勾选【manual sun node】（手动阳光节点）复选框，单击【sun node】（阳光节点）后的【None】按钮，在视图中单击"VR 阳光 01"，然后设置其参数，如图 5.161 所示。

图 5.161　参数设置

⑨单击 按钮打开显示命令面板，在【Hide by Category】（按类别隐藏）卷展栏下勾选【Lights】（灯光）复选框将其隐藏，至此，场景中的灯光设置完成。

子任务 6　渲染输出

1) 预览渲染设置

①单击工具栏中的 按钮，打开【Render Scene】（渲染场景）对话框，在【Render】（渲染器）选项卡的【V-Ray::Global switches】（V-Ray::全局开关）卷展栏下，取消选择【Default lights】（默认灯光）复选框，如图 5.162 所示。

②在【V-Ray::Indirect illumination（GI）】【V-Ray::间接照明（GI）】卷展栏下，选择【On】

（开）复选框，如图 5.163 所示。

③在【V-Ray∷Irradiance map】（V-Ray∷发光贴图）卷展栏下，将【Current preset】（当前预置）设置为【low】（低），【HSph subdivs】（模型细分）为 30，如图 5.164 所示。

④在【V-Ray∷Environment】（V-Ray∷环境）卷展栏下，选择【GI Environment（skylight）override】［全局光环境（天光）覆盖］为开，设置颜色为白色，设置【Multiplier】（倍增器）为0.8，如图 5.165 所示。

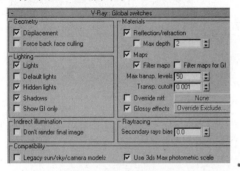

图 5.162　参数设置

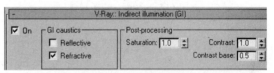

图 5.163　参数设置

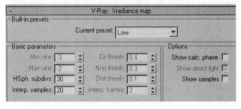

图 5.164　参数设置

图 5.165　参数设置

⑤单击【Render】（渲染）按钮，渲染开始，渲染效果图如图 5.166 所示。

2）渲染光子图

①单击工具栏中的 🖫 按钮，打开【Render Scene】（渲染场景）对话框，在【Common】（公用）选项卡中设置渲染尺寸的【Width】（宽度）为 320，【Height】（高度）为 240，如图 5.167所示。

图 5.166　渲染输出

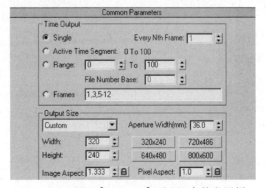

图 5.167　设置【Common】（公用）参数卷展栏

②在【Render】（渲染器）选项卡下，打开【V-Ray∷Irradiance map】（V-Ray∷发光贴图）卷展栏，勾选【On render end】（渲染后）下面的三个复选框，自动保存光子图，并且在下一次渲染时自动使用光子图，如图 5.168 所示。

③然后单击【Auto save】（自动保存）后面的【Browse】（浏览）按钮，弹出【Auto save irradi-ance map】（保存发光贴图）对话框，设置光子图的名称和保存路径。

④单击【Render】（渲染）按钮，渲染效果如图 5.169 所示。

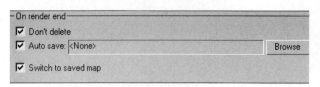

图 5.168　参数设置　　　　　　　　　　　　图 5.169　渲染输出

3）最终输出

①单击工具栏中的 按钮，打开【RenderScene】（渲染场景）对话框，在【Common】（公用）选项卡中设置渲染尺寸的【Width】（宽度）为 3 000，【Height】（高度）为 2 250，如图 5.170 所示。

②在【V-Ray∷Irradiance map】（V-Ray∷发光贴图）卷展栏下，在【Mode】（方式）栏里，单击【Browse】（浏览）按钮，将前面存储的"步行街. vrmap"文件双击打开，如图 5.171 所示。

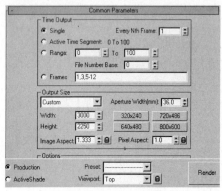

图 5.170　参数设置

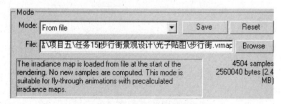

图 5.171　导入文件

③在【V-Ray∷Irradiance map】（V-Ray∷发光贴图）卷展栏下，将【Current preset】（当前预置）设置为【Medium】（中），如图 5.172 所示。

④单击【Render】（渲染）按钮，渲染开始，渲染效果如图 5.173 所示。命名为"步行街黄昏景观. max"。

图 5.172　设置发光贴图卷展

⑤在渲染效果对话框中单击 按钮，在弹出的【BrowseImages for Output】（浏览图像供输出）对话框中将文件保存为"步行街黄昏景观. tif"，并存储 Alpha 通道。

最后，经过 Photoshop 后期制作后的效果如图 5.174 所示。

图5.173　步行街黄昏景观渲染效果　　　　图5.174　步行街黄昏景观最终效果

任务3　别墅庭院景观设计的操作技能

子任务1　创建场景模型

1)创建别墅简易模型和台阶模型

①打开3ds Max软件,设置单位为mm,单击菜单【File】(文件)/【Import】(导入)命令,导入"本书素材/项目五/任务3——别墅庭院设计/CAD/简化的别墅庭院景观.dwg"文件,对导入进来的CAD文件进行成组,命名为"庭院",然后对组的位置进行归零、冻结处理,如图5.175所示。

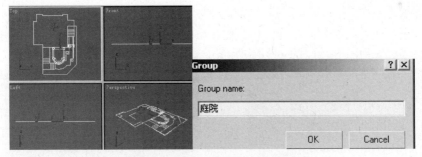

图5.175　导入并设置CAD图形

②使用【Line】(线)命令,绘制出别墅的外轮廓,添加【Extrude】(挤出)命令,设置挤出【Amount】(数量)为1 000,如图5.176所示。

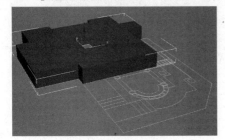

图5.176　制作出别墅

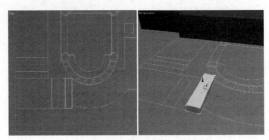

图5.177　制作一节楼梯

说明：由于本任务重点表现庭院景观，别墅主体只是作为辅助物体，所以此处仅是制作一个示意物即可。

③使用【Line】（线）命令绘制一节楼梯的外轮廓，添加【Extrude】（挤出）命令，设置挤出【Amount】（数量）为150，如图5.177所示。

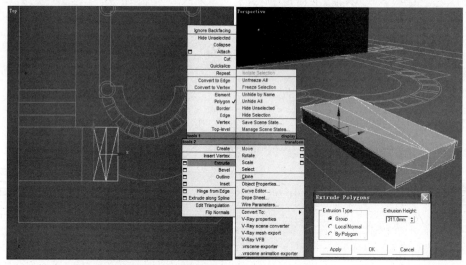

图5.178   设置出高度

④将其转换为【Editable Poly】（可编辑多边形），进入■【Polygon】（多边形）子物体级，选择西面的多边形，右键单击，在弹出的菜单栏中，单击【Extrude】（挤出）前面的□按钮，在弹出的对话框中设置挤出高度为311，如图5.178所示。

⑤选择第二块台阶的顶面，右键单击，在弹出的菜单栏中，点击挤出前面的□按钮，在弹出的对话框中设置【Extrusion Height】（挤出高度）为150，如图5.179所示。

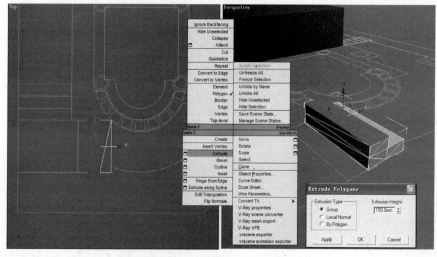

图5.179   制作第二节台阶

⑥配合【Ctrl】键加选西面两块多边形，右键单击，在弹出的菜单栏中，点击【Extrude】（挤出）前面的■按钮，在弹出的对话框中设置【Extrusion Height】（挤出高度）为311，如图5.180所示。

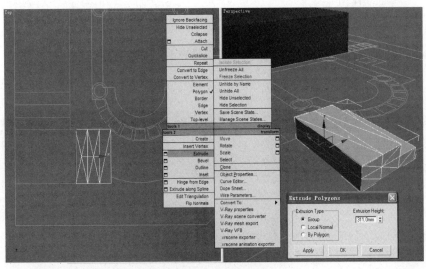

图 5.180 挤出第三节台阶

⑦使用同样的方法，制作出第三节台阶的高度，如图 5.181 所示。

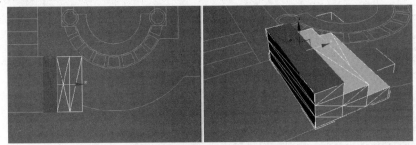

图 5.181 制作第三节台阶高度

⑧使用同样的方法制作出其余的台阶，如图 5.182 所示。

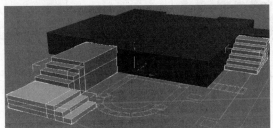

图 5.182 使用可编辑多边形命令制作台阶模型

2)创建园路模型

①使用【Line】（线）命令绘制出园路的外轮廓，发现在出现弧度时样条线出现锯齿状，如图 5.183 所示。

②选择样条线中的【Segment】（线段）层级，在修改面板中点击【Divide】（细分）命令 4 次，可以均匀的增加点，选择所有的点，右键单击，在弹出的菜单栏中转换为【Corner】（角），如图 5.184 所示。

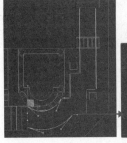
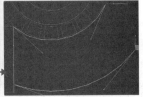

图 5.183 绘制园路外轮廓

③对样条线添加【Extrude】(挤出)命令,设置挤出【Amount】(数量)为20,如图5.185所示。

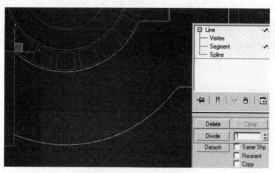 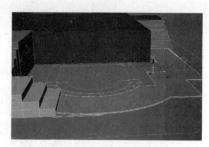

图5.184 细分线段   图5.185 添加挤出命令

④将园路转换为【Editable Poly】(可编辑多边形),选择路面,右键单击,在弹出的菜单栏中点击【Inset】(插入)命令前面的■按钮,在弹出的对话框中,设置插入量为200,如图5.186所示。

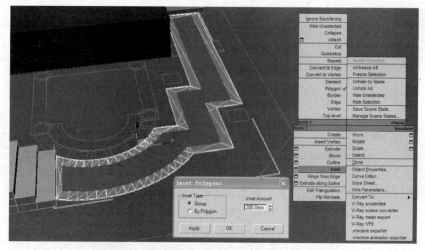

图5.186 添加插入命令

⑤选择插入之后的多边形,再次单击鼠标右键,在弹出的菜单栏中点击【Extrude】(挤出)命令前面的■按钮,在弹出的对话框中,设置【Extrusion Height】(挤出高度)为-10,园路就制作好了,如图5.187所示。

图5.187 添加挤出命令

3)创建喷水鱼池模型

①使用【Line】(线)命令,在顶视图绘制出鱼池的外轮廓,并命名为"鱼池"。在出现弧线的地方将线段细分,然后将其【Outline】(轮廓)280,如图5.188所示。

②添加【Extrude】(挤出)命令,设置挤出【Amount】(数量)为280,如图5.189所示。

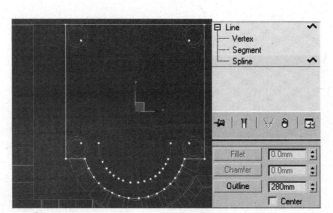

图 5.188　设置轮廓数值

③将鱼池转换为【Editable Poly】（可编辑多边形），进入 ■【Polygon】（多边形）子物体级，选择顶面，右键单击，在弹出的菜单栏中点击【Bevel】（倒角）命令前面的 ■按钮，在弹出的对话框中，设置轮廓数量为 30，如图 5.190 所示。

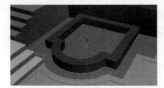

图 5.189　添加挤出命令

图 5.190　设置轮廓数量

④单击右键，在弹出的菜单栏中点击【Extrude】（挤出）命令前面的 ■按钮，在弹出的对话框中，设置【Extrusion Height】（挤出高度）为 20，如图 5.191 所示。

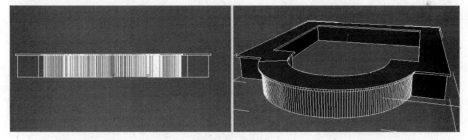

图 5.191　挤出

⑤选择鱼池模型的内侧的样条线，在修改面板中勾选【Copy】（复制），点击【Detach】（分离）命令，分离复制出一条样条线，如图 5.192 所示。

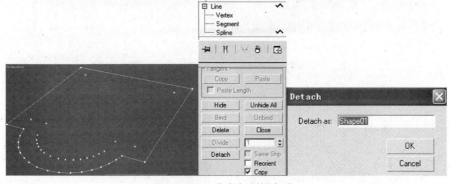

图 5.192　分离复制样条线

⑥对分离复制出来的样条线添加【Extrude】（挤出）命令,设置挤出【Amount】（数量）为-350,勾去【Cap End】（封底）,如图5.193所示。

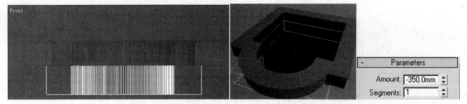

图5.193　添加挤出命令

⑦挤出后发现面出现黑色,说明面的法线反了,添加【Normal】（法线）命令进行修补,鱼池就制作好了,如图5.194所示。

4)制作花盆模型

①单击【Line】（线）命令,在前视图绘制花盆口的截面,如图5.195所示。

②对样条线添加【Lathe】（车削）命令,在修改面板中的【Direction】（方向）点击Y轴、【Align】（对齐）方式点击【Min】（最小）,激活车削命令中的

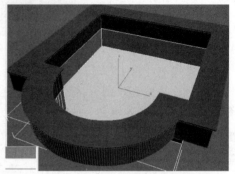

图5.194　鱼池

【Axis】（轴）,使用移动工具沿X轴进行移动,结果如图5.196所示。

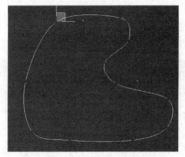

图5.195　花盆口截面

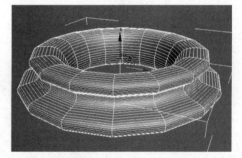

图5.196　添加车削命令

说明:该水池地面高度为300,池壁内侧高度为650,所以才会挤出两部分,红色部分为地上部分,黄色部分为地下部分。

③切换到顶视图,使用【Star】（星形）命令,绘制一个星形,参数设置及位置如图5.197所示。

④添加【Editable Spline】（编辑样条线）命令,对星形进行【Outline】（轮廓）设置,数值为8,如图5.198所示。

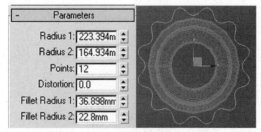

图5.197　星形的参数设置及位置

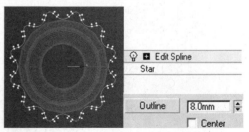

图5.198　对样条线进行轮廓设置

⑤切换到前视图,绘制一根直线,选择星形,查找创建几何体卷展栏下的复合对象,点击【Loft】(放样)命令,在该命令面板中,点击【Get Path】(拾取路径),在视图中点击拾取直线,结果如图5.199所示。

⑥在修改面板中的【Deformations】(变形)卷展栏中单击【Scale】(缩放)按钮,在弹出的缩放变形对话框中,调整缩放控制线,其中为了模型的制作,点击 按钮,进行加点,并在点的位置上右键单击,转换成光滑点,最终得到效果如图5.200所示。

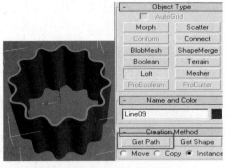

图5.199　添加放样命令

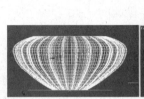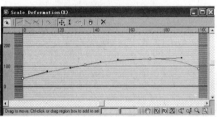

图5.200　对模型进行缩放变形

⑦切换到前视图,使用【Line】(线)命令,绘制出底座的截面,如图5.201所示。

⑧添加【Lathe】(车削)命令,点击 Y 轴,最小对齐方式,效果如图5.202所示。

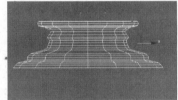

图5.201　底座截面　　　　　　　　　图5.202　添加车削命令

⑨将花盆三部分模型进行移动,相对位置如图5.203所示。然后同时选择这个部分模型进行成组,命名为"花盆"。

⑩将花盆以【Instance】(实例)的方式进行复制,放置在场景中合适的位置,如图5.204所示。

图5.203　花盆模型　　　　　　　　　图5.204　复制花盆

5)制作喷泉模型

①在顶视图中绘制一个星形并设置其参数,如图5.205所示。

②添加【Editable Spline】(编辑样条线)命令,对星形样条线执行轮廓命令,轮廓数值为50,如图5.206所示。

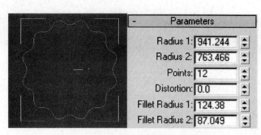

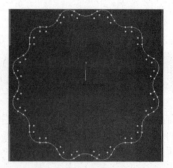

图 5.205　星形及参数设置　　　　　　图 5.206　对样条线进行轮廓设置

③添加【Extrude】(挤出)命令,设置挤出【Amount】(数量)为 500,如图 5.207 所示。

④添加【FFD4×4×4】命令,选择控制点,调整模型外形,效果如图 5.208 所示。

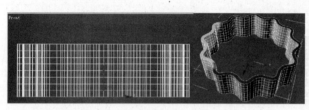

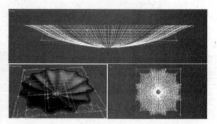

图 5.207　添加挤出命令　　　　　　　图 5.208　添加 FFD4×4×4 命令

⑤添加【Editable Poly】(可编辑多边形)命令,右键单击,在弹出的菜单栏中,点击【Bevel】(倒角)前面的■按钮,在弹出的对话框中设置轮廓数量为 30,再次右键单击,在弹出的菜单栏中,点击【Extrude】(挤出)前面的■按钮,在弹出的对话框中设置【Extrusion Height】(挤出高度)为 30,效果如图 5.209 所示。

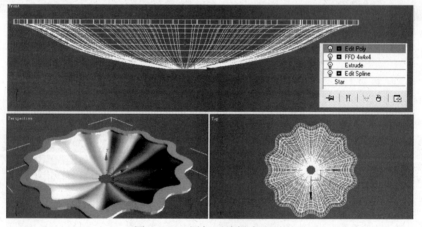

图 5.209　添加可编辑多边形

说明:该模型制作过程中没有直接将模型转换为可编辑多边形,而是添加可编辑多边形命令,是因为转换之后会将之前的命令清空,这样不利于之后修改模型,所以为了之后模型的修改,此处都是使用添加可编辑多边形命令。

⑥使用【Line】(线)命令,在顶视图绘制曲线,添加【Extrude】(挤出)命令,如图 5.210 所示。

⑦在修改面板中添加 FFD3×3×3,选择控制点进行调整模型外形,如图 5.211 所示。

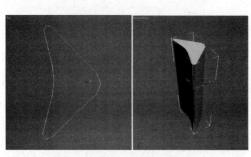

图 5.210　绘制曲线并挤出

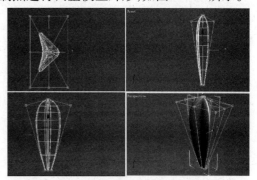

图 5.211　添加 FFD3×3×3

⑧在修改面板中添加【Bend】(弯曲)命令,设置弯曲值为 50,在前视图中调整弯曲命令下 Gizmo 的位置,如图 5.212 所示。

⑨在顶视图中对模型以【Instance】(实例)的方式进行旋转复制,如图 5.213 所示。

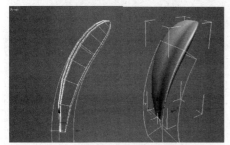

图 5.212　添加弯曲命令

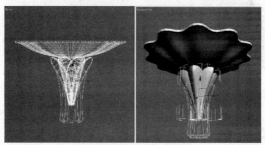

图 5.213　旋转复制模型

⑩统一添加【FFD4×4×4】修改命令,利用控制点调整模型形状,如图 5.214 所示。

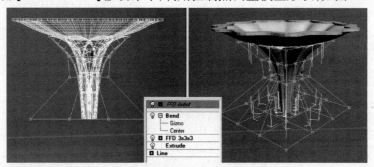

图 5.214　添加 FFD4×4×4

⑪制作喷泉水面。选择喷泉大托盘,激活【Edge】(边)层级,选中一条边,点击修改面板中的【Loop】(循环),将一圈的边同时选择,如图 5.215 所示。

⑫单击修改面板中的【Create Shape】(创建边)命令,将选择的边单独成为样条线,将其转换为【Editable Poly】(可编辑多边形),形成水面,如图 5.216 所示。

⑬将这两部分模型沿 Z 轴向上进行复制,调节控制点,制作上下层的连接件,喷泉模型制作完毕,如图 5.217 所示。

6)制作花架模型

制作如图 5.218 所示的花架模型(在上一任务中已详细讲解过类似模型的作法,在此不再分步骤制作)。

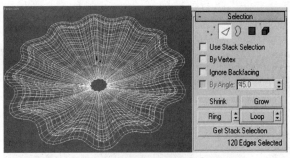

图 5.215　选择边

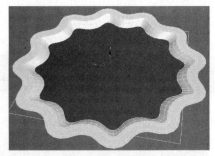

图 5.216　制作的水面

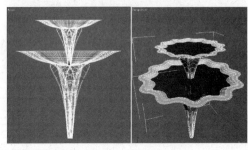

图 5.217　喷泉模型

图 5.218　制作花架

7)制作草地模型

①按照 CAD 图形绘制出草地的轮廓并挤出,如图 5.219 所示,然后将其转换为【Editable Poly】(可编辑多边形)。

②此时发现草地将鱼池底挡住了,将鱼池底部模型复制一份与草地单独孤立出来,如图 5.220 所示。

③将复制的鱼池底部模型进行修改:删除法线命令,在挤出命令修改面板中,勾选【Cap End】(封底),修改完毕后在前视图中将鱼池底部模型沿 Z 轴向上移动,贯穿草地模型,如图 5.221 所示。

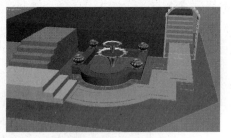

图 5.219　制作草地

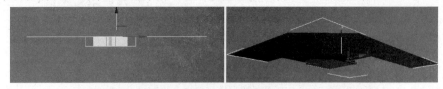

图 5.220　单独孤立模型

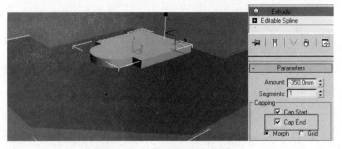

图 5.221　修改鱼池底部模型

④选择草地模型,单击 ◉/【Compound Objects】(复合物体)/【Boolean】(布尔)命令,点击【Pick Operand B】(拾取 B 物体),在视图中点击修改后的鱼池底部模型,结果如图 5.222 所示。

⑤布尔运算后发现模型中有块黑色区域,这是计算机在进行布尔运算时出的错误,在修改面板中添加【Smooth】(光滑)命令,便可修改,如图 5.223 所示。

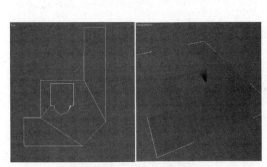
图 5.222 布尔运算后的效果

图 5.223 添加光滑命令

8)制作草地灯模型

①按照 CAD 图形绘制一个矩形,添加【Extrude】(挤出)命令,设置挤出的【Amount】(数量)为 50,将其转换为【Editable Poly】(可编辑多边形),选择顶面,右键单击,在弹出的菜单栏中点击【Inset】(插入)命令前面的 ▣ 按钮,在弹出的对话框中,设置插入量为 50,如图 5.224 所示。

图 5.224 设置插入量

②选择插入之后的多边形,再次右键单击,在弹出的菜单栏中点击【Extrude】(挤出)命令前面的 ▣ 按钮,在弹出的对话框中,设置挤出【Amount】(数量)为 −30,如图 5.225 所示。

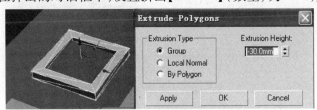
图 5.225 设置挤压数值

③绘制一圆形,添加【Extrude】(挤出)命令,设置挤出【Amount】(数量)为 50,将其转换为【Editable Poly】(可编辑多边形),选择顶面一根边,点击修改面板中的【Loop】(循环),选中顶面的边,点击修改面板中的【Chamfer】(切角),在视图中对选中的边进行【Chamfer】(切角)处理,如图 5.226 所示。

④选择顶面,右键单击,在弹出的菜单栏中点击【Inset】(插入)命令前面的 ▣ 按钮,在弹出的对话框中,设置【Inset Amotnt】(插入量)为 30,如图 5.227 所示。

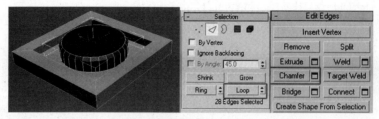

图 5.226　进行切角处理

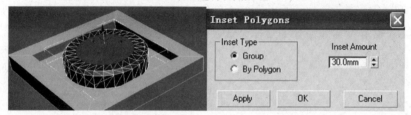

图 5.227　设置插入量

⑤选择插入之后的多边形,再次右键单击,在弹出的菜单栏中点击【Extrude】(挤出)命令前面的■按钮,在弹出的对话框中,设置挤出【Amount】(数量)为 150,如图 5.228 所示。

⑥使用相同的方法制作出草地灯的顶部模型,如图 5.229 所示。

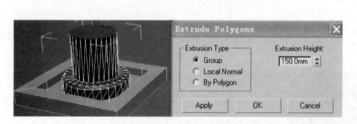

图 5.228　设置挤出数量

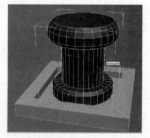

图 5.229　制作草地灯顶部模型

⑦激活【Edge】(边)层级,选择中间竖向的边,点击修改面板中的【Create Shape From Selection】(从边创建样条线),复制出一组样条线,如图 5.230 所示。

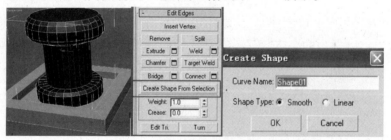

图 5.230　从边创建样条线

⑧选择复制出的样条线,适当放大,让样条线与中间的面有一定距离,如图 5.231 所示。

⑨选择样条线,在其修改面板的【Rending】(渲染)卷展栏中勾选【Enable In Renderer】(渲染时可见)、【Enable In Viewport】(视图中可见),设置【Thickness】(厚度)为 5,如图5.232 所示。

⑩将草地灯模型进行成组,并命名为"草地灯",复制到场景中的另一处,如图 5.233 所示。

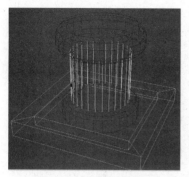

图 5.231　调整样条线

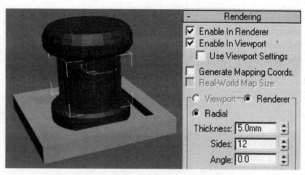

图 5.232　设置渲染选项

9) 制作墙体模型

①在顶视图中绘制出一段墙体的曲线,在修改面板中设置轮廓数值为 150,添加【Extrude】(挤出)命令,设置挤出【Amount】(数量)为 1 200,如图 5.234 所示。

图 5.233　复制草地灯

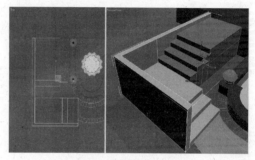

图 5.234　制作墙体

②将墙体转换为【Editable Poly】(可编辑多边形),通过点的调节,将墙体调节成如图 5.235 所示的形状。

③使用编辑多边形中的【Bevel】(倒角)、【Extrude】(挤出)命令制作出如图 5.236 所示的墙体细节。

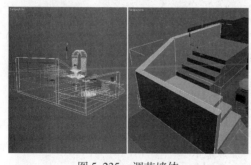

图 5.235　调节墙体

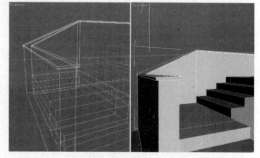

图 5.236　制作墙体细节

④使用同样方法制作出内侧墙体,如图 5.237 所示。

最后,完善场景模型:按照 CAD 图形绘制出汀步的外轮廓,添加【Extrude】(挤出)命令,设置挤出【Amount】(数量)为 20;分离复制鱼池内壁样条线,制作出水面;制作庭院围墙及园路,如图 5.238 所示。

图 5.237　制作内侧墙体

图 5.238　完善场景模型

子任务 2　编辑材质

1) 编辑台阶材质

①选择台阶模型,先将其进入孤立模式,按下 M 键,打开材质编辑器,选择一个空白材质球,将其赋予给台阶模型,并将该材质球更名为"台阶"。

②选择"台阶"材质球,在【Diffuse】(漫反射颜色)通道中添加一张石材位图,设置【Specular Level】(高光级别)和【Glossiness】(光泽度)参数分别为 23 和 16,单击 按钮,显示纹理,以【Instance】(实例)的方式复制贴图至【Bump】(凹凸)通道中,设置凹凸【Amount】(数量)为 50。

③添加【UVW Mapping】(UVW 贴图),设置贴图类型为长方体,参数设置为 1 400 × 1 400 × 1 400,如图 5.239 所示。

图 5.239　制作台阶材质

> 说明:本任务的贴图均在"本书素材/项目五/任务 3——别墅庭院设计"文件夹中,以后不再提示。

2) 编辑喷水鱼池材质

①将鱼池地上及地下两部分模型进入孤立模型,将其两部分进行结合,设置多边形的 ID 编号,如图 5.240 所示。

②选择一个空白材质球,设置为多维子材质,数量为 3。设置 1 号子材质,在漫反射通道中添加一张大理石位图,设置【Specular Level】(高光级别)和【Glossiness】(光泽度)参数分别为 38、25,在【Reflection】(反射)通道中添加一张 VaryMap,数量设置为 20,添加【UVWMap】

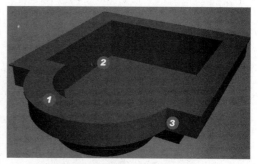

图 5.240　设置鱼池多边形 ID 编号

(UVW 贴图)命令,设置参数为 500×500×500,如图 5.241 所示。

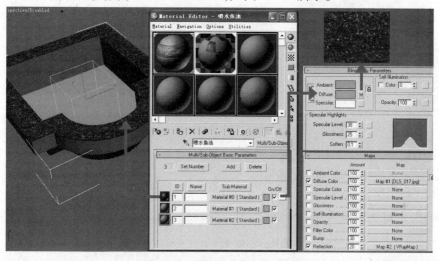

图 5.241　设置 1 号 ID 子材质

③设置 2 号子材质,在漫反射通道中添加一张石材位图,设置【Specular Level】(高光级别)和【Glossiness】(光泽度)参数分别为 15、27,以【Instance】(实例)的方式复制到凹凸材质通道,数量设置为 30,如图 5.242 所示。

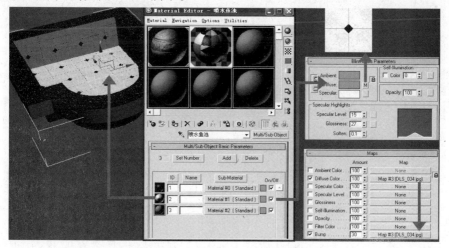

图 5.242　设置 2 号 ID 子材质

④设置 3 号子材质,在漫反射通道中添加一张石材位图,设置【Specular Level】(高光级别)和【Glossiness】(光泽度)参数分别为 20、19,以【Instance】(实例)的方式复制到凹凸材质通道,数量设置为 50,如图 5.243 所示。

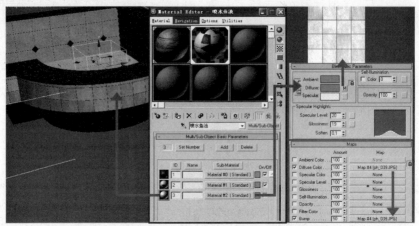

图 5.243   设置 2 号 ID 子材质

3)编辑水体材质

①选择水体模型,将其进入孤立模式。

②按下 M 键,打开材质编辑器,选择一个空白材质球,将其赋予给水体模型,并将该材质球更名为"水体"。

③选择"水体"材质球,设置【Diffuse】(漫反射颜色)为浅蓝色,设置其【Specular Level】(高光级别)和【Glossiness】(光泽度)参数分别为 61、36。在凹凸贴图通道中添加【Noise】(噪波)贴图,设置噪波参数中【Size】(尺寸)为 180,凹凸的数量为 40,在反射通道中添加VaryMap,设置数量为 30,如图 5.244 所示。

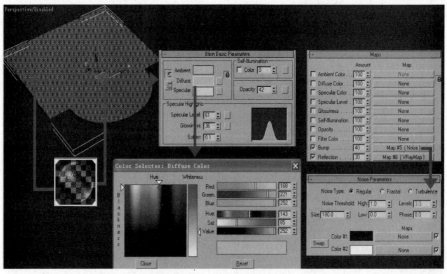

图 5.244   制作水体材质

4)编辑喷泉材质

①将喷泉模型进入孤立模型,将其两个托盘进行结合,设置多边形的 ID 编号,如图5.245所示。

图 5.245　设置托盘多边形 ID 编号

②选择一个空白的材质球,设置为多维子材质,数量为 2。

③)设置 1 号子材质,在漫反射通道中添加一张石材位图,设置【Specular Level】(高光级别)和【Glossiness】(光泽度)参数分别为 40、36,在【Reflection】(反射)通道中添加一张 Vary-Map,数量设置为 15,添加 UVW 贴图命令,设置参数为 5 000 × 5 000 × 5 000,如图 5.246 所示。

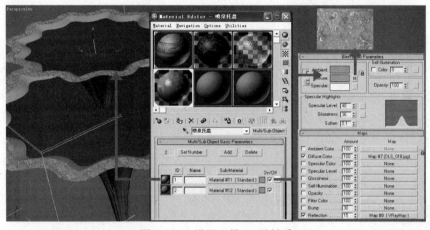

图 5.246　设置 1 号 ID 子材质

④设置 2 号子材质,在漫反射通道中添加一张石材位图,设置【Specular Level】(高光级别)和【Glossiness】(光泽度)参数分别为 21、32,在【Reflection】(反射)通道中添加一张 VaryMap,数量设置为 5,如图 5.247 所示。

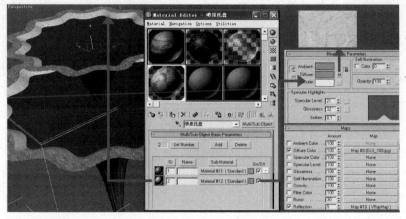

图 5.247　设置 2 号 ID 子材质

⑤选择托盘柱子模型,找到一个空白材质球,将其赋予给托盘柱模型,并将该材质球更名为“托盘柱”,选择“托盘柱”材质球,在【Diffuse】(漫反射颜色)通道中添加一张石材位图,设置【Specular Level】(高光级别)和【Glossiness】(光泽度)参数分别为 19、20,以【Instance】(实例)的方式复制到凹凸材质通道,数量设置为 30,添加 UVW 贴图命令,设置参数为 100 × 100 × 100。同时将之前调试好的“水体”材质赋予给托盘中的水体模型,如图 5.248 所示。

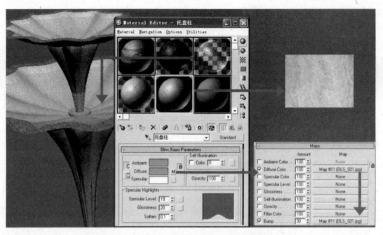

图 5.248　制作托盘柱子材质

5）编辑陶土花盆材质

①选择陶土花盆模型,先将其进入孤立模式,按下 M 键,打开材质编辑器,找到一个空白材质球,将其赋予给花盆模型,并将该材质球更名为"花盆"。

②选择"花盆"材质球,在其【Diffuse】(漫反射颜色)通道中添加一张位图,设置【Specular Level】(高光级别)和【Glossiness】(光泽度)参数分别为 10 和 9,单击 按钮,显示纹理,以【Instance】(实例)的方式复制贴图至【Bump】(凹凸)通道中,设置凹凸【Amount】(数量)为 50,添加【UVW Mapping】(UVW 贴图),设置贴图类型为长方体,参数设置为 500×500×500,如图 5.249 所示。

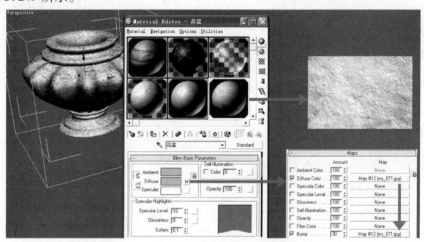

图 5.249　制作陶土花盆材质

6）编辑花架材质

①选择花架模型,先将其进入孤立模式,按下 M 键,调出材质编辑器,找到一个空白材质球,将其赋予给花架模型,并将该材质球更名为"木纹"。

②选择"木纹"材质球,在其【Diffuse】(漫反射颜色)通道中添加一张木纹位图,设置【Specular Level】(高光级别)和【Glossiness】(光泽度)参数分别为 16 和 20,单击 按钮,显示纹理,以【Instance】(实例)的方式复制贴图至【Bump】(凹凸)通道中,设置凹凸【Amount】(数量)为 50,添加【UVW Mapping】(UVW 贴图),设置贴图类型为长方体,参数设置为 100×

100×100,如图 5.250 所示。

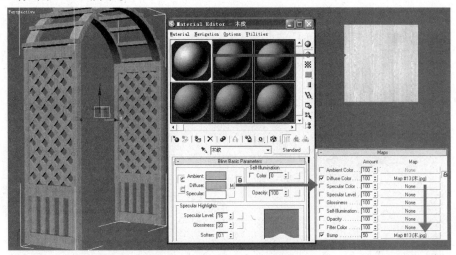

图 5.250　制作花架材质

7)编辑草地灯材质

①将草地灯模型进入孤立模型,首先设置灯体模型多边形的 ID 编号,如图 5.251 所示。

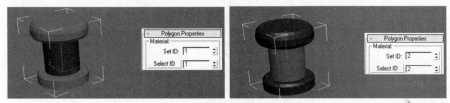

图 5.251　设置灯体多边形 ID 编号

②选择一个空白的材质球,设置为多维子材质,数量为 2。

③设置 1 号子材质,在漫反射通道中添加一张石材位图,设置【Specular Level】(高光级别)和【Glossiness】(光泽度)参数分别为 12、8,单击 按钮,显示纹理,以【Instance】(实例)的方式复制贴图至【Bump】(凹凸)通道中,设置凹凸【Amount】(数量)为 30,添加【UVW Mapping】(UVW 贴图),设置贴图类型为长方体,参数设置为 $200 \times 200 \times 200$,如图 5.252 所示。

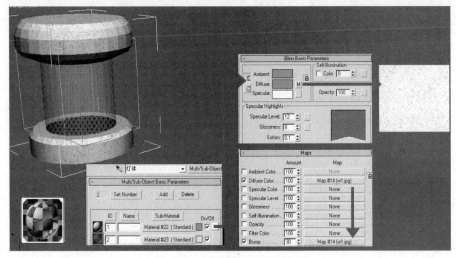

图 5.252　设置 1 号 ID 子材质

④设置2号子材质,设置漫反射通道的颜色,【Opacity】(不透明度)的数值为45,如图5.253所示。

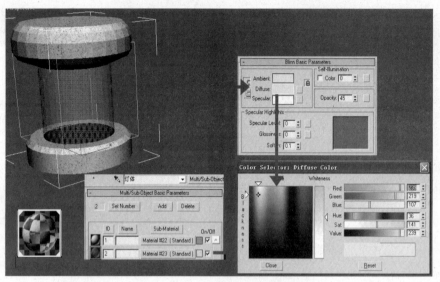

图5.253　设置2号ID子材质

⑤制作草地灯其余模型材质:装饰柱材质设置漫反射通道的颜色为深灰色即可;底座使用之前调节好的"花盆"材质即可,结果如图5.254所示。

8)编辑园路等地面材质

①将园路模型进入孤立模型,首先设置园路模型多边形的ID编号,如图5.255所示。

图5.254　草地灯材质

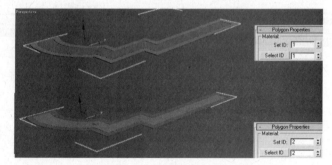

图5.255　设置园路多边形ID编号

②选择一个空白的材质球,设置为多维子材质,数量为2。

③设置1号子材质,在漫反射通道中添加一张铺地位图,设置【Specular Level】(高光级别)和【Glossiness】(光泽度)参数分别为11、18,单击⬚按钮,显示纹理,以【Instance】(实例)的方式复制贴图至【Bump】(凹凸)通道中,设置凹凸【Amount】(数量)为50,添加【UVW Mapping】(UVW贴图),设置贴图类型为长方体,参数设置为500×500×500,如图5.256所示。

④设置2号子材质,在漫反射通道中添加一张铺地位图,设置【Specular Level】(高光级别)和【Glossiness】(光泽度)参数分别为10、19,单击⬚按钮,显示纹理,以【Instance】(实例)的方式复制贴图至【Bump】(凹凸)通道中,设置凹凸【Amount】(数量)为50,如图5.257所示。

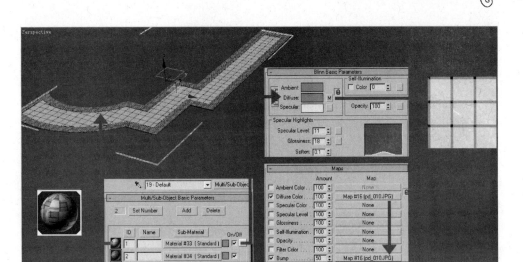

图 5.256　设置 1 号 ID 子材质

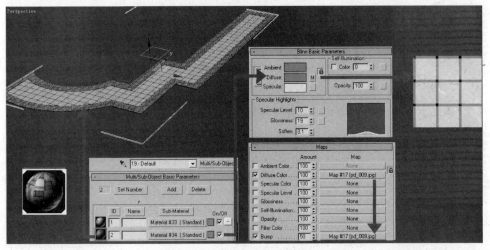

图 5.257　设置 2 号 ID 子材质

⑤使用同样的方法,制作鹅卵石铺地,在其材质的【Diffuse】(漫反射颜色)通道中添加一张鹅卵石位图,设置【Specular Level】(高光级别)和【Glossiness】(光泽度)参数分别为 18、17,单击 ![icon] 按钮,显示纹理,以【Instance】(实例)的方式复制贴图至【Bump】(凹凸)通道中,设置凹凸【Amount】(数量)为 60,添加【UVW Mapping】(UVW 贴图),设置贴图类型为长方体,参数设置为 300×300×300,如图 5.258 所示。

⑥剩下的汀步使用之前制作的"花盆"材质即可,添加【UVW Mapping】(UVW 贴图),设置贴图类型为长方体,参数设置为 100×100×100,结果如图 5.259 所示。

9) 编辑铁艺门材质

①选择门模型,先将其进入孤立模式,按下 M 键,打开材质编辑器,找到一个空白材质球,将其赋予给台阶模型,并将该材质球更名为"铁艺"。

②选择"铁艺"材质球,先将之前的【Blinn】(胶性)材质属性转换为【Metal】(金属)材质属性,设置【Diffuse】(漫反射)颜色接近黑色,设置【Specular Level】(高光级别)和【Glossiness】(光泽度)参数分别为 132、86,在反射材质通道中添加 VaryMap,数量为 100,如图 5.260 所示。

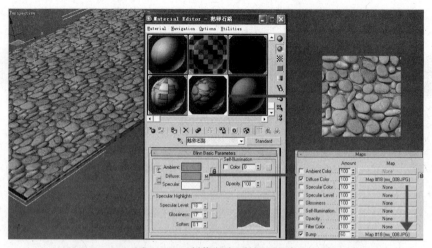

图 5.258　制作鹅卵石铺地材质

图 5.259　汀步材质

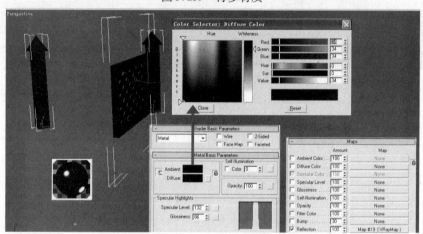

图 5.260　制作铁艺门材质

10) 编辑墙体材质

①将墙体模型进入孤立模型,首先设置墙体模型多边形的 ID 编号,如图 5.261 所示。

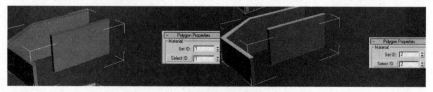

图 5.261　设置墙体多边形 ID 编号

②选择一个空白的材质球,设置为多维子材质,数量为 2。

③设置1号子材质,在漫反射通道中添加一张位图,设置【Specular Level】(高光级别)和【Glossiness】(光泽度)参数分别为11、22,单击█按钮,显示纹理,以【Instance】(实例)的方式复制贴图至【Bump】(凹凸)通道中,设置凹凸【Amount】(数量)为30,添加【UVW Mapping】(UVW 贴图),设置贴图类型为长方体,参数设置为500×500×500,如图5.262 所示。

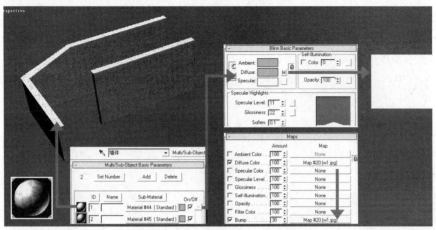

图5.262　设置1号 ID 子材质

④设置2号子材质,在漫反射通道中添加一张位图,设置【Specular Level】(高光级别)和【Glossiness】(光泽度)参数分别为12、10,单击█按钮,显示纹理,以【Instance】(实例)的方式复制贴图至【Bump】(凹凸)通道中,设置凹凸【Amount】(数量)为30,如图5.263所示。

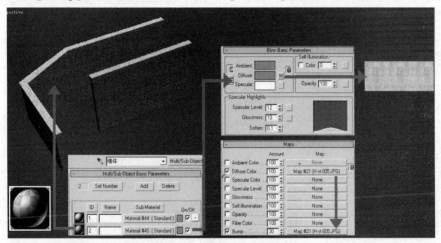

图5.263　设置2号 ID 子材质

⑤使用同样的方法制作出庭院围墙材质,如图5.264 所示。

图5.264　围墙材质

11)编辑草地材质

①选择一个空白材质球,将其赋予给草地模型,并将该材质球更名为"草地"。

②选择"草地"材质球,在其【Diffuse】(漫反射颜色)通道中添加一张草地位图,设置【Specular Level】(高光级别)和【Glossiness】(光泽度)参数分别为14、18,单击 ![按钮],显示纹理,以【Instance】(实例)的方式复制贴图至【Bump】(凹凸)通道中,设置凹凸【Amount】(数量)为50,添加【UVW Mapping】(UVW 贴图),设置贴图类型为平面,参数设置为 1 000 × 1 000 ×1 000,如图5.265所示。

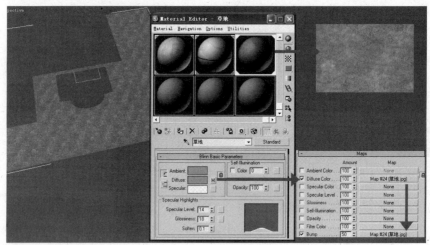

图5.265　制作草地材质

最后为别墅简易模型编辑材质,别墅在本任务中不是重点表现对象,所以材质编辑时只需调整漫反射的颜色即可。

子任务3　创建摄影机

①在创建面板中单击 ![按钮]【Cameras】(摄影机)/【Target】(目标)按钮,在顶视图中创建一个目标摄影机,如图5.266所示。

②按【C】键,将透视图转换为摄影机视图,在前视图中调整摄像机和目标点的高度,设置镜头参数,调整摄像机和目标点的位置,如图5.267所示。

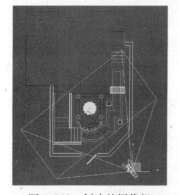

图5.266　创建的摄像机

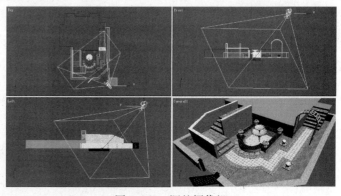

图5.267　调整摄像机

③显示出安全框,然后渲染摄影机视图,结果如图5.268所示。

子任务4 渲染测试和灯光设置

1）渲染测试

①按下【F10】快捷键,打开【Render Scene】(渲染场景)对话框,选择【Render】(渲染器)选项卡,进行渲染测试设置。

②打开【V-Ray：Global switchss】(全局开关)卷展栏,取消【Default Lights】(默认灯光)、【Hidden Lights】(隐藏灯光)的勾选,勾选【Max depth】(最大深度)为1,如图5.269所示。

③打开【V-Ray：Image sampler（Antialiasing）】(图形采样)卷展栏,设置【Image sampler】(图像采样器)的【Type】(类型)为【Fixed】(固定),勾去【On】(开)选项,如图5.270所示。

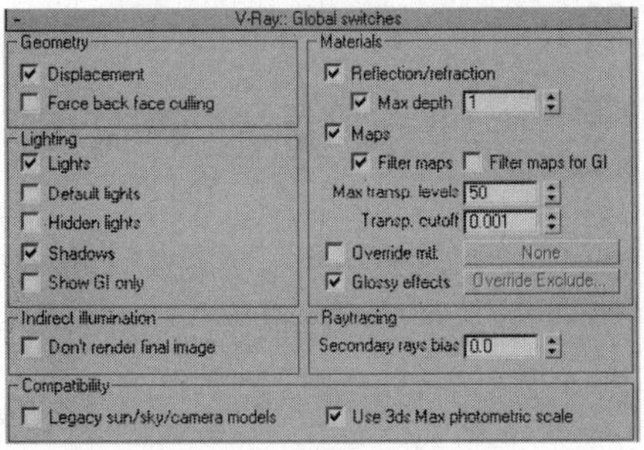

图5.268 渲染摄像机视图效果

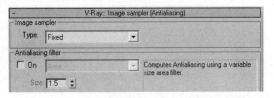

图5.269 设置全局开关参数　　图5.270 设置图像采样(反锯齿)参数

④打开【V-Ray：Indirect illumination(GI)】(间接照明 GI)卷展栏,勾选【On】(开)前面的复选框,设置【Secondary bounces】(二次反弹)的【Multiplier】(倍增值)为0.9,【GI engine】(全局光引擎)为【Light cache】(灯光缓存),如图5.271所示。

⑤打开【V-Ray：Irradiance map】(发光贴图)卷展栏,设置【Current preset】(当前预置)为【Very Low】(非常低),【HSph. subdivs】(半球细分)为20,【Interp. samples】(插补采样)为20,勾选【Show calc. phase】(显示计算状态)、【Show direct light】(显示直接光),如图5.272所示。

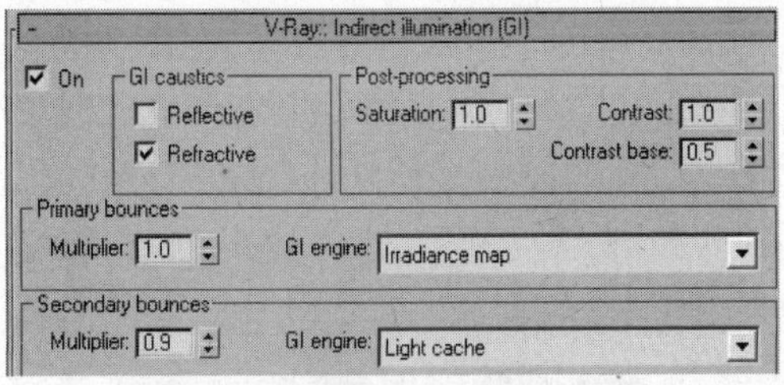

图5.271 设置间接照明(GI)参数 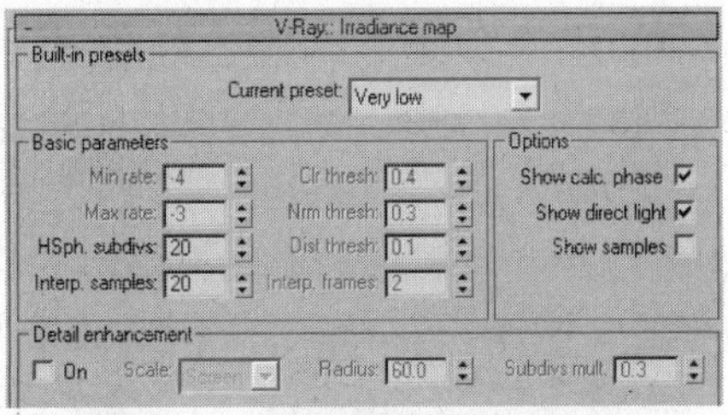　　图5.272 设置发光贴图参数

⑥打开【V-Ray：Light cache】(灯光缓存)卷展栏,设置【Subdivs】(细分)为100,如图5.273所示。

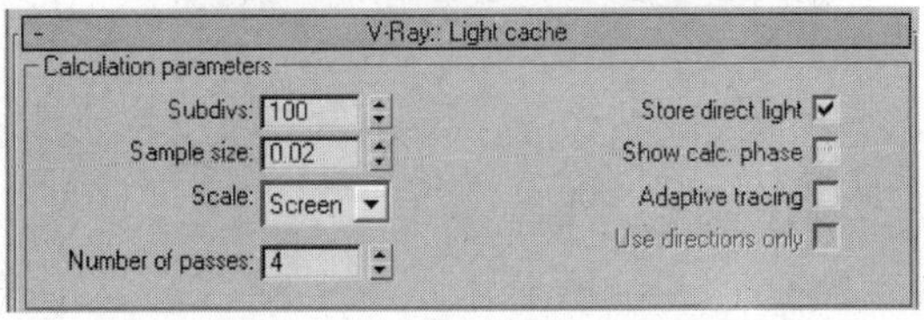

⑦切换到顶视图,进入创建面板,在几何体面板中单击【Sphere】(球体)按钮,在顶

图5.273 设置灯光缓存参数

视图中创建一个【Radius】(半径)为 8 800 的球体,将球体转换为可编辑多边形,在前视图中删除球体的下半部分,使用缩放及移动工具调整球体形状,如图 5.274 所示。

图 5.274　制作球天模型

⑧打开材质编辑器,赋予球天一个空白的材质球,在【Diffuse】(漫反射颜色)通道中添加一张天空环境的位图,并在【Self-Illumination】(自发光)中的【Color】(颜色)设置为 100,并在修改面板中添加【Normal】(法线)修改器,并添加 UVW 贴图修改器,设置贴图类型为柱形,如图 5.275 所示。

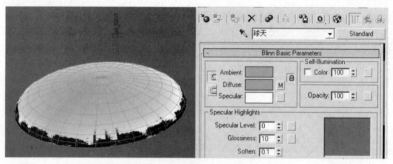

图 5.275　制作球天材质

⑨选择球天模型,右键单击,在右键菜单中选择【Object Properties】(对象属性)命令,在弹出的对话框中,勾去【Visble to Camera】(对摄像机可见)、【Receive Shadows】(接收阴影)、【Cast Shadows】(投射阴影)。

⑩渲染摄影机视图,如图 5.276 所示。

2)灯光设置

①在灯光创建面板中单击【Target Directional Light】(目标点平行光)按钮,在顶视图合适位置单击并拖拽鼠标,创建一盏目标平行光作为场景的主光源,并调整灯光的位置。设置灯光参数依次为:勾选【On】(启用)阴影选项,并选择【VRayShadow】(VRay 阴影);设置灯光颜色为暖色系;灯光【Multiplier】(倍增值)为 8.5;设置【Hotspot/Beam】(聚光区/光束)为 8 000.,【Falloff/Field】(衰减区/区域)为 9 000.0,如图 5.277 所示。

图 5.276　摄像机视图渲染效果

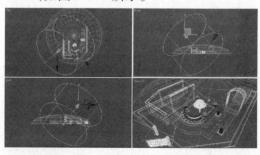

图 5.277　主光源位置及灯光参数

②渲染摄影机视图,渲染结果如图5.278所示。

图 5.278 渲染摄像机视图效果

子任务 5 渲染输出

①设置渲染光子参数:打开【V-Ray:Global switches】(全局开关)卷展栏,勾选【Don't render final image】(不渲染最终的图像)选项,勾去【Max depth】(最大深度)选项,如图5.279所示。

②打开【V-Ray:Image sampler(Antialiasing)】(图像采样)卷展栏,设置【Image sampler】(图像采样器)的【Type】(类型)为【Fixed】(固定),关闭【Antialiasing filter】(抗锯齿过滤器),如图5.280所示。

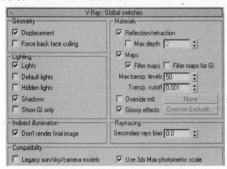

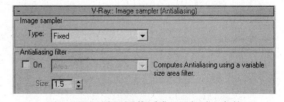

图 5.279 设置全局开关参数 　　图 5.280 设置图像采集(反锯齿)参数

③打开【V-Ray:Irradiance map】(发光贴图)卷展栏,分别设置各参数,并勾选【Auto save】(自动保存)选项,单击【Browse】(浏览)按钮,设置保存光子路径,勾选【Switch to saved map】(切换到保存的贴图)选项,如图5.281所示。

④打开【V-Ray:rQMC Sampler】(rQMC采样器)卷展栏,设置参数如图5.282所示。

⑤打开【V-Ray:Light cache】(灯光缓存)卷展栏,设置【Subdivs】(细分)为1 000,并勾选【Auto save】(自动保存)选项,单击【Browse】(浏览)按钮,设置保存光子路径,勾选【Switch to saved cache】(切换到保存的缓存文件)选项,如图5.283所示。

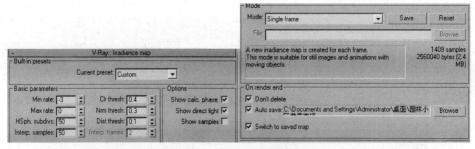

图 5.281　设置发光贴图参数

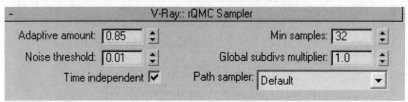

图 5.282　设置 rQMC 采样器采样器参数

⑥打开【Common】(公用)选项卡,使用系统默认的【Output Size】(输出大小)为 640×480。

> 说明:在设置发光贴图的尺寸时,按照"发光贴图:成品图"为"1:4"即可,不需设置太大,浪费渲染时间。

⑦渲染摄像机视图,渲染效果如图 5.284 所示。

⑧光子文件渲染完毕后,在【V-Ray: Global switches】(全局开关)卷展栏中勾去【Don't render final image】(不渲染最终的图像)选项。打开【V-Ray: Image sampler (Antialiasing)】(图像采样)卷展栏中,设置参数如图 5.285 所示。

⑨由于在渲染光子时勾选了【Switch to saved map】(切换到保存的贴图)、【Switch to saved cache】(切换到保存的缓存文件)选项,系统会在渲染光子结束后,自动调用光子,如图 5.286 所示。

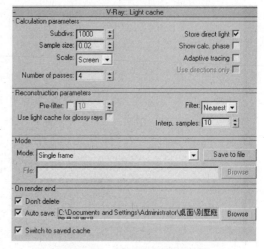

图 5.283　设置灯光缓存参数

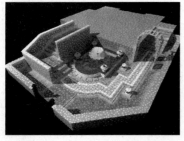

图 5.284　渲染摄像机视图效果

图 5.285　设置图像采样(反锯齿)参数

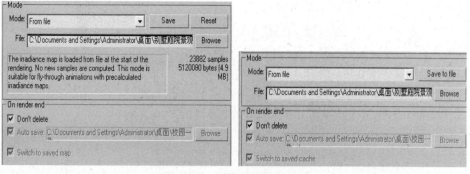

图5.286　系统自动调用光子

⑩进入【Common】(公用)选项卡,单击【Files】(文件)按钮,设置保存路径,文件命名,设置保存类型为 TGA 格式,单击保存按钮,在弹出的对话框去勾去【Compress】(压缩),单击确定按钮,如图5.287所示。

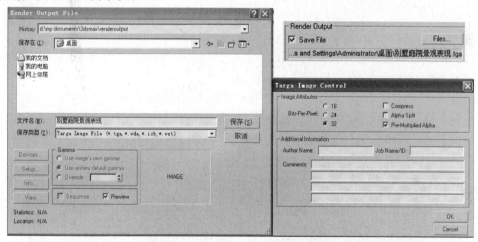

图5.287　设置保存路径及图片格式

⑪设置【Output Size】(输出大小)参数为 2 500 × 1 875,如图5.288所示。

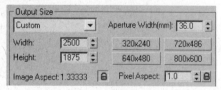

图5.288　设置输出大小参数

⑫渲染摄像机视图,效果如图5.289所示。命名为"别墅庭院景观.max"存盘。

⑬经过 Photoshop 后期制作后效果如图5.290所示。

图5.289　渲染摄像机视图效果

图5.290　最终效果

任务4　表现古典园林效果的操作技能

子任务1　创建场景模型

1)创建水榭平台模型

①打开 3ds Max 软件,设置单位为毫米。

②在顶视图绘制一个 22 000 × 45 000 的参考矩形。

③在参考矩形内用【Line】(线)命令绘制一条闭合的曲线,命名为"台基",如图 5.291 所示。

④删除参考矩形,选择"台基",对其实施【Extrude】(挤出)命令,设置挤出【Amount】(数量)为 300。

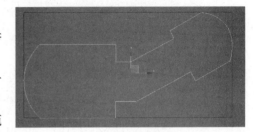

图 5.291　绘制的曲线

⑤单击创建命令面板中的 ⚙/【Cylinder】(圆柱体)按钮,在顶视图中创建一个【Radius】(半径)为 300,【Height】(高度)2 100 的圆柱体,命名为"基柱"。

⑥将"基柱"复制 16 个,并调整它们在视图中的位置,如图 5.292 所示。

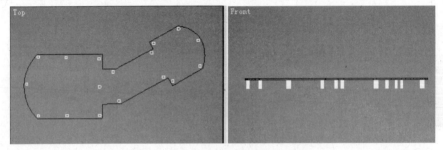

图 5.292　基柱复制后的位置

⑦单击创建命令面板中的 ⚙/【Cylinder】(圆柱体)按钮,在顶视图中创建一个【Radius】(半径)为 200,【Height】(高度)1 005 的圆柱体,命名为"台柱"。

⑧将"台柱"复制 9 个,并调整它们在视图中的位置,如图 5.293 所示。

⑨单击创建命令面板中的 ⚙/【Line】(线)命令,在顶视图中绘制一条封闭的曲线,命名为"栏",如图 5.294 所示。

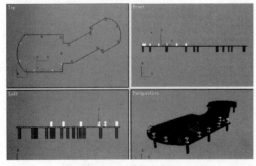

图 5.293　台柱复制后的位置

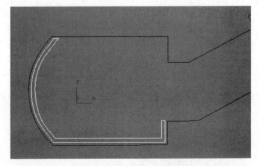

图 5.294　绘制曲线

⑩对绘制的曲线施加【Extrude】(挤出)命令,设置挤出【Amount】(数量)为 50,并在视图

中调整挤出后造型的位置,如图 5.295 所示。

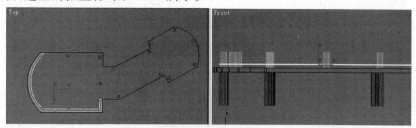

图 5.295 挤出后造型的位置

⑪在前视图中选择"栏"并锁定变换轴的 Y 轴,此时被选择的轴向呈黄色显示,然后向上移动复制一个,并在视图中调整复制后造型的位置,如图 5.296 所示。

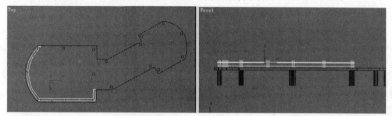

图 5.296 复制后造型的位置

⑫单击创建命令面板中的 ⚪/【Cylinder】(圆柱体)按钮,在顶视图中创建一个【Radius】半径为 150,【Height】(高度)690 的圆柱体,命名为"短柱"。

⑬将"短柱"复制 69 个,调整它们在视图中的位置,如图 5.297 所示。

2)创建柱子模型

①单击创建命令面板中的 ⚪/【Rectangle】(矩形)命令,在前视图中绘制一个 140×110 的参考矩形。然后使用【Line】(线)参考这个矩形绘制一条开放的曲线,命名为"柱础",如图 5.298 所示。

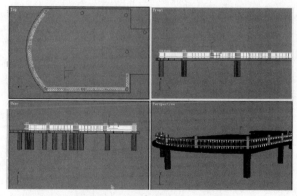

图 5.297 短柱复制后的位置

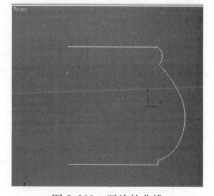

图 5.298 开放的曲线

②删除参考矩形,选择"柱础",对其施加【Lathe】(车削)命令,在【Parameters】(参数)卷展栏下选择【Weld Core】(焊接内核)复选框,【Segments】(分段)为 16,单击方向轴为 Y 轴,【Align】(对齐)为【Min】(最小),如图 5.299 所示。

③车削后的造型如图 5.300 所示。

④单击创建命令面板中的 ⚪/【Cylinder】(圆柱体)按钮,在顶视图中创建一个【Radius】(半径)为 100,【Height】(高度)34 500 的圆柱体,命名为"柱子",位置如图 5.301 所示。

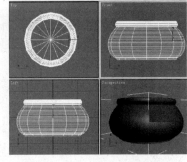

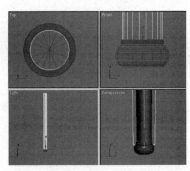

图5.299　参数设置　　　图5.300　车削后的造型　　　图5.301　柱子和柱础的相对位置

⑤单击创建命令面板中的 ⚙/【Rectangle】(矩形)命令,在顶视图中绘制一个 8 600 × 11 900 的参考矩形,用于确定柱子的位置,参考矩形的位置如图 5.302 所示。

⑥在视图中同时选择"柱础"和"柱子",将它们复制 19 组,在视图中调整复制后造型的位置,如图 5.303 所示。然后删除参考矩形。

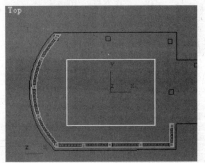

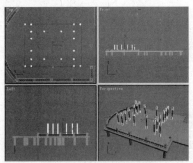

图5.302　参考矩形的位置　　　　　　　图5.303　造型的位置

3)创建门窗模型

①在顶视图中创建一个 6 300 × 8 500 的矩形,命名为"门槛"。将矩形转换为可编辑样条线,激活【Spline】(样条线)级别,在修改命令面板的【Geometry】(几何体)卷展栏中的【Outline】(轮廓)按钮后的数值框中输入100,并按【Enter】键确认,轮廓后的图形如图 5.304 所示。

②选择轮廓后的图形,在修改器下拉列表中选择【Bevel】(倒角)命令,设置参数及结果如图 5.305 所示。

③在视图中调整倒"门槛"的位置,如图 5.306 所示。

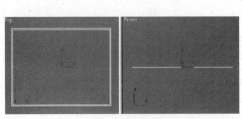

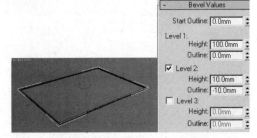

图5.304　轮廓后的图形　　　　　　　图5.305　倒角参数设置及结果

④单击创建命令面板中的 /【Line】(线)命令,在前视图中沿两根柱子之间绘制一条开放的曲线,命名为"门框",如图 5.307 所示。

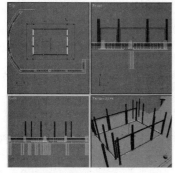

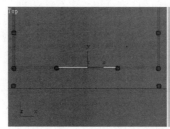

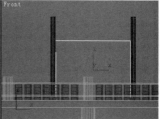

图 5.306　门槛的位置　　　　　　　　　　　图 5.307　开放的曲线

⑤在修改器堆栈中激活【Spline】(样条线)次物体级,在修改命令面板的【Geometry】(几何体)卷展栏中的【Outline】(轮廓)按钮后的数值框中输入-100,并按【Enter】键确认轮廓图形。

⑥对轮廓后的"门框"施加【Extrude】(挤出)命令,设置挤出【Amount】(数量)为 100,并在视图中调整挤出后造型的位置,如图 5.308 所示。

⑦在前视图中再绘制一条开放的曲线,命名为"门框 01",如图 5.309 所示。

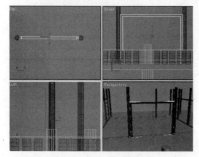

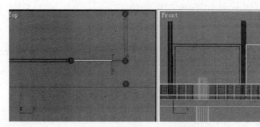

图 5.308　门框的位置　　　　　　　　　　　图 5.309　开放的曲线

⑧在修改器堆栈中激活【Spline】(样条线)次物体级,在修改命令面板的【Geometry】(几何体)卷展栏中的【Outline】(轮廓)按钮后的数值框中输入-100,并按【Enter】键确认轮廓图形。

⑨在顶视图中选择创建的"门框 01",施加【Extrude】(挤出)命令,设置挤出【Amount】(数量)为 100,将其沿 X 轴向左移动复制一个,并在视图中调整复制后造型的位置,如图 5.310 所示。

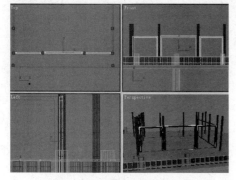

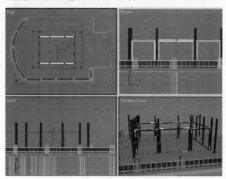

图 5.310　复制后造型的位置　　　　　　　　图 5.311　复制后造型的位置

⑩在顶视图中同时选择所有的门框,将它们沿 Y 轴向上移动复制一组,并在视图中调整

复制后造型的位置,如图 5.311 所示。

⑪利用前面所介绍的方法,创建两侧的门框,如图 5.312 所示。

⑫单击创建命令面板中的 ⑥/【Rectangle】(矩形)命令,在前视图中创建 6 个矩形,尺寸分别是:2 400×520、500×450、500×450、150×450、600×450 和 200×450,位置如图5.313所示。

⑬在视图选择大矩形,将其转换为可编辑样条线,在修改器堆栈中激活【Spline】(样条线)次物体级,在【Geometry】(几何体)卷展栏下单击【Attach】(附加)按钮,在视图中依次单击拾取其他矩形,将它们附加到一起,命名为"门"。

⑭在视图中选择"门",在修改器下拉列表中选择【Bevel】(倒角)命令,设置其参数如图5.314 所示。

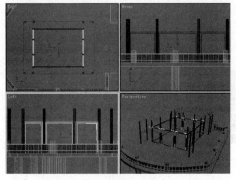

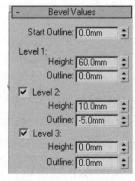

图 5.312　两侧门框的位置　　　　图 5.313　矩形的位置　　　图 5.314　参数设置

⑮单击创建命令面板中的 ⑥/【Rectangle】(矩形)命令,在前视图中依照"门"的尺寸再创建 3 个矩形。在视图中选择任意一个矩形,将这 3 个矩形附加到一起,命名为"门板"。然后在修改器下拉列表中选择【Bevel】(倒角)命令,设置其参数如图 5.315 所示。

⑯在视图中调整"门板"的位置,如图 5.316 所示。

⑰单击创建命令面板中的 ◎/【Box】(长方体)按钮,在前视图中创建一个 1 050×450×20 的长方体,命名为"玻璃",位置如图 5.317 所示。

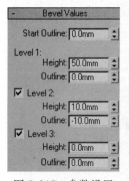
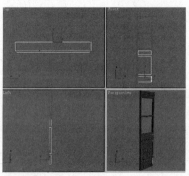
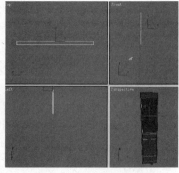

图 5.315　参数设置　　　图 5.316　门板的位置　　　图 5.317　玻璃的位置

⑱在视图中同时选择"门""门板"和"玻璃",调整它们的位置,如图 5.318 所示。

⑲确认所选造型仍处于选择状态,将其在视图中复制 55 组,并在视图中调整它们的位置,如图 5.319 所示。

⑳在前视图中创建两个矩形,尺寸分别是 370×8 200 和 308×8 150,单击【Align】(对齐)命令使两个矩形中心,如图 5.320 所示。

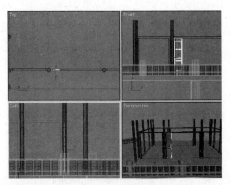

图 5.318　造型的位置

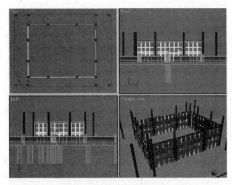

图 5.319　复制后造型的位置

图 5.320　两个矩形在前视图中的相对位置

㉑将两个矩形附加到一起,命名为"格框"。然后在修改器下拉列表中选择【Extrude】(挤出)命令,设置挤出的数量为 50。

㉒在前视图中再创建两个矩形,尺寸分别为 308×40 和 95×30,将它们各复制一个,在视图中调整它们的大概位置,如图 5.321 所示。

㉓单击创建命令面板中的 /【Donut】(圆环)命令,在前视图中创建一个【Radius1】(半径 1)为 77,【Radius2】(半径 2)为 55 的圆环,位置如图 5.322 所示。

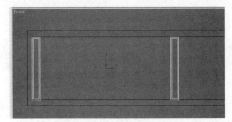

图 5.321　图形的位置

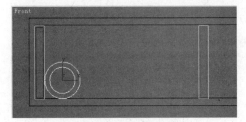

图 5.322　圆环的位置

㉔在前视图中将圆环复制 5 个,并且将右侧的两个矩形根据圆环的位置摆放到准确的位置上,如图 5.323 所示。

㉕在前视图中同时选择如图 5.324 所示的图形(图中的 6 个圆环),将它们沿 x 轴向右移动复制 15 组。

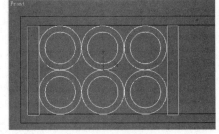

图 5.323　造型的位置

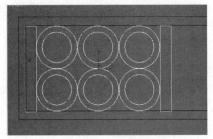

图 5.324　选择的图形

㉖在视图中调整复制后图形的位置,如图 5.325 所示。

图 5.325　复制后图形的位置

㉗在前视图中选择任意一个图形,将其转换为可编辑样条线,将所有矩形和圆环附加到一起,命名为"格"。

㉘在视图中选择"格",在修改器下拉列表中选择【Extrude】(挤出)命令,并设置挤出数量为50。在视图中调整"格框"和"格"的位置。

在视图中同时选择"格"和"格框",将其沿 Y 轴向上移动复制一组,并在视图中调整复制后造型的位置,如图 5.326 所示。

4)创建檐枋模型

①在顶视图中创建一个 6 300×8 500 的矩形,命名为"檐枋"。将矩形转换为可编辑样条线,激活修改器堆栈中的【Spline】(样条线)次物体级,在修改命令面板的【Geometry】(几何体)卷展栏中的【Outline】(轮廓)按钮后的数值框中输入 100,并按【Enter】键确认。

②选择轮廓后的"檐枋",对其施加【Extrude】(挤出)命令,设置挤出的数量为 400,并在视图中调整挤出后造型的位置,如图 5.327 所示。

图 5.326　复制后格和格框的位置

图 5.327　檐枋的位置

③在顶视图中再创建一个 8 440×11 760 的矩形,命名为"外檐枋"。将矩形转换为可编辑样条线,激活修改器堆栈中的【Spline】(样条线)次物体级,在修改命令面板的【Geometry】(几何体)卷展栏中的【Outline】(轮廓)按钮后的数值框中输入 100,并按【Enter】键确认。

④选择轮廓后的"外檐枋",对其施加【Extrude】(挤出)命令,设置挤出的数量为 400,并在视图中调整挤出后造型的位置,如图 5.328 所示。

5)创建屋梁模型

①单击创建命令面板中的 ◉/【Box】(长方体)按钮,在顶视图中创建一个 8 585×200×200 长方体,命名为"外梁",位置如图 5.329 所示。

②在顶视图中选择"外梁",将其沿 X 轴向右移动复制一个,并在视图中调整复制后造型的位置,如图 5.330 所示。

③在顶视图中再创建一个 6 500×200×200 的长方体,命名为"七架梁",在视图中调整它的位置,如图 5.331 所示。

图 5.328　外檐枋的位置

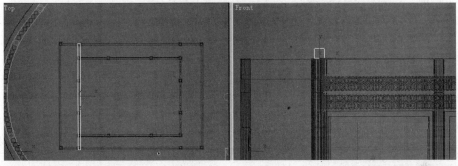

图 5.329　外梁的位置

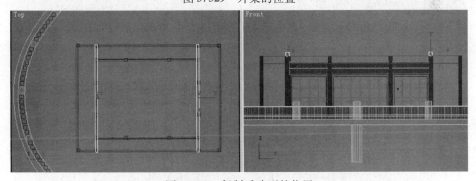

图 5.330　复制后造型的位置

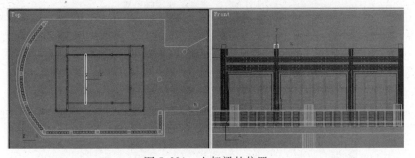

图 5.331　七架梁的位置

④在顶视图中选择"七架梁",将其向右平移复制一个,并在视图中调整复制后造型的位置,如图5.332所示。

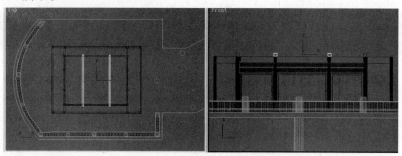

图5.332　复制后造型的位置

⑤在顶视图中创建一个200×200×700的长方体,命名为"瓜柱",在视图中调整它的位置,如图5.333所示。

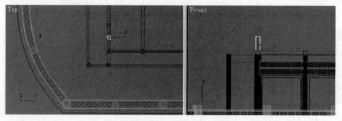

图5.333　瓜柱的位置

⑥在顶视图中选择"瓜柱",将其沿Y轴复制一个,并在视图中调整复制后造型的位置,如图5.334所示。

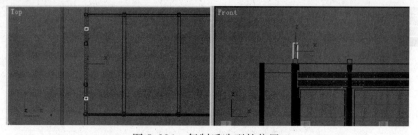

图5.334　复制后造型的位置

⑦在左视图中创建一个200×4 300×700的长方体,命名为"五架梁",在视图中调整它的位置,如图5.335所示。

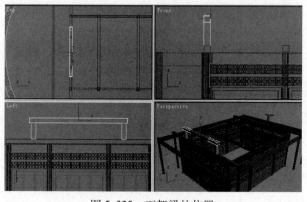

图5.335　五架梁的位置

⑧在左视图中选择"瓜柱",将其复制两个,并在视图中调整复制后造型的位置,如图5.336所示。

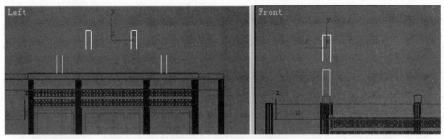

图 5.336　复制后造型的位置

⑨在左视图中创建一个 $200 \times 2\ 500 \times 200$ 的长方体,命名为"三架梁",在视图中调整它的位置,如图5.337所示。

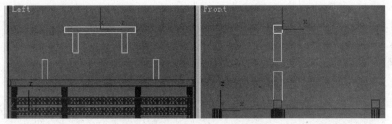

图 5.337　三架梁的位置

⑩在左视图中选择"瓜柱",将其复制一个,并在视图中调整复制后造型的位置,如图5.338所示。

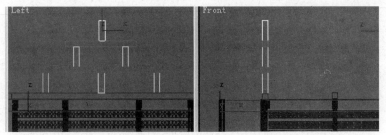

图 5.338　复制后造型的位置

⑪在顶视图中选择所有的"瓜柱""五架梁"和"三架梁",将它们沿 X 轴向右移动复制三组,并在视图中调整复制后造型的位置,如图5.339所示。

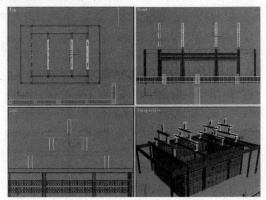

图 5.339　复制后造型的位置

⑫单击创建命令面板中的◎/【Cylinder】(圆柱体)按钮,在左视图中创建一个【Radius】(半径)为100,【Height】(高度)为12 000的圆柱体,命名为"檩",位置如图5.340所示。

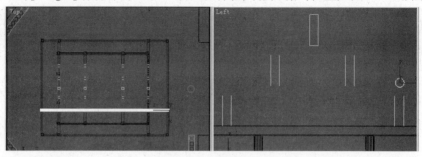

图5.340　檩的位置

⑬在左视图中选择"檩",将其复制4个,并将上面三根檩的高度值调整为8 700,然后视图中调整复制后造型的位置,如图5.341所示。

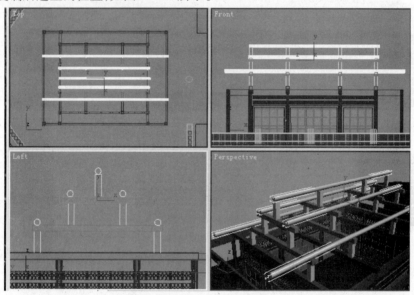

图5.341　复制后造型的位置

⑭单击创建命令面板中的◎/【Box】(长方体)按钮,在顶视图中创建一个4 000×200×200,【Length Segs】(长度分段)为8的长方体,命名为"角梁"。单击工具栏中的↻按钮,在顶视图中将其进行旋转,旋转后的造型如图5.342所示。

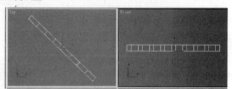

图5.342　旋转后的造型

⑮再在左视图中对其进行旋转,旋转后的造型如图5.343所示。

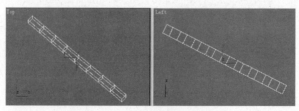

图5.343　继续旋转后的造型

⑯确认"角梁"处于选择状态,在修改器下拉列表中选择【FFD3×3×3】命令,在修改器堆栈中激活【Control Points】(控制点)次物体级,在前视图中选择中间/所有的控制点,将其锁定 Y 轴,此时被选择的轴向呈黄色显示,然后向下移动,调整控制点的位置,如图 5.344所示。

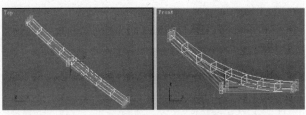

图 5.344　调整控制点

⑰在顶视图选择下面所有的顶点,单击工具栏中的 ■ 按钮,压缩顶点,如图 5.345 所示。

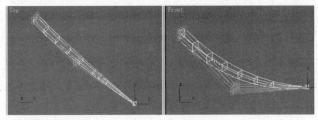

图 5.345　压缩顶点

⑱单击工具栏中的 ✛ 按钮,在视图中调整"角梁"的位置,如图 5.346 所示。

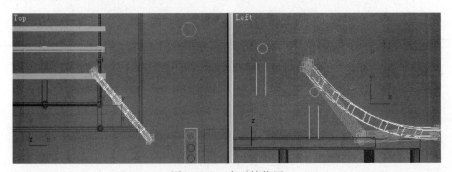

图 5.346　造型的位置

⑲在顶视图中选择"角梁",单击工具栏中的 ▶ 按钮,使"角梁"沿 X 轴镜像,镜像后移动到合适的位置,如图 5.347 所示。

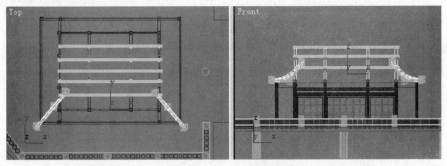

图 5.347　镜像造型的位置

⑳在顶视图中选择所有的"角梁",单击工具栏中的 ▶ 按钮,设置镜像轴为 Y 轴,选择实例的方式,在视图中调整镜像复制后造型的位置,如图 5.348 所示。

㉑单击创建命令面板中的 /【Rectangle】(矩形)命令,在左视图中绘制一个1 700 × 4 400的矩形,配合捕捉中点命令,对矩形进行次物体下点的编辑,编辑成如图5.349所示的三角形,命名为"博缝板"。

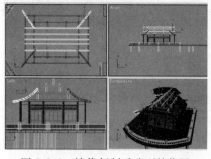

图5.348　镜像复制后造型的位置

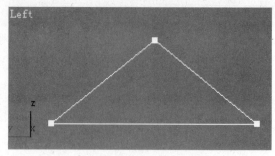

图5.349　绘制的三角形

㉒在修改器堆栈中激活【Spline】(样条线)次物体级,在修改命令面板的【Geometry】(几何体)卷展栏中的【Outline】(轮廓)按钮后的数值框中输入170,并按【Enter】键确认轮廓后的图形。

㉓确认"博缝板"仍处于选择状态,对其施加【Extrude】(挤出)命令,设置挤出的数量为100,并在视图中调整挤出后造型的位置,如图5.350所示。

㉔单击创建命令面板中的 /【Line】(线)命令,在左视图中沿"博缝板"的外边缘绘制一条封闭的曲线,命名为"山花"。对"山花"施加【Extrude】(挤出)命令,设置挤出的数量为100。

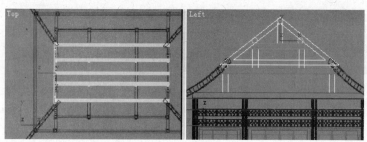

图5.350　博缝板的位置

㉕在前视图中同时选择"博缝板"和"山花",单击工具栏中的 按钮,设置镜像轴为X轴,选择实例的方式,在视图中调整镜像复制后造型的位置,如图5.351所示。

㉖创建屋顶。单击创建命令面板中的 /【Line】(线)命令,在左视图中沿着"檩"和"角梁"的边缘绘制一条封闭的曲线,命名为"板瓦",如图3.352所示。

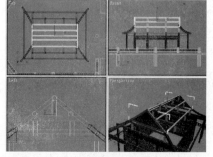

图5.351　镜像复制后造型的位置

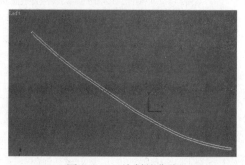

图5.352　绘制的曲线

㉗在视图中选择"板瓦",对其施加【Extrude】(挤出)命令,设置挤出的数量为 14 000,如图 5.353 所示。

㉘单击创建命令面板中的 ⬥/【Line】(线)命令,在顶视图中沿屋顶的轮廓绘制一条封闭的曲线,如图 5.354 所示。

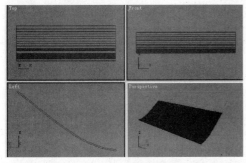

图 5.353　挤出板瓦

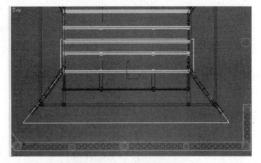

图 5.354　绘制的曲线

㉙选择绘制的曲线,对其施加【Extrude】(挤出)命令,设置挤出的数量为 3 000,并在视图中调整它的位置,如图 5.355 所示。

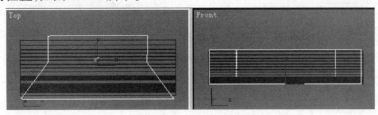

图 5.355　造型的位置

㉚在顶视图中选择"板瓦",单击创建命令面板中的 ●/【Compound Objects】(复合对象)/【ProBoolean】(超级布尔)命令,在其命令面板中的【Parameters】(参数)卷展栏下,设置运算方式为【Intersection】(交集),然后单击【Pick Operand B】(拾取布尔对象)卷展栏下的【Start Picking】(开始拾取)按钮,在视图中选择挤出的造型,布尔后的"板瓦"如图 5.356 所示。

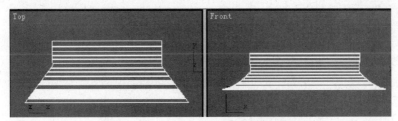

图 5.356　布尔运算后的"板瓦"造型

㉛在顶视图将"板瓦"镜像复制一个,两块"板瓦"的位置如图 5.357 所示。

㉜单击创建命令面板中的 ⬥/【Line】(线)命令,在前视图中绘制一条封闭的曲线,命名为"侧板瓦",如图 5.358 所示。

㉝在视图中选择"侧板瓦",对其施加【Extrude】(挤出)命令,设置挤出数量为 14 000。

㉞单击创建命令面板中的 ⬥/【Line】(线)命令,在顶视图中沿侧屋顶的轮廓绘制一条封闭的曲线,如图 5.359 所示。

㉟选择绘制的曲线,对其施加【Extrude】(挤出)命令,设置挤出的数量为 3 000,并在视图中调整它的位置,使之与"侧板瓦"的相对位置如图 5.360 所示。

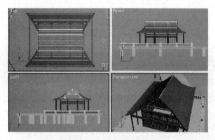

图 5.357　板瓦的位置

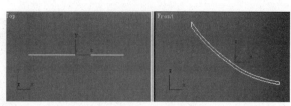

图 5.358　绘制的曲线

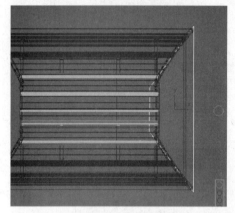

图 5.359　绘制的曲线

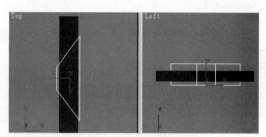

图 5.360　造型的位置

㊱和前面一样,做布尔运算,布尔后的"侧板瓦"如图 5.361 所示。

㊲选择"侧板瓦",在顶视图中镜像一个,在视图中调整两块"侧板瓦"的位置,如图 5.362所示。

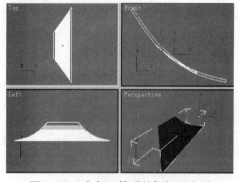

图 5.361　布尔运算后的侧板瓦造型

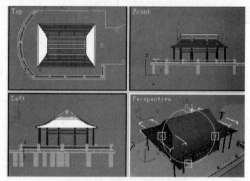

图 5.362　侧板瓦的位置

㊳创建垂脊。单击创建命令面板中的 ／【Line】(线)命令,在顶视图中绘制一条开放的曲线,命名为"路径",如图 5.363 所示。

㊴激活【Vertex】(顶点)次物体级,分别在左视图和前视图中对曲线的顶点进行调整,调整后的图形如图5.364所示。

㊵单击创建命令面板中的 ／【Line】(线)命令,在前视图中绘制一条封闭的曲线,命名为"截面",如图5.365所示。

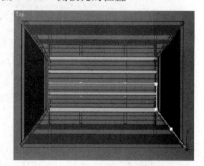

图 5.363　绘制的曲线

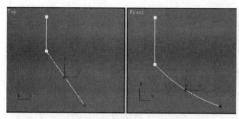

图5.364　调整后的图形

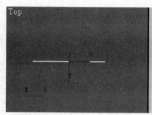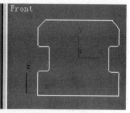

图5.365　绘制的曲线

㊶在视图中选择"路径",单击◉/【Compound Objects】(复合对象)/【Loft】(放样)命令,在其命令面板中的【Creation Method】(创建方法)卷展栏下单击【Get Shape】(获取图形)按钮,在视图中选择"截面"进行放样,将其命名为"垂脊",如图5.366所示。

㊷确认"垂脊"仍处于选择状态;在修改器命令面板下的【Deformations】(变形)卷展栏中单击【Scale】(缩放)按钮,在弹出的【Scale Deformation(X)】(缩放变形)对话框中,调整左边点的位置,如图所示。

㊸在对话框中单击⚹按钮,在红色曲线上添加一个角点,单击鼠标右键,在弹出的菜单中选择【Bezier-平滑】,单击✥按钮调整角点的位置,如图5.367所示。关闭对话框。

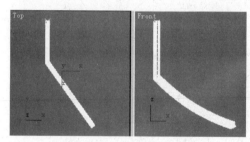

图5.366　放样后的造型

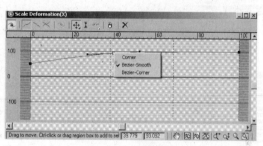

图5.367　参数设置

㊹在视图中调整"垂脊"的位置,如图5.368所示。

㊺在顶视图中选择"垂脊",单击工具栏中的▶◀按钮,以实例的方式沿Y轴镜像复制一个"垂脊"。然后选择两个"垂脊",在顶视图中沿X轴,以实例的方式进行镜像复制,并在视图中调整镜像复制后造型的位置,如图5.369所示。

图5.368　垂脊的位置

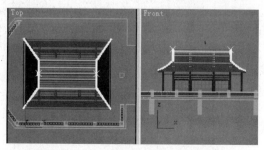

图5.369　镜像复制后四个垂脊的位置

㊻在左视图中绘制一条封闭的曲线,命名为"正脊",其尺寸参考"垂脊"的截面,如图5.370所示。

㊼选择"正脊",对其施加【Extrude】(挤出)命令,设置挤出的数量为8 900,并在视图中调整挤出后造型的位置,如图5.371所示。

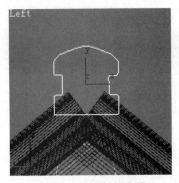
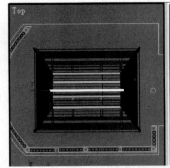

图 5.370　绘制的曲线　　　　　　　　　　　图 5.371　正脊的位置

㊽单击创建命令面板中的 ○/【Line】(线)命令,在前视图中绘制一条封闭的曲线,命名为"正吻",如图 5.372 所示。

㊾选择"正吻",在修改器下拉列表中选择【Bevel】(倒角)命令,设置其倒角值如图 5.373所示。

㊿在视图中调整倒角后造型的位置,如图 5.374 所示。

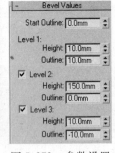

图 5.372　绘制的曲线　　图 5.373　参数设置　　　　图 5.374　正吻的位置

○51选择"正吻",在前视图中将其沿 X 轴,以实例的方式镜像复制一个,移动其位置,如图 5.375 所示。

6)创建雀替模型

①单击创建命令面板中的 ○/【Line】(线)命令,在前视图中绘制多条封闭的曲线,如图 5.376 所示。

图 5.375　镜像复制后正吻的位置　　　　　图 5.376　绘制的曲线

②在视图中选择任意一条曲线,激活【Spline】(样条线)次物体级,在【Geometry】(几何

体)卷展栏下单击【Attach】(附加)按钮,在视图中依次选择其他曲线,
将它们附加到一起,并命名为"雀替"。

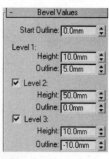

③选择"雀替",在修改器下拉列表中选择【Bevel】(倒角)命令,设
置其倒角值如图 5.377 所示。

④在视图中调整倒角后造型的位置,如图 5.378 所示。

⑤确认"雀替"处于选择状态,将"雀替"镜像,镜像后再复制若
干,位置如图 5.379 所示。

至此,"榭"模型的制作创建完成。

图 5.377　参数设置

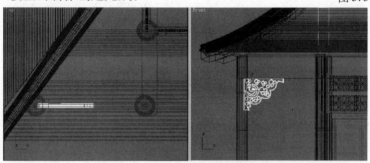

图 5.378　倒角后造型的位置

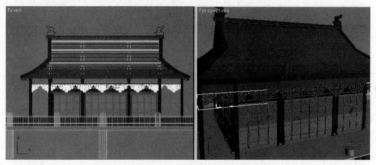

图 5.379　复制后雀替的位置

7)创建廊和亭模型

①单击创建命令面板中的 ⟨图标⟩/【Line】(线)命令,在顶视图中绘制一条封闭的曲线,命名
为"栏 02",如图 5.380 所示。

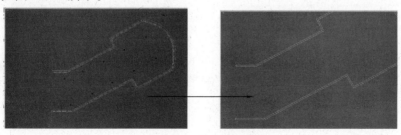

图 5.380　绘制的曲线

②选择"栏 02",在修改器下拉列表中选择【Extrude】(挤出)命令,设置挤出的数量为
50,再将其复制一个,在视图中调整它们的位置,如图 5.381 所示。

③在视图中选择"短柱",将其复制 71 个;将"台柱"复制 13 个,在视图中调整它们的位
置;在视图中选择"柱础"和"柱子",将其复制 10 组,并在视图中调整复制后造型的位置;廊

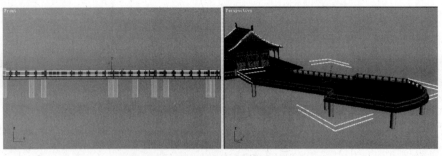

图 5.381　复制后造型的位置

和亭顶构架的制作方法与廊的基本相同,部分构件通过复制来完成,在亭顶的制作中运用到了前面所讲的布尔运算;建筑模型创建完后,再创建一个长方体置于基台下,完成水面的创建。最后再检查调整最终模型如图 5.382 所示。

图 5.382　最终模型

子任务 2　编辑材质

1）编辑柱础和柱材质

①单击工具栏中的 ![] 【Render Scene Dialog】（渲染场景对话框）按钮,设置【V-Ray Adv1.5RC5】为指定渲染器,单击【OK】按钮,关闭对话框。

②在工具栏中单击 ![] 【Material Editor】（材质编辑器）按钮,打开材质编辑器,选择一个材质示例球,命名为"柱础"。在材质编辑器中,单击工具栏中的【Standard】（标准）按钮,在弹出的【Material/Map Browser】（材质/贴图浏览器）对话框中双击【VRay Mtl】选项。

③在【Basic parameters】（基本参数）卷展栏下将【Diffuse】（漫射）颜色设置为绿色（RGB 分别为 36、73 和 34）。单击【Diffuse】（漫射）按钮,在【Material/Map Browser】（材质/贴图浏览器）对话框中双击【Bitmap】（位图）,选择"本书素材/任务 17——古典园林效果/贴图/大理石 02. jpg"文件,单击【打开】按钮。

④在视图中选择所有的"柱础",将材质赋予选择的造型,效果如图 5.383 所示。

⑤编辑柱材质。在材质编辑器中选择一个新的材质示例球,命名为"柱"。单击工具栏中的【Standard】（标准）按钮,在弹出的【Material/Map Browser】（材质/贴图浏览器）对话框中双击【VRayMtl】选项。

⑥在【Basic parameters】（基本参数）卷展栏下将【Diffuse】（漫射）颜色设置为白色。单击【Diffuse】（漫射）按钮,在【Material/Map Browser】（材质/贴图浏览器）对话框中双击【Bitmap】（位图）,选择"本书素材/任务 17——古典园林效果/贴图/木纹 02. jpg"文件后,单击【打开】按钮。

⑦在视图中选择所有的"柱子""檩""博缝板""瓜柱""三架梁""五架梁""门框""外梁""门槛""外檐枋""格框"和"格",在材质编辑器中,将材质赋予选择的造型。

⑧对所赋予的造型选择【UVWMap】(UVW贴图)命令,并设置各项参数,如图5.384所示。

⑨制作"柱子"材质后的效果如图5.385所示。

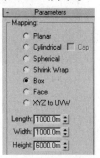

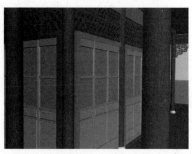

图5.383　柱础材质效果　　　图5.384　参数设置　　　图5.385　柱材质效果

2)编辑木纹材质

①在材质编辑器中选择一个新的材质示例球,命名为"木纹"。并将材质类型设置为【VRay Mtl】。

②在【Basic parameters】(基本参数)卷展栏下将【Diffuse】(漫射)颜色的RGB分别设置为136、67和33;【Reflect】(反射)颜色的RGB均为13。单击【Diffuse】(漫射)按钮,在【Material/Map Browser】(材质/贴图浏览器)对话框中双击【Bitmap】(位图),选择"本书素材/任务17——古典园林效果/贴图/木纹03.jpg"文件,单击【打开】按钮。

③在视图中选择所有的"门板""门"和"雀替",在材质编辑器中,将材质赋予选择的造型。

④对所赋予的造型选择【UVWMap】(UVW贴图)命令,并设置各项参数,如图5.386所示。

⑤制作木纹材质后的效果如图5.387所示。

3)编辑玻璃材质

①在材质编辑器中选择一个新的材质示例球,命名为"玻璃",将材质类型设置为【VRayMtl】。在工具栏中设置【Material ID Channel】(材质ID通道)为1,如图5.388所示。

图5.386　参数设置　　　图5.387　木纹材质效果　　　图5.388　参数设置

②在【Basic parameters】(基本参数)卷展栏下将【Diffuse】(漫射)颜色的RGB分别设置为129、163和163;【Reflect】(反射)颜色的RGB均为111,并设置其各项参数,如图5.389所示。

③在视图选择所有的"玻璃",将材质赋予选择的造型,制作材质后的效果如图5.390所示。

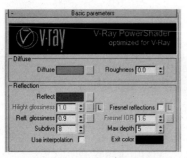

图5.389　参数设置

图5.390　玻璃材质效果

3)编辑瓦材质

①在材质编辑器中选择一个新的材质示例球,命名为"瓦",将材质类型设置为【VRay Mtl】。

②在【Basic parameters】(基本参数)卷展栏下将【Diffuse】(漫射)颜色设置为白色,并设置其各项参数,如图所示。

③单击【Diffuse】(漫射)按钮,在【Material/Map Browser】(材质/贴图浏览器)对话框中双击【Bitmap】(位图),选择"本书素材/任务17——古典园林效果/贴图/瓦06.jpg"文件,单击【打开】按钮。

④在【Map】(贴图)卷展栏下,将【Diffuse】(漫射)贴图复制到【Bump】(凹凸)贴图栏中,并设置其凹凸【Bump】(数量)为300。

⑤在视图中选择所有的"板瓦"和"侧板瓦",将瓦材质赋予选择的造型。

⑥对所赋予的造型选择【UVWMap】(UVW贴图)命令,并设置各项参数,如图5.391所示。

⑦制作瓦材质后的效果如图5.392所示。

图5.391　参数设置

图5.392　瓦材质效果

4)编辑灰土材质

①在材质编辑器中选择一个新的材质示例球,命名为"灰"土。

②在【Shader Basic Parameters】(明暗器基本参数)卷展栏中设置材质的明暗器为【Phong】(塑性),勾选【2-Sided】(双面)复选框。在【Phong Basic Parameters】(塑性基本参数)卷展栏中单击█按钮,取消锁定颜色,将材质的【Ambient】(环境光)设置为黑色(RGB均为0)、【Diffuse】(漫反射)为灰色(RGB分别为108、110和130)、【Specular】(高光反射)为白色(RGB均为255),并设置材质的【Specular Highights】(反射高光)参数,如图5.393所示。

③在视图中选择所有的"正吻""正脊"和"垂脊",将灰土材质赋予选择的造型,制作材

质后的效果如图 5.394 所示。

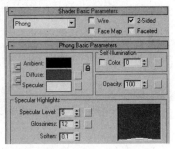

图 5.393　参数设置

图 5.394　灰土材质效果

5）编辑檐枋材质

①在材质编辑器中选择一个新的材质示例球,命名为"檐枋",将材质类型设置为【VRay Mtl】。

②在【Basic parameters】(基本参数)卷展栏下将【Diffuse】(漫射)颜色设置为绿色(RGB 分别为 34、103 和 20),其他参数默认。

③单击【Diffuse】(漫射)按钮,在【Material/Map Browser】(材质/贴图浏览器)对话框中双击【Bitmap】(位图),选择"本书素材/任务17——古典园林效果/贴图/檐枋 01.jpg"文件,单击【打开】按钮。

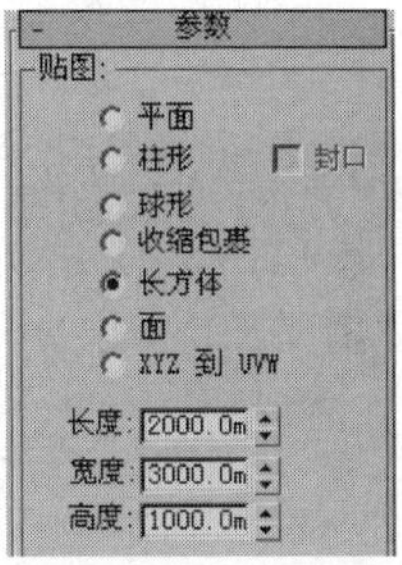

④在视图中选择"檐枋",将檐枋材质赋予选择的造型。

⑤对所赋予的造型选择【UVWMap】(UVW 贴图)命令,并设置各项参数,如图 5.395 所示。

⑥制作檐枋材质后的效果如图 5.396 所示。

图 5.395　参数设置

6）编辑山花材质

①在材质编辑器中选择一个新的材质示例球,命名为"山花"。

②在【Shader Basic Parameters】(明暗器基本参数)卷展栏中单击 按钮,取消锁定颜色,将材质的【Ambient】(环境光)设置为黑色、【Diffuse】(漫反射)和【Specular】(高光反射)均为白色,勾选【Color】(颜色)复选框,并设置材质的【Specular Highights】(反射高光)参数,如图 5.397 所示。

图 5.396　檐枋材质效果

③在视图选择所有的"山花",在材质编辑器中,将材质赋予选择的造型,制作山花材质效果如图 5.398 所示。

7）编辑基柱材质

①在材质编辑器中选择一个新的材质示例球,命名为"基柱"。

②在【Shader Basic Parameters】(明暗器基本参数)卷展栏中设置材质的明暗器为【Phong】(塑性),在【Phong Basic Parameters】(塑性基本参数)卷展栏中单击 按钮,取消锁定颜色,将材质的【Ambient】(环境光)设置为黑色(RGB 均为 0)、【Diffuse】(漫反射)为绿色(RGB 分别为 98、123 和 123)、【Specular】(高光反射)为白色(RGB 均为 255),勾选【Color】(颜色)复选框,并设置材质的【Specular Highights】(反射高光)参数,如图 5.399 所示。

③在【Map】(贴图)卷展栏中,单击【Diffuse Color】(漫反射颜色)贴图按钮,在【Material/Map Browser】(材质/贴图浏览器)对话框中双击【Bitmap】(位图),选择"本书素材/任务17——古典园林效果/贴图/老墙 01.jpg"文件,单击【打开】按钮。

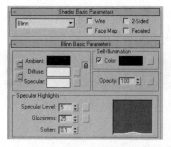

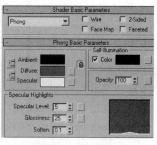

图 5.397　参数设置　　　　图 5.398　山花材质效果　　　　图 5.399　参数设置

④在【Map】(贴图)卷展栏下,将【Diffuse】(漫射)贴图复制到【Bump】(凹凸)贴图栏中,并设置其凹凸【Bump】(数量)为 100。

⑤在视图中选择所有的"基柱",将材质赋予选择的造型,制作材质后的效果如图 5.400所示。

8)制作台柱材质

①在材质编辑器中选择一个新的材质示例球,命名为"栏杆"。并将材质类型设置为【VRay Mtl】。

②在【Basic parameters】(基本参数)卷展栏下将【Diffuse】(漫射)颜色设置为白色。单击【Diffuse】(漫射)按钮,在【Material/Map Browser】(材质/贴图浏览器)对话框中双击【Bitmap】(位图),选择"本书素材/任务 17——古典园林效果/贴图/大理石 06. jpg"文件,单击【打开】按钮。

③在视图中选择所有的"台柱"和"短柱",将栏杆材质赋予选择的造型。

④对所赋予的造型选择【UVWMap】(UVW 贴图)命令,并设置各项参数,如图 5.401 所示。

⑤制作台柱和短柱等材质后的效果如图 5.402 所示。

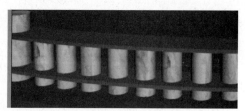

图 5.400　基柱材质效果　　　图 5.401　参数设置　　　　图 5.402　台柱和短柱材质效果

9)编辑基台材质

①在材质编辑器中选择一个新的材质示例球,命名为"基台"。并将材质类型设置为【VRay Mtl】。

②在【Basic parameters】(基本参数)卷展栏下将【Diffuse】(漫射)颜色设置为白色。单击【Diffuse】(漫射)按钮,在【Material/Map Browser】(材质/贴图浏览器)对话框中双击【Bitmap】(位图),选择"本书素材/任务 17——古典园林效果/贴图/大理石 07. jpg"文件,单击【打开】按钮。

③在视图中选择所有的"台基"和"栏",将栏杆材质赋予选择的造型。

④对所赋予的造型选择【UVWMap】(UVW 贴图)命令,并设置各项参数,如图 5.403 所示。

⑤制作台基和栏材质后的效果如图 5.404 所示。

10)编辑水材质

①在材质编辑器中选择一个新的材质示例球,命名为"水",将材质类型设置为【VRayMtl】。在工具栏中设置【Material ID Channel】(材质 ID 通道)为 2。

②在【Basic parameters】(基本参数)卷展栏下将【Diffuse】(漫射)颜色设置为淡蓝色(RGB 分别为 204、246 和 255),【Reflect】(反射)颜色设置为浅灰色(RGB 均为 106),并设置其各项参数,如图 5.405 所示。

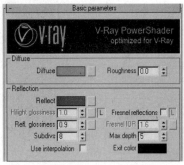

图 5.403　参数设置　　　　图 5.404　台基和栏材质效果　　　　图 5.405　参数设置

③在【Map】(贴图)卷展栏中单击【Bump】(凹凸)按钮,在【Material/Map Browser】(材质/贴图浏览器)对话框中双击【Noise】(噪波),在【Noise parameters】(噪波参数)卷展栏下,设置其参数如图 5.406 所示。

④单击 按扭,返回上一级,设置【Bump】(凹凸)的数量为 100。

⑤在视图中选择"水",将水材质赋予选择的造型,制作材质后的效果如图 5.407 所示。

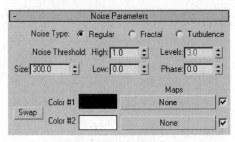

图 5.406　参数设置　　　　　　　　图 5.407　水材质效果

子任务 3　设置摄影机

①单击创建命令面板中的 /【Target】(目标)命令,在顶视图中创建一个目标摄影机,并在视图中调整摄影机的位置,如图 5.408 所示。

②在修改命令面板中的【Parameters】(参数)卷展栏下,设置摄影机的【FOV】(视野)为60,激活透视图,按【C】键将透视图转换为摄影机视图,如图 5.409 所示。

③单击 按钮打开显示命令面板,在【Hide by Category】(按类别隐藏)卷展栏下勾选【Cameras】(摄影机)复选框将其隐藏。

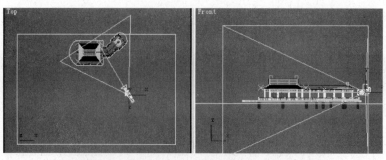

图 5.408　摄影机的位置

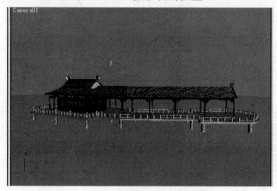

图 5.409　转换摄影机视图

子任务4　设置灯光

①在灯光创建命令面板中单击 ▶/【VRay】/【VRaySun】(VR 阳光)按钮,在顶视图中创建一盏"VR 阳光"光源,系统自动弹出【V-Ray Sun】(VR 阳光)对话框,如图 5.410 所示。单击【是】按钮关闭对话框,自动添加一张 VR 天光环境贴图。

②在【VraySun Parameters】(VR 阳光参数)卷展栏下设置其各项参数,如图 5.411 所示。

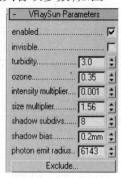

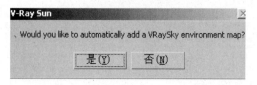

图 5.410　"VR 阳光"对话框　　　　图 5.411　参数设置

③在视图中调整"VR 阳光"的位置,如图 5.412 所示。

④在菜单栏中执行【Rendering】(渲染)/【Environment】(环境)命令,在打开的【Environment and Effects】(环境和效果)对话框中设置背景颜色为白色,如图 5.413 所示。

⑤在工具栏中单击 ▒【Material Editor】(材质编辑器)按钮,打开材质编辑器,将【Environment Map】(环境贴图)后的贴图类型拖动实例复制到一个新的材质示例球上。系统弹出【Instance(Copy)Map】(实例副本贴图)对话框,选择默认设置,然后单击【OK】按钮关闭对话框。

⑥在【VRaySky Parameters】(VR 阳光参数)卷展栏中勾选【manual sun node】(手动阳光

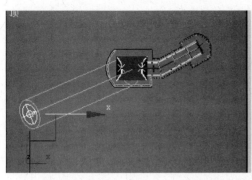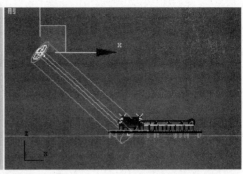

图 5.412　"VR 阳光"的位置

节点)复选框,单击【sun node】(阳光节点)后的【None】按钮,在视图中单击拾取"VR 阳光 01",然后设置其参数,如图 5.414 所示。

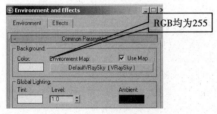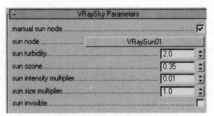

图 5.413　设置背景颜色　　　　　　　　图 5.414　参数设置

⑦渲染摄影机视图,制作"VR 阳光"后的效果如图 5.415 所示。

⑧在灯光创建命令面板中单击 /【Omni】(泛光灯)按钮,在顶视图中创建两盏泛光灯,命名为"漫反射光",并在修改器面板中【Intensity、Color、Attenuation】(强度/颜色/衰减)卷展栏下设置其各项参数,如图 5.416 所示。

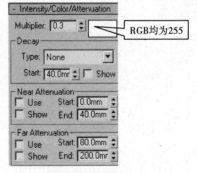

图 5.415　设置"VR 阳光"后的效果　　　　图 5.416　参数设置

⑨在视图中调整"漫反射光"的位置,如图 5.417 所示。

⑩创建"漫反射光"后的效果如图 5.418 所示。

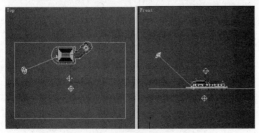

图 5.417　"漫反射光"的位置　　　　　　图 5.418　创建"漫反射光"后的效果

子任务5　渲染输出

1）预览渲染设置

①单击工具栏中的 按钮,打开【Render Scene】(渲染场景)对话框,在【Common】(公用)选项卡中设置渲染尺寸的【Width】(宽度)为320,【Height】(高度)为240。

②在【Render Scene】(渲染场景)对话框【Render】(渲染器)选项卡的【V-Ray:Global switches】(V-Ray::全局开关)卷展栏下,取消选择【Default lights】(默认灯光)复选框,如图5.419所示。

③在【V-Ray::Indirect illumination(GI)】[V-Ray::间接照明(GI)]卷展栏下,选择【On】(开)复选框,设置【Primary bounces】(二次反弹)下的【Multiplier】(倍增器)为0.9,如图5.420所示。

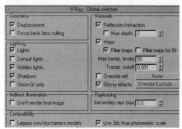
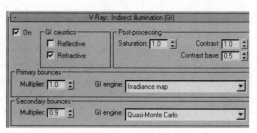

图5.419　参数设置　　　　　　　　图5.420　参数设置

④在【V-Ray::Irradiance map】(V-Ray::发光贴图)卷展栏下,将【Current preset】(当前预置)设置为【Very low】(非常低),如图5.421所示。

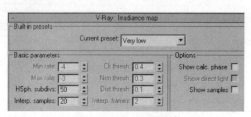
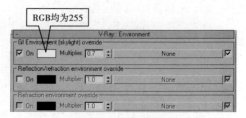

图5.421　参数设置　　　　　　　　图5.422　参数设置

⑤在【V-Ray::Environment】(V-Ray::环境)卷展栏下,选择【GI Environment(skylight)override】[全局光环境(天光)覆盖]为开,设置颜色为白色,设置【Multiplier】(倍增器)为0.7,如图5.422所示。

⑥在对话框【Render Elements】(渲染环境)选项卡中单击【Add】(添加)按钮,在弹出的对话框中选择【VRayMtlID】(VR材质ID)选项,然后单击【OK】按钮,将这个元素添加到列表中,如图5.423所示。

⑦单击【Render】(渲染)按钮,渲染开始,渲染完成后出现两个渲染效果图,如图5.424所示。

图5.423　添加渲染元素

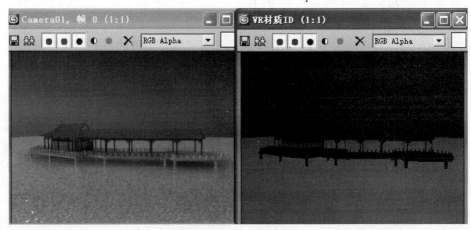

图 5.424　渲染效果

2）渲染光子图

①在【Render Scene】（渲染场景）对话框【Renderer】（渲染器）选项卡的【V-Ray:Irradiance map】（V-Ray::发光贴图）卷展栏下，将【Current preset】（当前预置）设置为【Medium】（中），如图 5.425 所示。

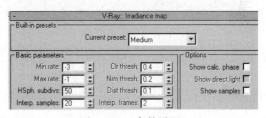

图 5.425　参数设置

② 仍 然 在 【V-Ray：Irradiance map】（V-Ray::发光贴图）卷展栏下，勾选【On render end】（渲染后）下面的三个选项，自动保存光子图，并且在下一次渲染时自动使用光子图，如图5.426所示。

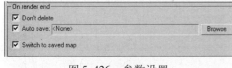

图 5.426　参数设置

③然后单击【Auto save】（自动保存）后面的【Browse】（浏览）按钮，弹出【Auto save irradiance map】（保存发光贴图）对话框，设置光子图的名称和保存路径，如图 5.427 所示。

④单击【保存】按钮后返回【RenderScene】（渲染场景）对话框，单击【Render】（渲染）按钮，渲染开始，渲染效果如图 5.428 所示。

图 5.427　保存文件

图 5.428　渲染效果

3）最终输出

①单击工具栏中的 █ 按钮，打开【RenderScene】（渲染场景）对话框，在【Common】（公

用)选项卡中设置渲染尺寸的【Width】(宽度)为3 000,【Height】(高度)为2 250,如图5.429所示。

②单击【Render】(渲染)按钮,渲染结束后得到效果图和元素图两个图像文件。效果图如图5.430所示。命名为"古典园林效果. max"。

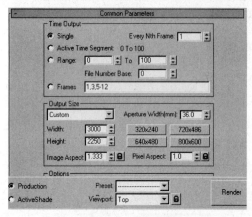

图5.429　参数设置

图5.430　古典园林效果

> 说明:为了提高渲染速度,本任务采用了渲染小图得到光子图,然后再渲染大图的方式,同时为了后期处理的操作方便,还输出了玻璃和水面的单色图。

最后,为了方便Photoshop后期制作,在效果图对话框中单击📄按钮,在弹出的【BrowseImages for Output】(浏览图像供输出)对话框中将文件保存为"古典园林效果. tif",并存储Alpha通道。使用同样的方法,保存元素图,命名为"古典园林效果彩图",以备后其处理时使用。

经过Photoshop后期制作后效果如图5.431所示。

图5.431　古典园林最终效果

任务5　休闲广场景观设计的操作技能

子任务1　创建场景模型

1)导入CAD图形并创建亭子模型

①打开3ds Max软件,设置单位为毫米,单击菜单【File】(文件)/【Import】(导入)命令,分别导入"本书素材/项目五/任务18——休闲广场景观设计/CAD/亭子立面. dwg和亭子平面. dwg"文件,将立面及平面位置归零,并选择【Group】(组)/【Group】(成组)命令,分别将立面和平面图形成组,然后配合✥命令,将"亭子立面"和"亭子平面"放置在准确的位置,如图5.432所示。

②为了不对CAD图形有误操作,将"亭子立面"和"亭子平面"冻结,然后按照"亭子平面"CAD图纸,在顶视图中创建样条线,如图5.433所示。

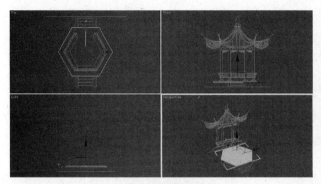 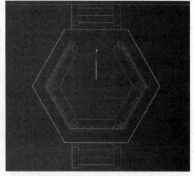

图 5.432　亭子立面及平面导入后的效果　　　　图 5.433　创建平台样条线

③在修改面板中添加【Extrude】(挤出)修改器,设置挤出【Amount】(数量)为 100,并放置在准确的位置,如图 5.434 所示。

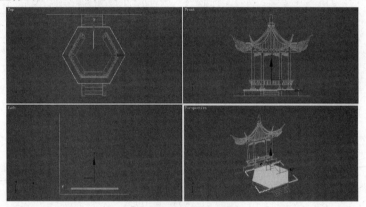

图 5.434　创建平台模型

④将模型转换为可编辑多边形,进入 ■【Polygon】(多边形)次物体级,选择平台模型的底部多边形,单击右键,在右键菜单中单击【Inset】(插入)命令前面的 ■ 图标,设置参数为60,如图 5.435 所示。

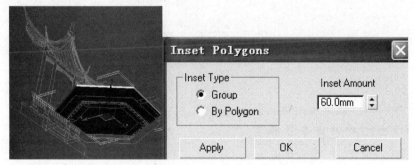

图 5.435　转换模型并设置插入量

⑤选择插入后的多边形,右键单击,在弹出的菜单栏中,单击【Extrude】(挤出)命令前面的 ■ 图标,设置【Extrusion Height】(挤出高度)参数为 500,如图 5.436 所示。

⑥平台模型挤出后效果如图 5.437 所示。

⑦使用【Rectangle】(矩形)命令,在顶视图绘制一个台阶的轮廓,并添加【Extrude】(挤出)命令,挤出【Amount】(数量)为 150,如图 5.438 所示。

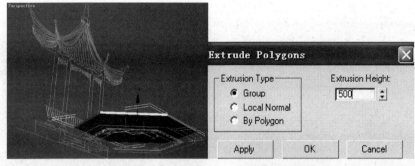

图 5.436　添加挤出命令并设置挤出量

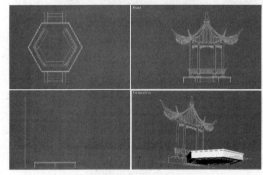

图 5.437　平台挤出效果

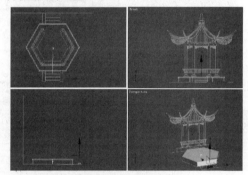

图 5.438　制作一节台阶

⑧在左视图中,配合 2.5 维捕捉命令,以【Instance】(实例)的方式复制出 2 个新的台阶,如图 5.439 所示。

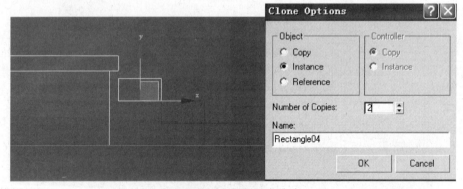

图 5.439　复制新台阶

⑨在顶视图中,使用【Line】(线)命令,绘制出台阶斜坡的轮廓,并添加【Extrude】(挤出)命令,挤出【Amount】(数量)为 600,如图 5.440 所示。

说明:需要注意台阶斜坡 CAD 轮廓中有一横线,在使用【Line】(线)命令绘制斜坡轮廓时,需要在此处点击一下,为之后的斜坡模型做铺垫。

⑩将台阶斜坡模型转换为可【Editable Poly】(编辑多边形),激活【Vertex】(顶点)层级,选择其中的两个端点,右键单击,在弹出的菜单栏中,点击【Connect】(连接)命令,结果如图 5.441 所示。

⑪选择右侧的两个端点,在 ✣ 按钮上右键单击,在弹出的对话框中,设置相对值 Z 轴数值为 −420,台阶斜坡模型就制作好了,如图 5.442 所示。

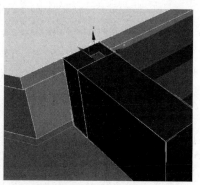

图5.440 创建台阶斜坡 　　　　　　　　　　图5.441 连接端点

⑫在顶视图中,按照 CAD 平面图的位置,将台阶斜坡模型以【Instance】(实例)的方式进行复制,如图5.443所示。

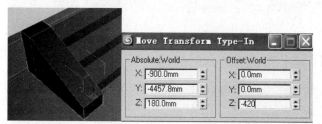

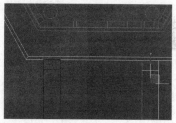

图5.442 制作台阶斜坡模型 　　　　　　图5.443 实例复制台阶斜坡模型

⑬将台阶及斜坡模型进行成组,命名为"台阶",单击 ✛ 按钮,锁定 Y 轴、以【Instance】(实例)的方式镜像出另一个台阶组,并放置在准确的位置,如图5.444所示。

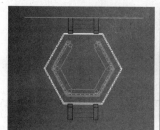

图5.444 镜像台阶模型

⑭在前视图中,按照立面的 CAD 图形使用【Line】(线)命令绘制出柱子的轮廓,如图5.445所示。

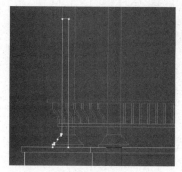

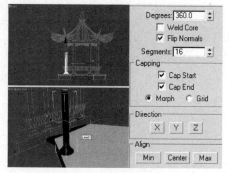

图5.445 绘制柱子轮廓 　　　　　　图5.446 添加车削命令

⑮在修改面板中添加【Lathe】（车削）命令，单击【Max】（最大）命令，勾选【Flip Normals】（翻转法线），结果如图5.446所示。

⑯将柱子模型转换为可【Editable Poly】（编辑多边形），使用【Vertex】（点）层级将柱子高度进行调节，如图5.447所示。

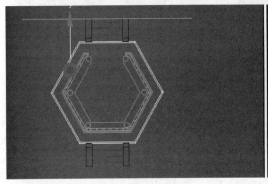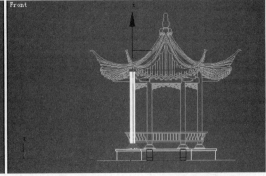

图5.447 调节柱子高度

⑰在顶视图中，使用【Instance】（实例）的方式将柱子复制5个，放置在准确的位置，并成组命名为"柱子"，如图5.448所示。

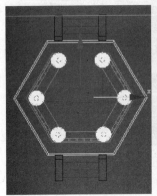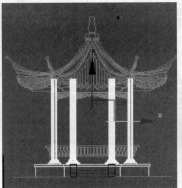

图5.448 实例复制柱子

⑱将制作好的组"柱子"进行隐藏，使用【Line】（线）命令，在顶视图按照平面图绘制出座凳的两个模型，并添加【Extrude】（挤出）命令，挤出【Amount】（数量）均为60，如图5.449所示。

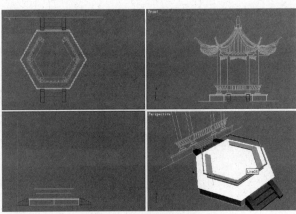

图5.449 制作座凳模型

⑲切换到前视图，使用【Line】（线）命令按照立面图绘制出靠背轮廓，并添加【Extrude】（挤出）命令，挤出【Amount】（数量）为60，使用【Instance】（实例）复制的方式，复制靠背模型并放置在准确的位置，同时选择所有靠背和座凳的两个模型，进行成组，命名为"美人靠"，如图 5.450 所示。

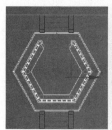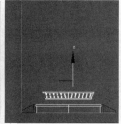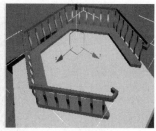

图 5.450　美人靠模型

⑳使用【Line】（线）命令在前视图中绘制出花窗轮廓，添加【Extrude】（挤出）命令，挤出【Amount】（数量）为20，用同样方法制作花窗外边框，挤出【Amount】（数量）为60，制作完一组花窗后，将其成组，命名为"花窗"，如图 5.451 所示。

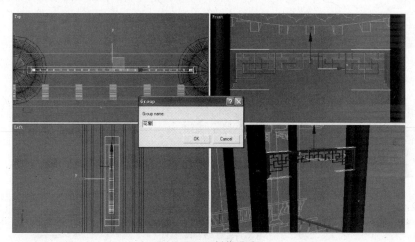

图 5.451　制作花窗

㉑使用【Instance】（实例）的方式将"花窗"复制 5 组，并放置在准确的位置，如图 5.452 所示。

图 5.452　复制花窗

㉒使用【Line】(线)命令在顶视图中绘制出花窗上面装饰模型的轮廓,添加【Extrude】(挤出)命令,挤出【Amount】(数量)为100,并以【Instance】(实例)的方式复制5个,放置在准确的位置,如图5.453所示。

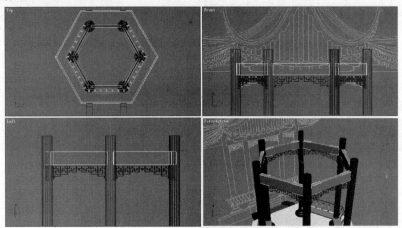

图5.453　装饰模型的位置

㉓使用同样的方法,制作出其他装饰部件模型,如图5.454所示。

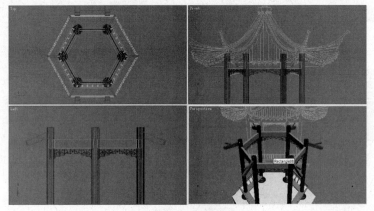

图5.454　其他装饰模型

㉔使用【Line】(线)命令在前视图中绘制出亭子顶部模型轮廓,如图5.455所示。

㉕添加【Lathe】(车削)命令,单击【Min】(最小)按钮,结果如图5.456所示。

图5.455　顶部模型轮廓

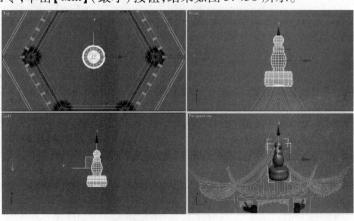

图5.456　顶部模型

㉖使用【Line】(线)命令在前视图中绘制出飞檐的外轮廓,如图 5.457 所示,并添加【Extrude】(挤出)命令,挤出【Amount】(数量)为 100,如图 5.458 所示,使用 ↻ 旋转命令,【Instance】(实例)复制 5 个飞檐,放置在准确的位置,如图 5.459 所示。

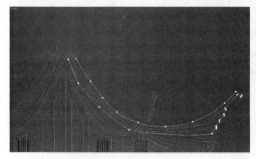

图 5.457　飞檐外轮廓

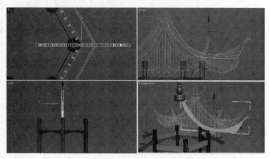

图 5.458　挤出飞檐模型

㉗单击【Arc】(弧)命令,在前视图中绘制一条弧线,如图 5.460 所示。

㉘在修改面板中添加【Editable Spline】(可编辑样条线)命令,选择【Spline】(样条线)次物体级,设置【Outline】(轮廓)数值为 100,如图 5.461 所示。

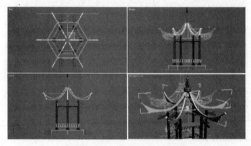

图 5.459　旋转复制模型

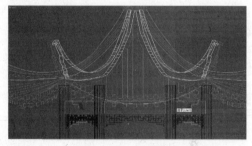

图 5.460　绘制弧

㉙在修改面板中添加【Extrude】(挤出)命令,设置挤出【Amount】(数量)为 3 500,分段为 20,生成瓦面模型,如图 5.462 所示。

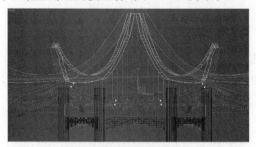

图 5.461　设置轮廓为 100

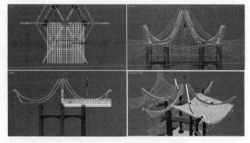

图 5.462　瓦面模型

㉚在修改面板中添加【FFD3×3×3】命令,选择【Control Points】(控制点),反复使用 ▫ 缩放、✛ 移动命令调节控制点,并放置在合适的位置,结果如图 5.463 所示。

㉛将该模型向下再复制一个,作为支撑模型,将两个模型进行成组后,使用 ↻ 旋转命令,【Instance】(实例)复制 5 组,如图 5.464 所示。

㉜至此亭子模型制作完毕,将其成组,命名为"亭子",在修改面板中单击 ▣ (显示)按钮,勾选【Shapes】(二维线)将 CAD 图形进行隐藏,如图 5.465 所示。命名为"亭子.max",存盘。

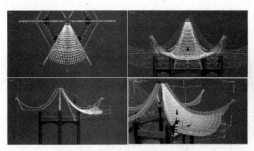
图 5.463 调节控制点效果

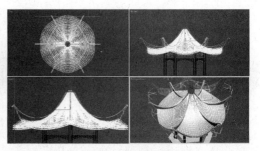
图 5.464 旋转复制效果

2)创建休闲广场模型

①重新打开 3ds Max 软件,即新建一个文件。设置单位为 mm,单击菜单【File】(文件)/【Import】(导入)命令,分别导入"本书素材/项目五/任务 18——休闲广场景观设计/CAD/休闲广场.dwg"文件,对其进行成组,命名为"地形",然后位置做归零处理,如图5.466所示。

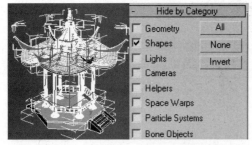
图 5.465 亭子成组、隐藏 CAD 图形

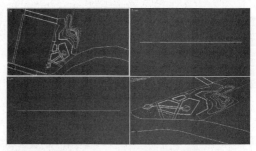
图 5.466 导入地形 CAD 图形

②使用【Line】(线)命令根据 CAD 图形绘制出花池的外轮廓,添加【Extrude】(挤出)命令,挤出【Amount】(数量)为 500,如图 5.467 所示。

③将模型转换为【Editable Spline】(可编辑多边形),激活【Vertex】(顶点)级别,选择花池顶面的四个点,单击█按钮,向外进行缩放,如图 5.468 所示。

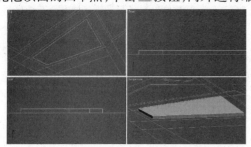
图 5.467 挤出花池

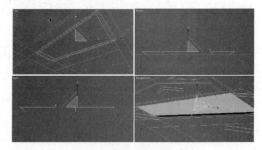
图 5.468 缩放顶点

④激活█【Polygon】(多边形)级别,选择顶面,右键单击,在弹出的对话框中单击【Outline】(轮廓)前面的█按钮,在弹出的对话框中,设置参数为 100,单击【OK】按钮,如图 5.469所示。

⑤继续选择顶面,右键单击,在弹出的对话框中点击【Extrude】(挤出)前面的█按钮,在弹出的对话框中,设置参数为 150 mm,如图 5.470 所示。

⑥继续选择顶面,右键单击,在弹出的对话框中点击【Inset】(插入)前面的█按钮,在弹出的对话框中,设置参数为 400,如图 5.471 所示。

图 5.469　设置轮廓数量

图 5.470　挤出多边形

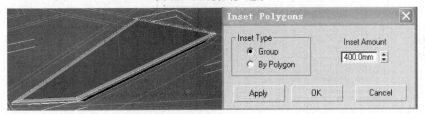

图 5.471　插入多边形

⑦选择插入后的多边形，在弹出的对话框中单击【Extrude】（挤出）前面的■按钮，在弹出的对话框中，设置参数为 -300，如图 5.472 所示。

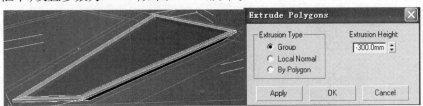

图 5.472　挤出多边形

⑧使用同样的方法制作出其他几个花池，如图 5.473 所示。

⑨在顶视图中，使用【Circle】（圆）命令，以【Edge】（边）为创建方式，按照 CAD 图纸中的圆形进行绘制，添加【Extrude】（挤出）命令，挤出【Amount】（数量）为 4 000，生成圆柱，如图 5.474 所示。

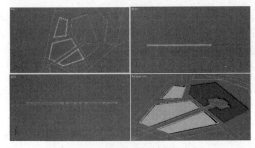

图 5.473　制作场景花池

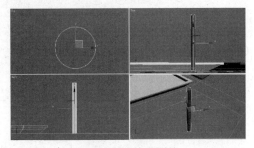

图 5.474　挤出圆柱

⑩将圆柱转换为【Editable Spline】（可编辑多边形），激活 【Vertex】（顶点）级别，移动顶部的点，如图 5.475 所示。

⑪将制作的圆柱进行复制,并放置在如图 5.476 的位置。

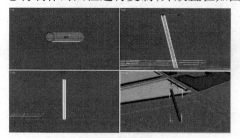 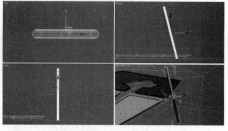

图 5.475   移动点   图 5.476   复制圆柱

⑫选择新复制的圆柱,激活 【Edge】(边)层级,选择底部的边,单击【Create Shape】(创建图形)按钮,如图 5.477 所示。

图 5.477   创建图形

⑬选择创建出的图形,在【Rendering】(渲染)卷展栏中勾选【Enable In Renderer】(在渲染中启用)、【Enable In Viewport】(在视口中启用)选项,设置【Length】(长度)为 100,【Width】(厚度)为 100,如图 5.478 所示。

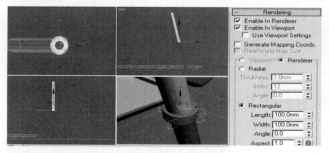

图 5.478   创建图形效果

⑭将创建出的图形进行复制,放置在如图 5.479 所示的位置。

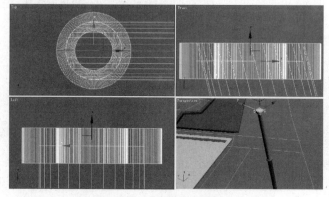

图 5.479   复制图形的位置

⑮选择这四个模型,进行成组,命名为"灯柱",如图 5.480 所示。

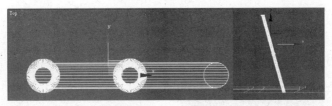

图 5.480　成组灯柱

⑯按照 CAD 地形中灯柱的位置进行复制,并调整位置及方向,如图 5.481 所示。

⑰切换到顶视图,使用【Line】(线)命令,绘制场景中的地形模型,如图 5.482 所示。

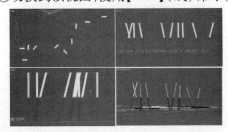

图 5.481　复制灯柱效果

图 5.482　场景地形模型

3)合并亭子模型

①选择【File】(文件)/【Merge】(合并)命令,在弹出的合并对话框中选择之前制作好的"亭子.max"文件,并将其放置在合适的位置,为了配合场景,将亭子模型的底部稍作修改,如图 5.483 所示。

②以【Instance】(实例)的方式复制一个亭子,放置在合适的位置,如图 5.484 所示。

图 5.483　亭子模型的位置

图 5.484　复制亭子模型

4)创建护栏模型

①在顶视图中使用【Rectangle】(矩形)命令,绘制一个 400×400 的矩形,为了编辑方便,将其进入孤立模式,添加【Extrude】(挤出)命令,挤出【Amount】(数量)为 800,如图 5.485 所示。

②将模型转换为【Editable Spline】(可编辑多边形),对模型进行调节,如图 5.486 所示。

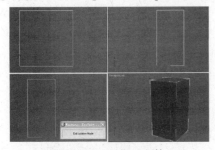

图 5.485　制作长方体

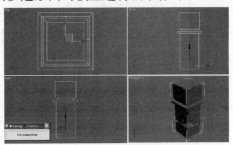

图 5.486　调节模型

③使用【Line】(线)命令,挤出后创建模型,放置在合适的地方,如图 5.487 所示。

④将模型进行复制,放置在合适的位置,如图5.488所示。使用同样的方法制作出下部模型,并放置在合适的位置,如图5.489所示。

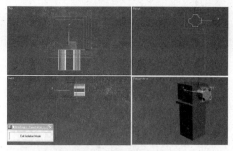

图5.487　创建模型

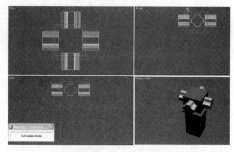

图5.488　复制模型

⑤选择其中一个模型,转换为【Editable Spline】(可编辑多边形),右键单击,在弹出的对话框中单击【Attach】(附加)命令,依次将其他7个模型进行附加,如图5.490所示。

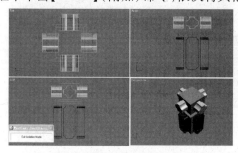

图5.489　制作下部模型

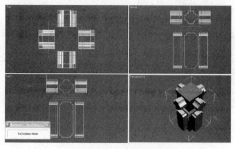

图5.490　附加模型

⑥选择长方体,单击✎/◐/【Compound Objects】(合成物体)/【Boolean】(布尔)命令,单击【Pick Operand B】(拾取B物体),在视图中点击刚刚附加在一起的物体,结果如图5.491所示。

⑦使用同样的方法制作出其他部件,并进行成组,命名为"护栏",如图5.492所示。

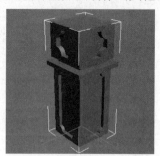

图5.491　布尔运算后的效果

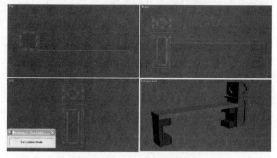

图5.492　制作一组护栏

⑧将护栏进行复制,放置在合适的位置,如图5.493所示。至此,模型制作完毕。

图5.493　复制护栏

子任务 2　编辑材质

1)编辑瓦片材质

①找到亭子模型,先将其进入孤立模式,然后选择【Group】(组)/【Open】(打开)。按下 M 键,打开材质编辑器,选择一个空白材质球,将其赋予给瓦面物体,并将该材质球更名为"瓦片"。

②选择"瓦片"材质球,在【Diffuse】(漫反射颜色)通道中添加一张木纹位图,设置【Specular Level】(高光级别)和【Glossiness】(光泽度)参数分别为 14、12,单击 按钮,显示纹理,以【Instance】(实例)的方式复制贴图至【Bump】(凹凸)通道中,设置凹凸【Amount】(数量)为 50,添加【UVW Map】(UVW 贴图),设置贴图类型为长方体,参数设置为 800×800×800,如图 5.494 所示。

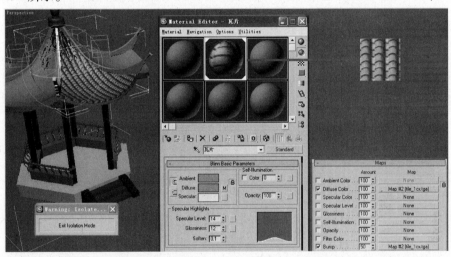

图 5.494　制作瓦片材质

说明:本任务的贴图均在"本书素材/项目五/任务 18——休闲广场景观设计"文件夹中,以后不再提示。

③使用同样的方法,将瓦片材质赋予给模型,如图 5.495 所示,瓦片材质赋予完毕后,将瓦片材质所赋予的模型进行隐藏,方便以后的操作。

2)编辑飞檐材质

①选择一个空白的材质球,将其赋予给飞檐模型,并将该材质球更名为"飞檐"。

②选择"飞檐"材质球,设置其【Diffuse】(漫反射颜色),设置【Specular Level】(高光级别)和【Glossiness】(光泽度)参数分别为 10 和 9,在【Bump】(凹凸)通道中添加一张位图,并将数量设置为 300,如图 5.496 所示。

图 5.495　瓦片材质

3)编辑底座材质

①选择底座模型,进入【Polygon】(多边形)层级,选择不同的多边形设置 1 号 ID 编号、2 号 ID编号,如图 5.497 所示。

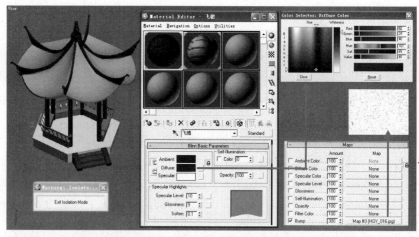

图 5.496　制作飞檐材质

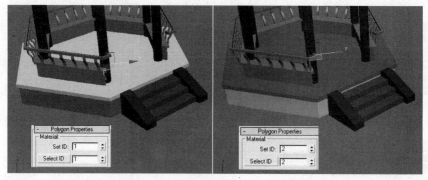

图 5.497　选择多边形设置 1 号、2 号 ID 编号

　　②选择一个空白的材质球,设置为多维子材质,数量为 2,在 1 号子材质中,【Diffuse】(漫反射颜色)通道中添加一张位图,设置【Specular Level】(高光级别)和【Glossiness】(光泽度)参数分别为 15 和 14,以【Instance】(实例)的方式复制到【Bump】(凹凸)材质通道,数量设置为 40,添加【UVW Map】(UVW 贴图),设置参数为 500×500×500,如图 5.498 所示。

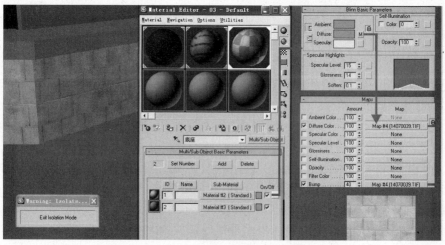

图 5.498　设置 1 号 ID 子材质

　　③设置 2 号子材质,在【Diffuse】(漫反射颜色)通道中添加一张位图,设置【Specular Level】(高光级别)和【Glossiness】(光泽度)参数分别为 14 和 12,以【Instance】(实例)的方式复

制到【Bump】(凹凸)材质通道,数量设置为30,添加【UVW Map】(UVW 贴图)命令,设置参数为 700×700×700,如图 5.499 所示。

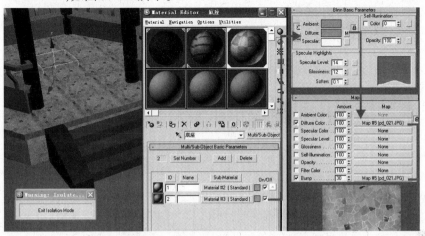

图 5.499　设置 2 号 ID 子材质

4)编辑台阶材质

①选择一个空白材质球,将其赋予给台阶模型,并将该材质球更名为"台阶"。

②选择"台阶"材质球,在漫反射颜色通道中添加一张位图,设置高光级别和光泽度参数分别为 15 和 25,以【Instance】(实例)的方式复制到凹凸通道中,并将数量设置为 40,添加【UVW Map】(UVW 帖图)命令,设置贴图方式为长方体,设置参数为 600×600×600,如图 5.500所示。

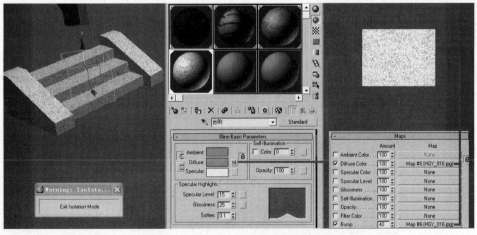

图 5.500　设置台阶材质

5)编辑木纹材质

①选择一个空白材质球,将其赋予亭子模型,并将该材质球更名为"木纹"。

②选择"木纹"材质球,在漫反射颜色通道中添加一张位图,设置【Specular Levet】(高光级别)和【Glossiness】(光泽度)参数分别为 25、20,以【Instance】(实例)的方式复制到【Bump】(凹凸)通道中,并将【Amount】(数量)设置为 30,添加【UVW Map】(UVW 帖图)命令,设置贴图方式为长方体,设置参数为 600×600×600 如图 5.501 所示。

③整个亭子材质赋予完毕后,将其复制到场景中的另一侧,如图 5.502 所示。

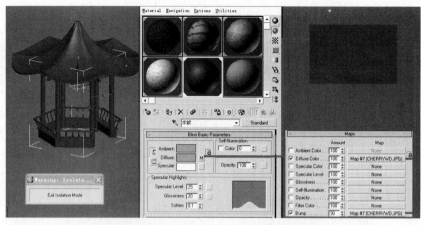

图 5.501　设置木纹材质

图 5.502　复制亭子

6)编辑花池材质

①在修改面板中激活【Polygon】(多边形)层级,选择不同的多边形,分别设置 ID 编号为1、2、3,如图 5.503 所示。

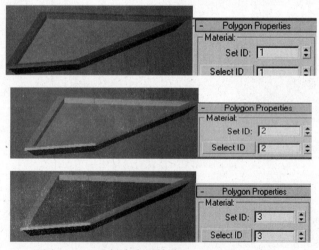

图 5.503　选择多边形并设置 1、2、3 号 ID 编号

②选择一个空白材质球,将其转变为多维子材质,设置数量为 3,分别设置 1、2、3 号 ID 材质球,参数如图 5.504 所示,并添加【UVW Map】(UVW 帖图)命令,贴图方式为长方体,参数设置为 700×700×700。

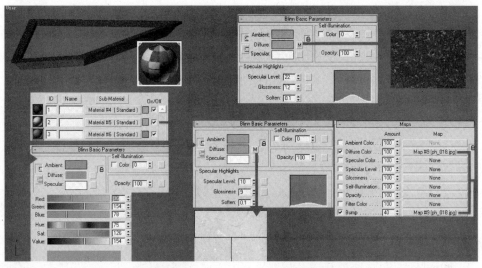

图 5.504　设置 1、2、3 号 ID 材质球

③使用同样的方法,将场景中其他花池都赋予花池材质,如图 5.505 所示。

7)编辑灯柱材质

①选择灯柱下半部分,在修改面板中激活多边形层级,单击【Attach】(附加)命令前的 ▣ 按钮,在弹出的对话框中单击【All】(全部),然后单击附加按钮,如图 5.506 所示。

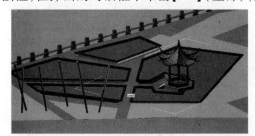

图 5.505　花池材质

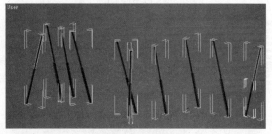

图 5.506　附加模型

②选择多边形,分别设置 ID 编号为 1、2 的多边形,如图 5.507 所示。

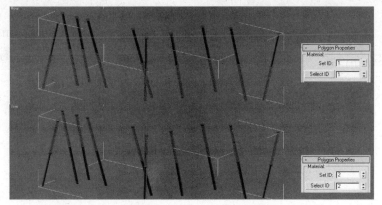

图 5.507　设置 1、2 号 ID 编号

③选择一个空白的材质球,将其转变为多维子材质,数量设置为 2,分别设置 1 号、2 号 子材质,参数如图 5.508 所示。

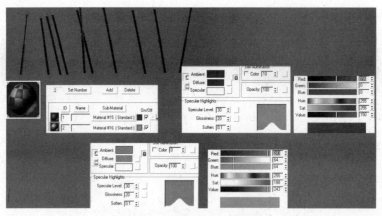

图 5.508　设置 1 号、2 号 ID 材质

8）铺地材质

使用同样的方法，将铺地材质分别赋予给模形，如图 5.509 所示。

子任务 3　创建摄影机

①在创建面板中单击 【Cameras】（摄影机）/【Target】（目标）按钮，在顶视图中创建一个目标摄影机，如图 5.510 所示。

②按【C】键，将透视图转换为摄影机视图，在前视图中调整摄影机和目标点的高度，设置镜头参数，调整摄影机和目标点的位置，如图 5.511所示。

图 5.509　制作铺地材质

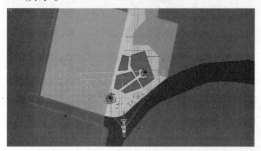

图 5.510　创建摄影机

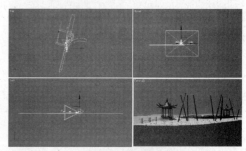

图 5.511　调整摄影机

③显示出安全框，渲染摄影机视图如图 5.512所示。

子任务 4　渲染测试和灯光设置

1）渲染测试

①按下【F10】快捷键，打开【Render Scene】（渲染场景）对话框，选择【Render】（渲染器）选项卡，进行渲染测试设置。

②打开【V-Ray: Global switches】（全局开

图 5.512　渲染摄影机视图效果

关)卷展栏,取消【Default Lights】(默认灯光)、【Hidden Lights】(隐藏灯光)的勾选,勾选【Max depth】(最大深度)为1,如图5.513所示。

③打开【V-Ray:Image sampler(Antialiasing)】(图形采样)卷展栏,设置【Image sampler】(图像采样器)的【Type】(类型)为【Fixed】(固定),勾去【On】(开)选项,如图5.514所示。

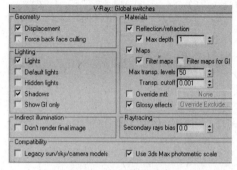

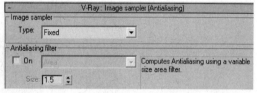

图5.513　设置全局开关参数　　　　图5.514　设置图像采样(反锯齿)参数

④打开【V-Ray:Indirect illumination(GI)】(间接照明GI)卷展栏,勾选【On】(开)前面的复选框,设置【Secondary bounces】(二次反弹)的【Multiplier】(倍增值)为0.9,【GI engine】(全局光引擎)为【Light cache】(灯光缓存),如图5.515所示。

⑤打开【V-Ray:Irradiance map】(发光贴图)卷展栏,设置【Current preset】(当前预置)为【Very Low】(非常低),【HSph. subdivs】(半球细分)为20,【Interp. samples】(插补采样)为20,勾选【Show calc. phase】(显示计算状态)、【Show direct light】(显示直接光),如图5.516所示。

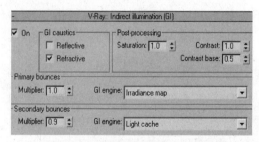

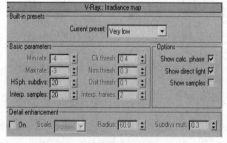

图5.515　设置间接照明(GI)参数　　　　图5.516　设置发光贴图参数

⑥打开【V-Ray:Light cache】(灯光缓存)卷展栏,设置【Subdivs】(细分)为100,如图5.517所示。

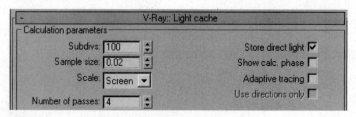

图5.517　设置灯光缓存参数

⑦切换到顶视图,进入创建面板,在几何体面板中单击【Sphere】(球体)按钮,在顶视图中创建一个【Radius】(半径)为8 800的球体,将球体转换为可编辑多边形,在前视图中删除球体的下半部分,使用缩放及移动工具调整球体形状,如图5.518所示。

⑧打开材质编辑器,赋予球天一个空白的材质球,在【Diffuse Color】(漫反射颜色)通道

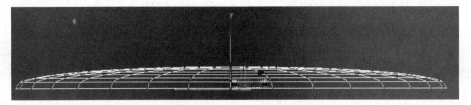

图 5.518　制作球天模型

中添加一张天空环境的位图,并设置【Self-lllumination】(自发光)中的【Color】(颜色)为 100,在修改面板中添加【Normal】(法线)和【UVW Map】(UVW 帖图)命令,设置贴图类型为柱形,如图 5.519 所示。

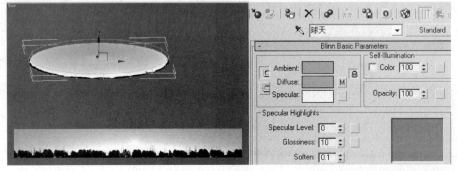

图 5.519　制作球天材质

⑨选择球天模型,右键单击,在右键菜单中选择【Object Properties】(对象属性)命令,在弹出的对话框中,勾去【Visble to Camera】(对摄像机可见)、【Receive Shadows】(接收阴影)、【Cast Shadows】(投射阴影)。

⑩渲染摄影机视图,如图 5.520 所示。

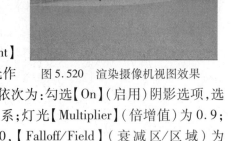

图 5.520　渲染摄像机视图效果

2)灯光设置

①在灯光创建面板中单击【Target Directional Light】(目标点平行光)按钮,在顶视图创建一盏目标平行光作为场景的主光源,并调整灯光的位置。设置灯光参数依次为:勾选【On】(启用)阴影选项,选择【VRayShadow】(VRay 阴影);设置灯光颜色为暖色系;灯光【Multiplier】(倍增值)为 0.9;设置【Hotspot/Beam】(聚光区/光束)为 123 747.0,【Falloff/Field】(衰减区/区域)为 206 096.0,如图 5.521 所示。

图 5.521　主光源位置及灯光参数

②渲染摄影机视图,渲染结果如图 5.522 所示。

子任务5　渲染输出

①设置渲染光子参数：打开【V-Ray：Global switches】（全局开关）卷展栏，勾选【Don't render final image】（不渲染最终的图像）选项，勾去【Max depth】（最大深度）选项，如图5.523所示。

②打开【V-Ray：Image sampler（Antialiasing）】（图像采样）卷展栏，设置【Image sampler】（图像采样器）的【Type】（类型）为【Fixed】（固定），关闭【Antialiasing filter】（抗锯齿过滤器），如图5.524所示。

③打开【V-Ray：Irradiance map】（发光贴图）

图5.522　渲染摄影机视图效果

卷展栏，分别设置各参数，并勾选【Auto save】（自动保存）选项，单击【Browse】（浏览）按钮，设置保存光子路径，勾选【Switch to saved map】（切换到保存的贴图）选项，如图5.525所示。

图5.523　设置全局开关参数　　　　　图5.524　设置图像采集（反锯齿）参数

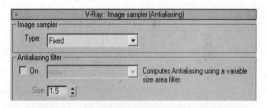

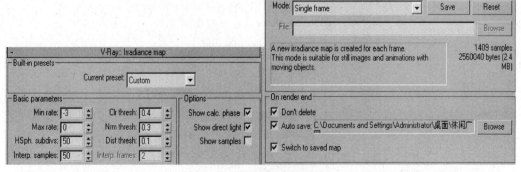

图5.525　设置发光贴图参数

④打开【V-Ray：rQMC Sampler】（rQMC采样器）卷展栏，设置参数如图5.526所示。

⑤打开【V-Ray：Light cache】（灯光缓存）卷展栏，设置【Subdivs】（细分）为1 000，并勾选【Auto save】（自动保存）选项，单击【Browse】（浏览）按钮，设置保存光子路径，勾选【Switch to saved cache】（切换到保存的缓存文件）选项，如图5.527所示。

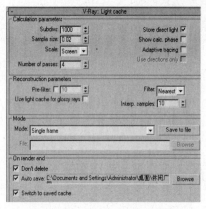

图 5.526　设置 rQMC 采样器采样器参数

图 5.527　设置灯光缓存参数　　　　　图 5.528　渲染摄影机视图效果

⑥打开【Common】（公用）选项卡，使用系统默认的【Output Size】（输出大小）为640×480。

⑦渲染摄影机视图，渲染效果如图 5.528 所示。

⑧光子文件渲染完毕后，在【V-Ray：Global switches】（全局开关）卷展栏中勾去【Don't render final image】（不渲染最终的图像）选项。打开【V-Ray：Image sampler（Antialiasing）】（图像采样）卷展栏中，设置参数如图 5.529 所示。

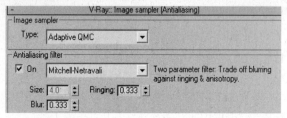

图 5.529　设置图像采样（反锯齿）参数

⑨由于在渲染光子图时勾选了【Switch to saved map】（切换到保存的贴图）、【Switch to saved cache】（切换到保存的缓存文件）选项，系统会在渲染光子结束后，自动调用光子图，如图 5.530 所示。

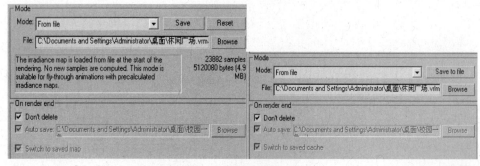

图 5.530　系统自动调用光子

⑩进入【Common】(公用)选项卡,单击【Files】(文件) 按钮,设置保存路径,文件命名,设置保存类型为 TGA 格式,单击 按钮,在弹出的对话框去勾去【Compress】(压缩),单击【OK】按钮。

⑪设置【Output Size】(输出大小)参数为 2 500 × 1 875,如图 5.531 所示。

⑫渲染摄影机视图,效果如图 5.532 所示。命名为"休闲广场景观.max",存盘。

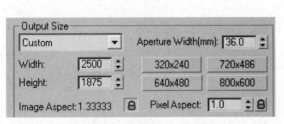

图 5.531　设置输出大小参数

图 5.532　摄影机视图渲染效果

⑬经过 Photoshop 后期制作后最终效果如图 5.533 所示。

图 5.533　最终效果

任务6　湿地公园景观设计的操作技能

子任务1　创建场景模型

1)创建台阶模型

①打开 3ds Max 软件,设置单位为 mm。激活顶视图,单击菜单【File】(文件)/【Import】(导入)命令,分别导入"本书素材/项目五/任务 16——湿地公园景观设计/CAD/湿地公园.dwg 和地形.dwg"文件,并分别成组,命名为"湿地公园"和"地形",如图 5.534 所示。

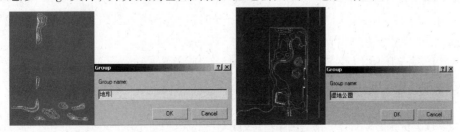

图 5.534　导入 CAD 并进行成组

②选择"地形",单击✛命令,将其移入到"湿地公园"中,然后将其冻结,如图5.535所示。

③使用【Line】(线)命令,在顶视图中根据CAD图形绘制水面区域,如图5.536所示。

④激活　【Segment】(线段)次物体级,单击修改面板中的【Divide】(细分)按钮3次,增加线段中的点,然后选择所有的点,右键单击,在弹出的菜单栏中将所有点转换为角点,如图5.537所示。

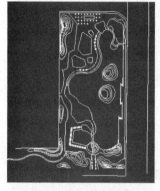
图5.535　移动图形

图5.536　水面区域

图5.537　细分线段

⑤选择绘制好的样条线,右键单击,在弹出的对话框中将样条线转换为【Editable Poly】(可编辑多边形),如图5.538所示。

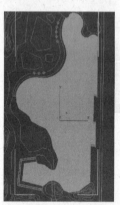
图5.538　编辑多边形

图5.539　制作河岸

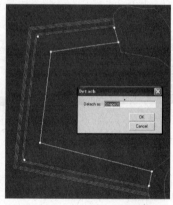
图5.540　分离、复制线段

⑥使用【Line】(线)命令,绘制出河岸的外轮廓,添加挤出命令,挤出数值为1 000,如图5.539所示。

⑦激活　【Segment】(线段)次物体级,选择河岸样条线中的三条线段,勾选修改面板中的【Copy】(复制),单击【Detach】(分离)按钮,将这三条线复制并分离出来,如图5.540所示。

⑧选中分离复制出来的样条线,激活　【Spline】(样条线)层级,在【Outline】(轮廓)命令中输入-300,如图5.541所示。

⑨对轮廓后的样条线施加【Extrude】(挤出)命令,挤出【Amount】(数量)为200,生成台阶,如图5.542所示。

⑩使用同样的方法制作其他台阶,如图5.543所示。

⑪使用【Line】(线)命令,绘制出平台轮廓,然后添加【Extrude】(挤出)命令,挤出【Amount】(数量)为2 200,如图5.544所示。

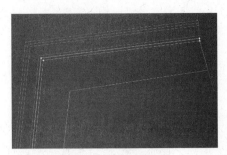

图 5.541　轮廓处理

图 5.542　挤出台阶

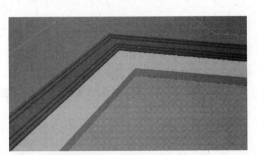

图 5.543　制作其他台阶

图 5.544　挤出平台模型

⑫使用【Line】(线)和【Extrude】(挤出)命令,制作出另一处台阶模型,如图 5.545 所示。

⑬使用【Line】(线)和【Extrude】(挤出)命令,制作出右侧平台模型,如图 5.546 所示。

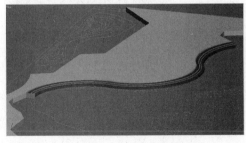

图 5.545　另一处台阶模型

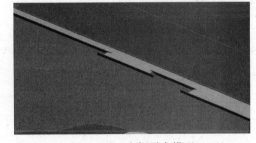

图 5.546　右侧平台模型

2)制作缓坡区域模型

①缓坡区域,即红线标示出的范围,如图 5.547 所示。使用【Plane】(平面)命令,在顶视图中创建一个平面,尺寸超过缓坡区域即可,长度分段和宽度分段数均设置为 60,如图 5.548 所示。

> 说明:平面模型尺寸只要超过需要制作的缓坡区域即可,分段数越多越好(但也不能过多,够用即可),这是为了以后利用笔刷制作地形时所准备的。

②将平面转换成【Editable Poly】(可编辑多边形),在修改面板中,单击【Paint Deformation】(POLY 的笔刷工具),再点击 Z 轴,在平面上进行地形绘制,其中【Push/Pull】(推力)、【Brush Size】(笔刷尺寸)没有固定值,随着刷出的地形及时进行调节,如图 5.549 所示。

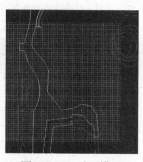

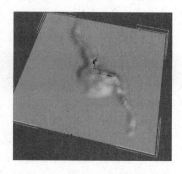

图5.547　红线缓坡区域　　　　图5.548　平面模型　　　　图5.549　利用笔刷刷出缓坡地形

> 说明：为了笔刷在刷地形时不超过范围，可以使用样条线单独勾勒出区域范围，然后进入孤立模式，在刷地形时需要及时调整笔刷的力度及大小，这样才可以根据区域范围刷出合适的地形。

③观察发现：刷出的地形，表面看起来有些地方过于尖锐，显得比较粗糙。点击【Relax】（松弛）工具，在已绘制好的地形中进行松弛，如图5.550所示。

④根据之前红线的范围以及平面的大小，制作掏空红线范围的辅助模型，将其穿过平面模型，如图5.551所示。

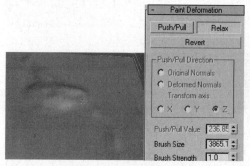

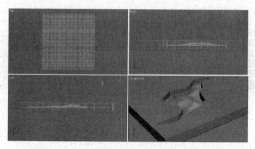

图5.550　松弛地形工具　　　　　　　　　图5.551　制作辅助模型

⑤选择红色平面模型，查找创建几何体卷展栏下的复合对象，点击【Boolean】（布尔）命令，选择A-B模式，点击【Pick Operand B】（拾取B物体），点击绿色辅助物体，结果如图5.552所示。

⑥退出孤立模式，将地形的世界绝对坐标轴中的Z轴高度改为2 200，使之与平台模型高度一致，如图5.553所示。

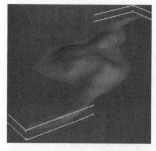

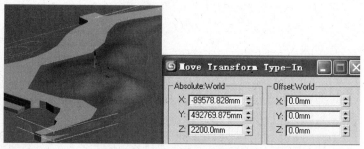

图5.552　布尔运算后结果　　　　　　　图5.553　修改地形高度

⑦将地形模型转换为可编辑多边形，激活【Border】（边界）层级，选择地形边界，按住

【Shift】,配合移动工具,向下拖拽鼠标,制作出地形的厚度,如图 5.554 所示。

⑧使用同样的方法,制作出场景中另两块缓坡地形模型,如图 5.555 所示。

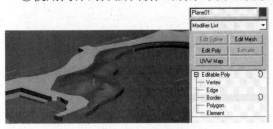

图 5.554　使用边界制作出厚度

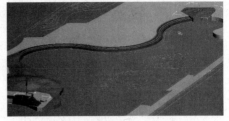

图 5.555　另两块缓坡地形模型

3)制作地形模型

①将组"地形"进入孤立模式,进入样条线层级,在前视图中将每根等高线以 1 000 mm 的差距进行高度上的调整,如图 5.556 所示。

②将组"地形"进行解组,使用样条线层级,选出每组等高线,进行分离,并进入 【Hierarchy】(层次)面板,先点击【Affect Pivort Only】(仅影响轴)、再点击【Center to Pivot】(对齐到物体中心)、最后再点击【Affect Pivort Only】(仅影响轴心点),将坐标轴对齐到每个物体中心,如图 5.557 所示。

③选择其中一组等高线,在创建几何体卷展栏中找到复合对象,点击【Terrain】(地形)命令,生成等高地形,如图 5.558 所示。

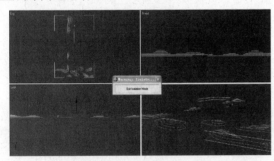

图 5.556　调整等高线高度

图 5.557　分离等高线

④按下【F4】键,发现使用地形命令生成的等高地形,表面很粗糙,这是因为其表面的网格是三角形,如图 5.559 所示。

⑤对地形进行修改,首选创建一个平面模型放置在地形的上方,平面的参数跟之前的一样,尺寸大于地形,分段数尽可能大一些,将该平面模型转换为可编辑多边形,如图 5.560 所示。

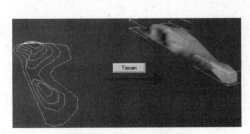

图 5.558　生成地形模型

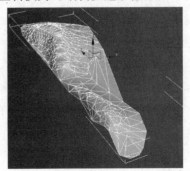

图 5.559　观察三角网格的地形

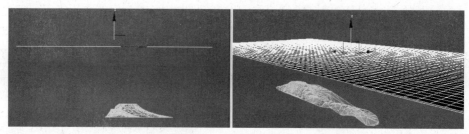

图 5.560　制作平面模型

⑥选择平面模型,在复合对象卷展栏中,点击【Conform】(包裹)命令,在修改面板中,选择【Move】(移动)、【Along Vertex Normals】(沿顶点法线)、【Hide Wrap-To Object】(隐藏包裹物体),点击【Pick Wrap-To Object】(拾取包裹物体),在视图中点击下方的地形模型,结果如图 5.561 所示。

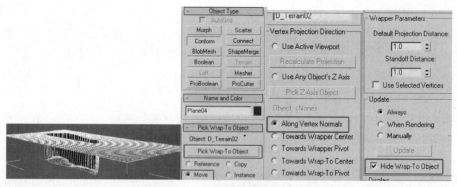

图 5.561　添加包裹命令

⑦将该物体转换为【Editable Poly】(可编辑多边形),激活【Vertex】(顶点)层级,在前视图中选择上方的点,如图 5.562 所示。

图 5.562　选择点

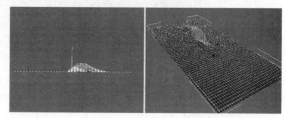

图 5.563　移动点到准确位置

⑧将选择的点在前视图中沿 Z 轴放置在如图 5.563 的位置上。

⑨近距离观察地形,发现其网格已从之前的三角形,变为四边形,其表面也变得自然,如图 5.564 所示。

⑩使用之前的方法,将地形以外的辅助模型制作出来,如图 5.565 所示。

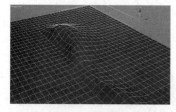

图 5.564　观察网格分布

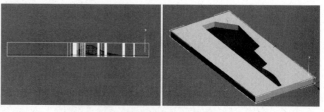

图 5.565　制作辅助模型

⑪同样使用布尔运算,将合适的地形保留下来,如图 5.566 所示。

⑫将该地形的世界相对坐标轴中的 Z 轴设置为 2 200,让其与平台衔接,如图 5.567 所示。

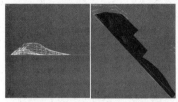

图 5.566　布尔运算后效果　　　　　　　　图 5.567　调整地形高度

⑬将地形模型转换为【Editable Poly】(可编辑多边形),激活【Border】(边界)层级,选择地形边界,按住【Shift】键,配合移动命令向下复制出地形厚度,如图 5.568 所示。

⑭使用同样的方法制作出场景中其他地形,如图 5.569 所示。

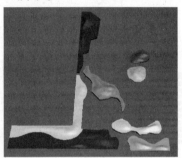

图 5.568　制作地形厚度　　　　　　　图 5.569　场景中其他地形模型

⑮切换到顶视图,按照 CAD 图形绘制平台中花坛的样条线,如图 5.570 所示。

⑯添加【Extrude】(挤出)命令,挤出【Amount】为 150,在修改面板中勾去【Cap Start】(封顶)、【Cap End】(封底),得到一个面片,如图 5.571 所示。

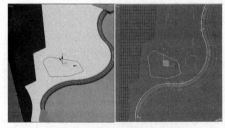

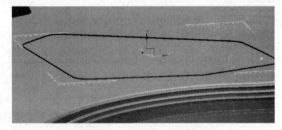

图 5.570　花坛的样条线　　　　　　　图 5.571　添加挤出命令

⑰接着添加【Shell】(壳)命令,在修改面板中设置【Inner Amount】(内部数量)和【Outer Amount】(外部数量)均为 75,如图 5.572 所示。

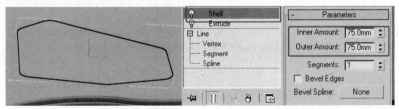

图 5.572　添加壳命令

⑱将之前绘制的花坛样条线分离复制出来,如图 5.573 所示。

⑲对分离复制出来的样条线添加【Extrude】(挤出)命令,挤出【Amount】(数量)为 0.5,如图 5.574 所示。

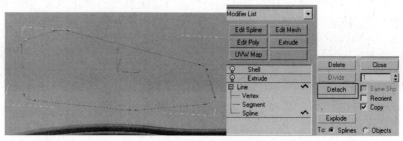

图5.573　分离复制样条线

⑳使用同样的方法将其他几块花坛制作出来,如图5.575所示。

4)制作树池模型

①单击【Circle】(圆)命令,在顶视图中使用【Edge】(边)创建方式,按照CAD图形绘制树池外轮廓,如图5.576所示。

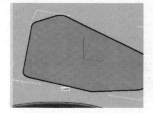

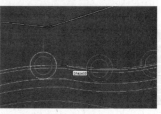

图5.574　添加挤出命令　　　图5.575　其他几块花坛　　　图5.576　树池外轮廓

②添加【Extrude】(挤出)命令,挤出【Amount】为600,将该模型的世界绝对坐标值Z轴设置为1 800,如图5.577所示。

图5.577　添加挤出命令

③将树池模型转换为【Editable Poly】(可编辑多边形),激活■【Polygon】(多边形)级别,选择顶面,右键单击,在弹出的级联菜单中选择【Bevel】(倒角)前面的■按钮,在弹出的对话框中,设置轮廓数量为150,如图5.578所示。

图5.578　添加倒角命令

④再次右键单击,在弹出的级联菜单中选择【Extrude】(挤出)前面的■按钮,在弹出的对话框中,设置挤出高度为150,如图5.579所示。

⑤再次右键单击,在弹出的级联菜单选择【Inset】(插入)前面的■按钮,在弹出的对话框中,设置插入数量为500,如图5.580所示。

⑥再次右键单击,在弹出的级联菜单中选择【Extrude】(挤出)前面的■按钮,在弹出的对话框中,设置挤出高度为-100,如图5.581所示。

图 5.579　添加挤出命令

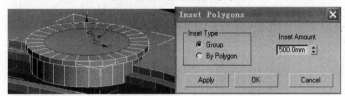

图 5.580　添加插入命令

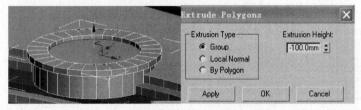

图 5.581　添加挤压命令

⑦至此一个树池就做好了,将树池模型按照 CAD 图形上的位置进行复制,结果如图 5.582 所示。

5）制作园桥

①在创建面板中激活 【Heelpers】(辅助对象)面板下的【Tape】(卷尺)命令,按照 CAD 图形上桥的轮廓,测得桥的长宽分别是 13 043、3 000,按照这一尺寸在顶视图中绘制一个矩形,为了方便后面的制作,将其进入孤立模式,如 5.583 所示。

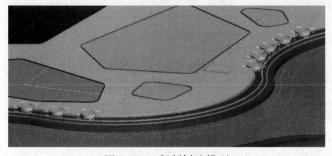

图 5.582　复制树池模型

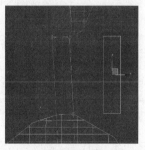

图 5.583　绘制矩形

②切换到左视图,使用【Line】(线)命令在矩形中央绘制一根辅助线,如图 5.584 所示。

③使用【Line】(线)命令继续在左视图中绘制出桥身的侧面,如图 5.585 所示。

④添加【Extrude】(挤出)命令,挤出【Amount】(数量)为 3 000,如图 5.586 所示。

⑤进入样条线【Segment】(线段)层级,选择线段,进行分离复制,如图 5.587 所示。

图 5.584　绘制辅助线

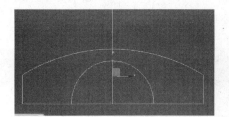

图 5.585　桥身侧面

图 5.586　添加挤出命令

图 5.587　分离复制样条线

⑥将分离复制出来的样条线,在修改面版中单击【Outline】(轮廓)命令,并勾选【Center】(中心),设置轮廓数值为200,如图 5.588 所示。

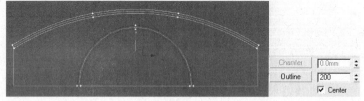

图 5.588　设置扩边

⑦添加【Extrude】(挤出)命令,挤出【Amount】数量为100,放置在合适的位置,如图 5.589所示。

⑧使用【Editable Poly】(可编辑多边形)命令制作出扶手的模型,并将其复制放置在合适的位置,如图 5.590 所示。

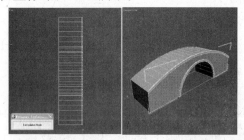

图 5.589　添加挤出命令

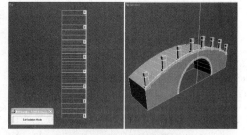

图 5.590　制作扶手模型

⑨使用【Line】(线)命令在左视图中绘制扶手中间的模型,如图 5.591 所示。

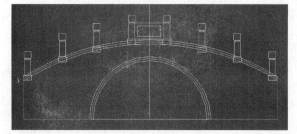

图 5.591　绘制模型

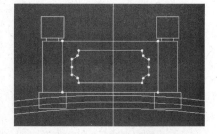

图 5.592　修改样条线

⑩转换为【Editable Spline】(可编辑样条线),使用【Vetex】(顶点)层级,修改样条线,如

图 5.592 所示。

⑪添加【Extrude】(挤出)命令,挤出【Amount】数量为 150,位置如图 5.593 所示。

⑫选择模型其中一根样条线,进行分离复制,并再次添加【Extrude】(挤出)命令,放置在合适的位置,如图 5.594 所示。

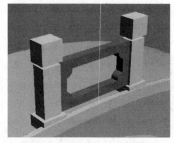
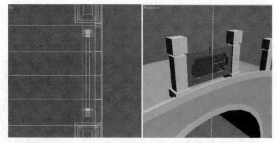

图 5.593　添加挤出命令　　　　　　图 5.594　对分离复制的样条线添加挤出命令

⑬将模型成组,复制该组,添加【FFD2×2×2】命令,激活【Control Points】(控制点),将复制的模型调整到合适的位置,如图 5.595 所示。

⑭使用同样的方法将模型复制并调整到其他合适的位置,如图 5.596 所示。

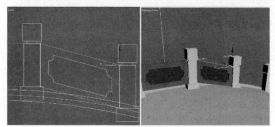
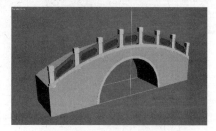

图 5.595　添加 FFD2×2×2 命令　　　　　图 5.596　复制并调整模型

⑮将制作好的一侧模型统一复制到另一侧,放置在合适的位置,将整个模型成组,命名为"园桥",如图 5.597 所示。

⑯将"园桥"按照 CAD 图纸放置在合适的位置,如图 5.598 所示。

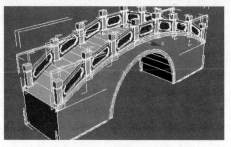
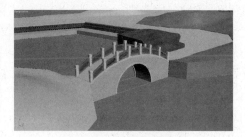

图 5.597　将模型成组　　　　　　图 5.598　放置园桥模型

⑰检查模型,发现需要修改、调整的地方进行适当调整,调整结果如图 5.599 所示。

子任务 2　材质编辑

1)编辑平台材质

①选择平台模型,先将其进入孤立模式,按下【M】键,打开材质编辑器,选择一个空白材质球,将

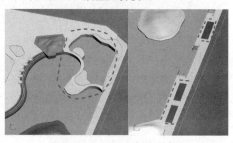

图 5.599　修改调整模型

其赋予给平台模型,并将该材质球命名为"平台"。

②选择"平台"材质球,在其【Diffuse】(漫反射颜色)通道中添加一张铺地位图,设置【Specular Level】(高光级别)和【Glossiness】(光泽度)参数分别为18和35,单击 按钮,显示纹理,以【Instance】(实例)的方式复制贴图至【Bump】(凹凸)通道中,设置凹凸【Amount】(数量)为50,添加【UVW Map】(UVW贴图),设置贴图类型为长方体,参数设置为1 200×1 200×1 200,如图5.600所示。

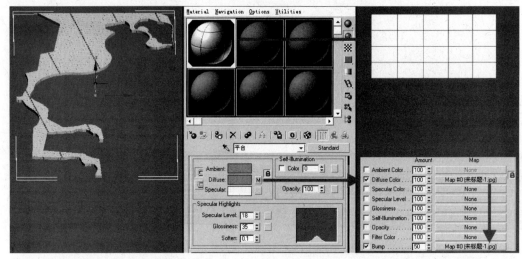

图5.600　制作平台材质

说明:本任务的贴图均在"本书素材/项目五/任务19——湿地公园景观设计"文件夹中,以后不再提示。

2)编辑缓坡草地材质

①选择缓坡模型,先将其进入孤立模式,选择一个空白材质球,将其赋予给缓坡模型,并将该材质球命名为"坡地"。

②选择"坡地"材质球,在其【Diffuse】(漫反射颜色)通道中添加一张草地位图,设置【Specular Level】(高光级别)和【Glossiness】(光泽度)参数分别为15和12,单击 按钮,显示纹理,以【Instance】(实例)的方式复制贴图至【Bump】(凹凸)通道中,设置凹凸【Amount】(数量)为70,添加【UVW Map】(UVW贴图),设置贴图类型为长方体,参数设置为1 200×1 200×1 200,如图5.601所示。

3)编辑台阶材质

①选择台阶模型,先将其进入孤立模式,选择一个空白材质球,将其赋予给台阶模型,并将该材质球命名为"台阶"。

②选择"台阶"材质球,在其【Diffuse】(漫反射颜色)通道中添加一张石材位图,设置【Specular Level】(高光级别)和【Glossiness】(光泽度)参数分别为15和11,单击 按钮,显示纹理,以【Instance】(实例)的方式复制贴图至【Bump】(凹凸)通道中,设置凹凸【Amount】(数量)为50,添加【UVW Map】(UVW贴图),设置贴图类型为长方体,参数设置为1 000×1 000×1 000,如图5.602所示。

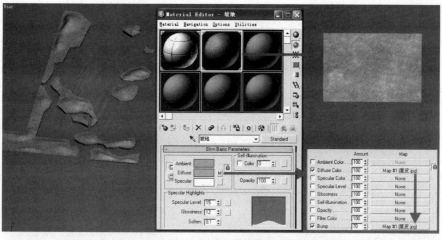

图 5.601 制作缓坡草地材质

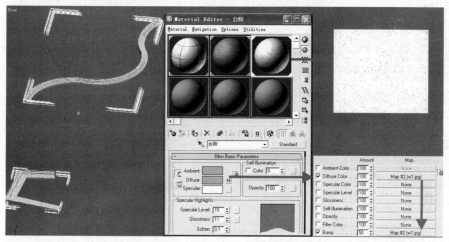

图 5.602 制作台阶模型

4) 编辑花坛材质

①选择场景中全部花坛模型,如图 5.603 所示,右键单击,将其转换为可编辑多边形。

②选中其中一个多边形物体,在其修改面板中点击【Attach】(附加)前面的■按钮,在弹出的【Attach List】(附加列表)中点击【All】(全部),在点击结合,将场景中的多边形全部附加到一起。

③选择花坛草地部分设置为 1 号 ID,路边设置为 2 号 ID,并使用多维子材质赋予该模型,其中 ID 编号为 1 的草地材质,在其【Diffuse】(漫反射颜色)通道中添加一张草地位图,设置【Specular Level】(高光级别)和【Glossiness】(光泽度)参数分别为 15、9,单击 按钮,显示

图 5.603 选择全部花坛模型

纹理,以【Instance】(实例)的方式复制贴图至【Bump】(凹凸)通道中,设置凹凸【Amount】(数量)为 50,添加【UVW Mapping】(UVW 贴图),设置贴图类型为长方体,参数设置为 1 000×1 000×1 000,其中 ID 编号为 2 的路边材质将漫反射颜色设置为白色即可,如图 5.604 所示。

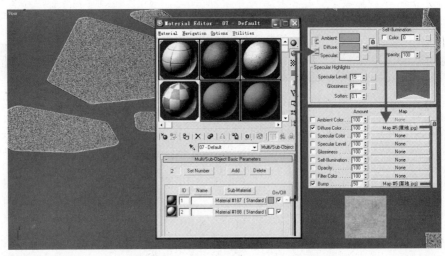

图 5.604　制作花坛材质

5) 编辑树池材质

①使用同样的方法,设置树池模型的 ID 编号,如图 5.605 所示。

②使用多维子材质赋予该模型,设置 ID 编号为1 的池壁材质,在其【Diffuse】(漫反射颜色)通道中添加一张石材位图,设置【Specular Level】(高光级别)和【Glossiness】(光泽度)参数分别为 12 和 18,单击按钮,显示纹理,以【Instance】(实例)的方式复制贴图至【Bump】(凹凸)通道中,设置凹凸

图 5.605　树池模型 ID 编号

【Amount】(数量)为 50,添加【UVW Mapping】(UVW贴图),设置贴图类型为长方体,参数设置为 1 000 ×1 000 ×1 000,如图 5.606 所示。

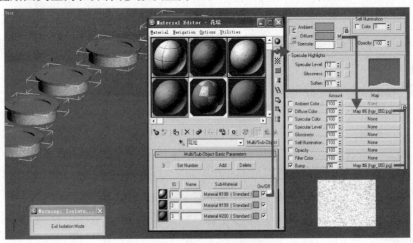

图 5.606　设置 1 号 ID 子材质

③设置 ID 编号为 2 的池顶材质,在其【Diffuse】(漫反射颜色)通道中添加一张石材位图,设置【Specular Level】(高光级别)和【Glossiness】(光泽度)参数分别为 19、31,单击按钮,显示纹理,以【Instance】(实例)的方式复制贴图至【Bump】(凹凸)通道中,设置凹凸

【Amount】（数量）为30，添加【UVW Mapping】（UVW 贴图），设置贴图类型为长方体，参数设置为 1 000 × 1 000 × 1 000，如图5.607 所示。

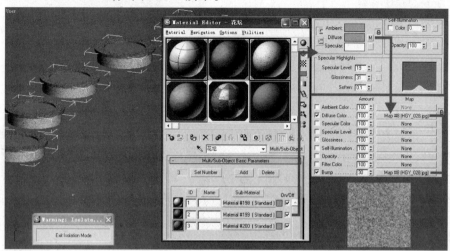

图 5.607　设置 2 号 ID 子材质

④设置 ID 编号为 3 的草皮材质，在其【Diffuse】（漫反射颜色）通道中添加一张草地位图，设置【Specular Level】（高光级别）和【Glossiness】（光泽度）参数分别为 15 和 9，单击 ⬛ 按钮，显示纹理，以【Instance】（实例）的方式复制贴图至【Bump】（凹凸）通道中，设置凹凸【Amount】（数量）为 50，添加【UVW Map】（UVW 贴图），设置贴图类型为长方体，参数设置为 1 000 × 1 000 × 1 000，如图 5.608 所示。

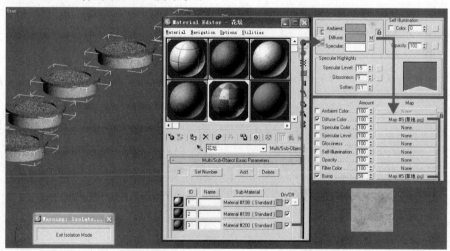

图 5.608　设置 3 号 ID 子材质

6）编辑园桥材质

①使用同样的方法，设置园桥模型的 ID 编号，如图 5.609 所示。

②设置 ID 编号为 1 的桥身材质，在其【Diffuse】（漫反射颜色）通道中添加一张石材位图，设置【Specular Level】（高光级别）和【Glossiness】（光泽度）参数分别为 12 和 25，单击 ⬛ 按钮，显示纹理，以【Instance】（实例）的方式复制贴图至【Bump】（凹凸）通道中，设置凹凸【Amount】（数量）为 50，添加【UVW Map】（UVW 贴图），设置贴图类型为长方体，参数设置为 1 000 × 1 000 × 1 000，如图 5.610 所示。

图 5.609　设置园桥模型的 ID 编号

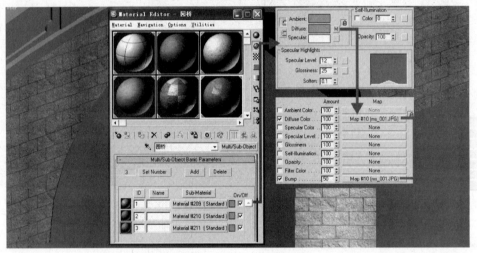

图 5.610　设置 1 号 ID 子材质

③设置 ID 编号为 2 的子材质,在其【Diffuse】(漫反射颜色)通道中添加一张铺地位图,设置【Specular Level】(高光级别)和【Glossiness】(光泽度)参数分别为 14 和 12,单击 按钮,显示纹理,以【Instance】(实例)的方式复制贴图至【Bump】(凹凸)通道中,设置凹凸【Amount】(数量)为 30,添加【UVW Map】(UVW 贴图),设置贴图类型为长方体,参数设置为1 000×1 000×1 000,如图 5.611 所示。

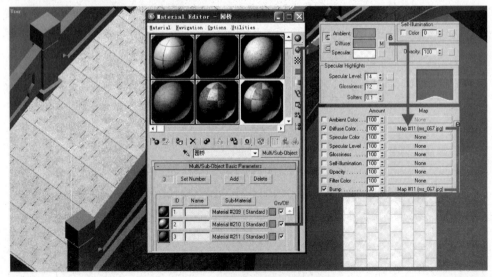

图 5.611　设置 2 号 ID 子材质

④设置 ID 编号为 3 的子材质，在其【Diffuse】(漫反射颜色)通道中添加一张是石材位图，设置【Specular Level】(高光级别)和【Glossiness】(光泽度)参数分别为 19 和 34，单击 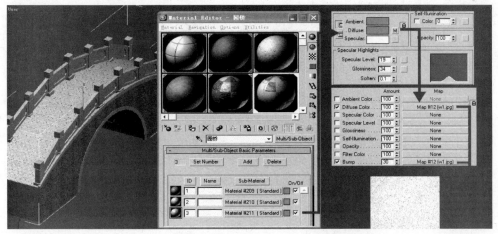 按钮，显示纹理，以【Instance】(实例)的方式复制贴图至【Bump】(凹凸)通道中，设置凹凸【Amount】(数量)为 30，添加【UVW Map】(UVW 贴图)，设置贴图类型为长方体，参数设置为 1 000×1 000×1 000，如图 5.612 所示。

图 5.612　设置 3 号 ID 子材质

⑤使用同样的方法制作步道材质，如图 5.613 所示。

图 5.613　步道材质

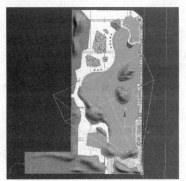

图 5.614　创建摄影机

子任务 3　创建摄影机

①在创建面板中单击 【Cameras】(摄影机)/【Target】(目标)按钮，在顶视图中创建一个目标摄影机，如图 5.614 所示。

②将透视图转换为摄影机视图，在前视图中调整摄影机和目标点的高度，设置镜头参数，调整摄影机和目标点的位置，如图 5.615 所示。

③显示出安全框，渲染视图如图 5.616 所示。

子任务 4　渲染测试和灯光设置

1)渲染测试

①按下【F10】快捷键，打开【Render Scene】(渲染场景)对话框，选择【Render】(渲染器)选项卡，进行渲染测试设置。

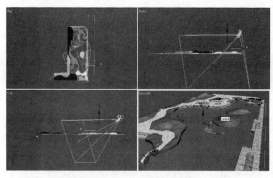

图 5.615　调整摄影机

图 5.616　渲染摄像机视图效果

②打开【V-Ray:Global switches】(全局开关)卷展栏,取消【Default Lights】(默认灯光)、【Hidden Lights】(隐藏灯光)的勾选,勾选【Max depth】(最大深度)为并设置为 1,如图 5.617所示。

③打开【V-Ray:Image sampler (Antialiasing)】(图形采样)卷展栏,设置【Image sampler】(图像采样器)的【Type】(类型)为【Fixed】(固定),勾去【On】(开)选项,如图 5.618 所示。

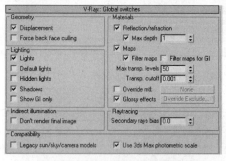

图 5.617　设置全局开关参数

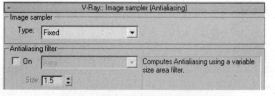

图 5.618　设置图像采样(反锯齿)参数

④打开【V-Ray:Indirect illumination(GI)】(间接照明 GI)卷展栏,勾选【On】(开)前面的复选框,设置【Secondary bounces】(二次反弹)的【Multiplier】(倍增值)为 0.9,【GI engine】(全局光引擎)为【Light cache】(灯光缓存),如图 5.619 所示。

⑤打开【V-Ray:Irradiance map】(发光贴图)卷展栏,设置【Current preset】(当前预置)为【Very Low】(非常低),【HSph. subdivs】(半球细分)为 20,【Interp. samples】(插补采样)为 20,勾选【Show calc. phase】(显示计算状态)、【Show direct light】(显示直接光),如图 5.620 所示。

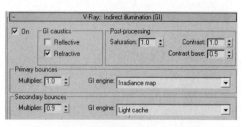

图 5.619　设置间接照明(GI)参数

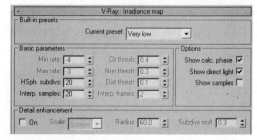

图 5.620　设置发光贴图参数

⑥打开【V-Ray:Light cache】(灯光缓存)卷展栏,设置【Subdivs】(细分)为 100,如图5.621所示。

⑦切换到顶视图,进入创建面板,在几何体面板中单击【Sphere】(球体)按钮,在顶视图创建一个【Radius】(半径)为 8 800 的球体,将球体转换为可编辑多边形,在前视图中删除球

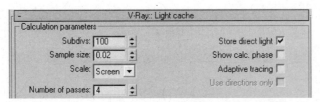

图 5.621 设置灯光缓存参数

体的下半部分,使用缩放及移动工具调整球体形状,如图 5.622 所示。

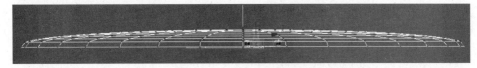

图 5.622 制作球天模型

⑧打开材质编辑器,赋予球天一个空白的材质球,在【Diffuse】(漫反射颜色)通道中添加一张天空环境的位图,并在【Self-lllumination】(自发光)中的【Color】(颜色)设置为 100,并在修改面板中添加【Normal】(法线)和【UVW Map】(UVW 贴图)修改器,设置贴图类型为柱形,如图 5.623 所示。

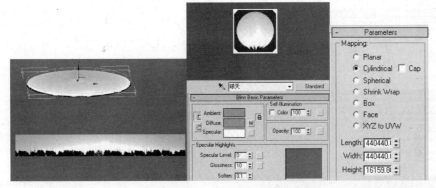

图 5.623 制作球天材质

⑨设置球天属性。选择球天模型,右键单击,在右键菜单中选择【Object Properties】(对象属性)命令,在弹出的对话框中,勾去【Visble to Camera】(对摄像机可见)、【Receive Shadows】(接收阴影)、【Cast Shadows】(投射阴影)。

⑩渲染摄影机视图,如图 5.624 所示。

图 5.624 渲染摄像机视图效果

2)灯光设置

①在灯光创建面板中单击【Target Directional Light】(目标点平行光)按钮,在顶视图创建一盏目标平行光作为场景的主光源,调整灯光的位置。设置灯光参数依次为:勾选【On】(启用)阴影选项,并选择【VRayShadow】(VRay 阴影);设置灯光颜色为暖色系;灯光【Multiplier】(倍增值)为 0.9;设置【Hotspot/Beam】(聚光区/光束)为 237 024.82,【Falloff/Field】(衰减区/区域)为 269 221.0,如图 5.625 所示。

②渲染摄影机视图,渲染结果如图 5.626 所示。

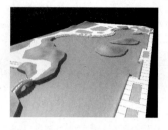

图 5.625　主光源位置及灯光参数　　　　图 5.626　渲染摄像机视图效果

子任务 5　渲染输出

①设置渲染光子参数:打开【V-Ray:Global switches】(全局开关)卷展栏,勾选【Don't render final image】(不渲染最终的图像)选项,勾去【Max depth】(最大深度)选项,如图 5.627 所示。

②打开【V-Ray:Image sampler(Antialiasing)】(图像采样)卷展栏,设置【Image sampler】(图像采样器)的【Type】(类型)为【Fixed】(固定),关闭【Antialiasing filter】(抗锯齿过滤器),如图 5.628 所示。

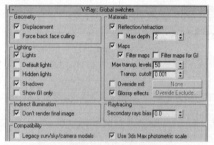
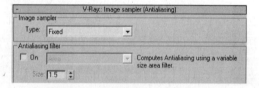

图 5.627　设置全局开关参数　　　　图 5.628　设置图像采集(反锯齿)参数

③打开【V-Ray:Irradiance map】(发光贴图)卷展栏,分别设置各参数,并勾选【Auto save】(自动保存)选项,单击【Browse】(浏览)按钮,设置保存光子路径,勾选【Switch to saved map】(切换到保存的贴图)选项,如图 5.629 所示。

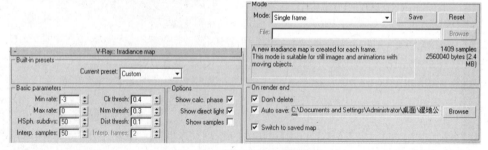

图 5.629　设置发光贴图参数

④打开【V-Ray:rQMC Sampler】(rQMC 采样器)卷展栏,设置参数如图 5.630 所示。

⑤打开【V-Ray:Light cache】(灯光缓存)卷展栏,设置【Subdivs】(细分)为 1 000,并勾选【Auto save】(自动保存)选项,单击【Browse】(浏览)按钮,设置保存光子路径,勾选【Switch to saved cache】(切换到保存的缓存文件)选项,如图 5.631 所示。

⑥打开【Common】(公用)选项卡,使用系统默认的【Output Size】(输出大小)为 640×480。

图 5.630　设置 rQMC 采样器采样器参数

⑦渲染摄影机视图,渲染效果如图 5.632 所示。

图 5.631　设置灯光缓存参数　　　　　　图 5.632　渲染摄像机视图效果

⑧光子文件渲染完毕后,在【V-Ray:Global switches】(全局开关)卷展栏中勾去【Don't render final image】(不渲染最终的图像)选项。打开【V-Ray:Image sampler(Antialiasing)】(图像采样)卷展栏中,设置参数如图 5.633 所示。

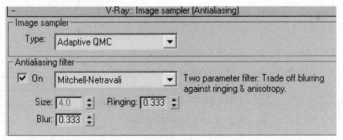

图 5.633　设置图像采样(反锯齿)参数

⑨由于在渲染光子时勾选了【Switch to saved map】(切换到保存的贴图)、【Switch to saved cache】(切换到保存的缓存文件)选项,系统会在渲染光子结束后,自动调用光子,如图 5.634 所示。

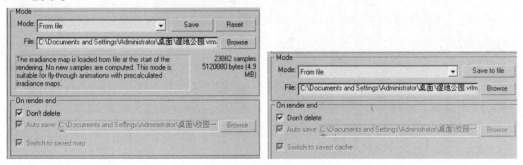

图 5.634　系统自动调用光子

⑩进入【Common】（公用）选项卡，单击【Files】（文件）按钮，设置保存路径，文件命名，设置保存类型为 TGA 格式，单击【保存】按钮，在弹出的对话框去勾去【Compress】（压缩），单击【OK】按钮。

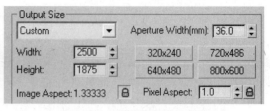

图 5.635　设置输出大小参数

⑪设置【Output Size】（输出大小）参数为 2 500 × 1 875，如图 5.635 所示。

⑫渲染摄影机视图，效果如图 5.636 所示。命名为"湿地公园景观设计. max"。

⑬经过 Photoshop 后期制作后效果如 5.637 所示。

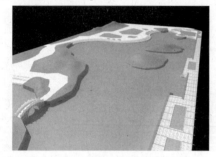

图 5.636　渲染摄影机视图效果

图 5.637　湿地公园景观最终效果

任务 7　园林小区黄昏景观

子任务 1　创建场景模型

1）制作地形和绿岛模型

①打开 3ds Max 软件，设置单位为 mm，激活顶视图，单击菜单【File】（文件）/【Import】（导入）命令，分别导入"本书素材/项目五/任务 7——园林小区黄昏景观制作/CAD/小区. dwg 和地形. dwg"文件，并分别成组，命名为"小区"和"地形"。

②选择"地形"，单击 ✥ 命令，将其移入到"小区"中，然后将其冻结。使用【Line】（线）命令，在顶视图中将水面的区域绘制出来，如图 5.638 所示。

图 5.638　绘制水面区域

图 5.639　细分线段

③激活【Segment】（线段）层级，点击修改面板中的【Divide】（细分）按钮 3 次，使线段中的点增加，然后选择所有的点，右键单击，在弹出的菜单栏中将所有点转换为角点，如图 5.639 所示。

④选择绘制好的样条线,右键单击,在弹出的对话框中将样条线转换为【Editable Poly】(可编辑多边形),如图 5.640 所示。

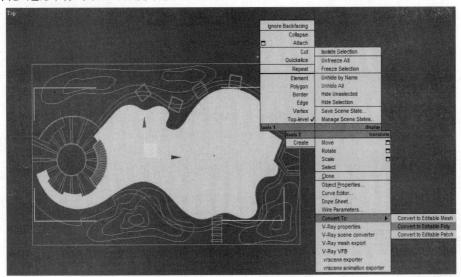

图 5.640　转换为可编辑多边形

⑤使用【Line】(线)命令,绘制出驳岸的外轮廓,为了之后制作地形,复制一份驳岸样条线隐藏起来,如图 5.641 所示。

⑥将组"地形"解冻,按照相差 1 000 mm 的高度,在前视图使用✥命令,分别沿 Z 轴向上移动,移动好后附加到之前绘制的驳岸样条线中,如图 5.642 所示。

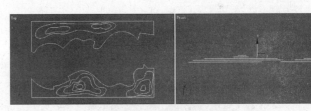

图 5.641　绘制驳岸外轮廓　　　　　　　图 5.642　制作地形样条线

⑦为了之后制作缓坡地形,将南北两部分样条线各自进行分离,先制作左侧地形,选择左侧的样条线,点击创建面板下的复合对象卷展栏中的【Terrain】(地形)工具,生成地形,如图 5.643 所示。

⑧单击【Plane】(平面)命令,在顶视图中制作一个平面模型,尺寸超过刚刚制作出来的地形模型,其分段数为 50×50,放置在地形模型的正上方,如图 5.644 所示。

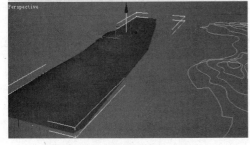

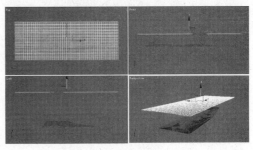

图 5.643　添加地形工具　　　　　　　图 5.644　制作平面模型

⑨选择平面模型，在复合对象卷展栏中，点击【Conform】（包裹）命令，在修改面板中，选择【Move】（移动）、【Along Vertex Normals】（沿顶点法线）、【Hide Wrap-To Object】（隐藏包裹物体），点击【Pick Wrap-To Object】（拾取包裹物体），在视图中点击下方的地形模型，结果如图5.645所示。

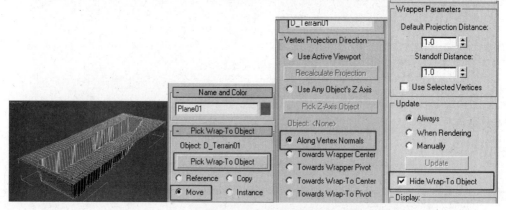

图5.645　添加包裹命令

⑩将该物体转换为【Editable Poly】（可编辑多边形），激活【Vertex】（顶点）层级，选中上方的点，如图5.646所示。

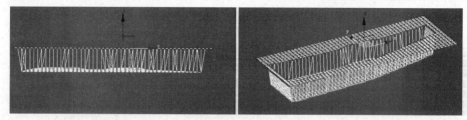

图5.646　选择点

⑪将选择的点，在前视图沿Z轴放置在如图5.647的位置上。

图5.647　移动点到准确位置

⑫近距离观察地形，发现其网格已从之前的三角形，变为四边形，其表面也变得很自然，如图5.648所示。

⑬调出之前隐藏的驳岸轮廓线，再绘制一个比地形模型大的矩形，附加到一起，如图5.649所示。

⑭添加【Extrude】（挤出）命令，挤出高度超过地形模型即可，如图5.650所示。

⑮选择紫色地形模型，查找创建几何体卷展栏下的复合对象，点击【Boolean】（布尔）命令，选择A-B模式，点击【Pick Operand B】（拾取B物体），点击棕色辅助物体，结果如图5.651所示。

图 5.648 观察网格分布

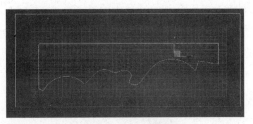
图 5.649 绘制样条线

图 5.650 添加挤出命令

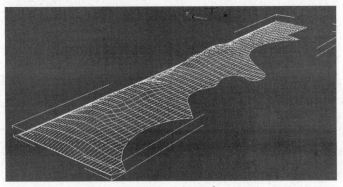
图 5.651 布尔运算后的效果

⑯将布尔运算后的物体转换为可编辑多边形,在移动工具上右键单击,在弹出的对话框中设置相对世界坐标 Z 轴的高度为 1 000,如图 5.652 所示。

图 5.652 设置相对世界坐标 Z 轴高度

⑰在修改面板中激活该物体的【Border】(边界)层级,选择地形边界,按住【Shift】键,配合移动工具,向下拖拽鼠标,制作出地形的厚度,如图 5.653 所示。

图 5.653 使用边界制作出厚度

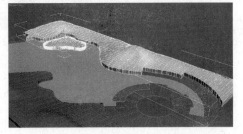
图 5.654 制作南面地块及绿岛模型

⑱使用同样的方法,制作出南面地块模型以及水景区绿岛模型,如图5.654所示。

⑲使用【Line】(线)命令在顶视图中绘制亲水平台的外轮廓,并添加【Extrude】(挤出)命令,挤出【Amount】(数量)为1 000,如图5.655所示。

⑳使用同样的方法制作出儿童游乐区平台模型,如图5.656所示。

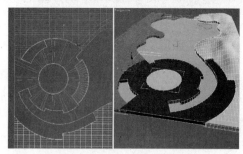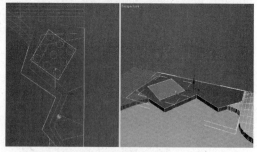

图5.655　亲水平台　　　　　　　　图5.656　制作儿童游乐区平台模型

2)制作回廊模型

①使用【Line】(线)命令在顶视图中按照CAD图形绘制回廊底座外轮廓,添加【Extrude】(挤出)命令,挤出【Amount】(数量)为250,如图5.657所示。

②使用【Box】(长方体)命令,制作出廊柱,如图5.658所示。

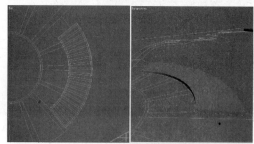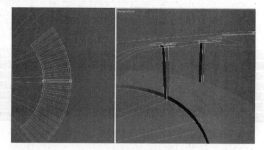

图5.657　回廊底座　　　　　　　　　图5.658　廊柱

③沿着回廊两头绘制两根辅助线,在辅助线交汇处绘制一个矩形,将矩形顶点旋转至辅助线交叉点的位置,在状态栏中的参考坐标系中选择【pick】(自选),点击创建的矩形,廊柱的坐标系会附着在矩形上,如图5.659所示。

④使用设置的坐标系按照CAD图形的位置对廊柱进行旋转复制,如图5.660所示。

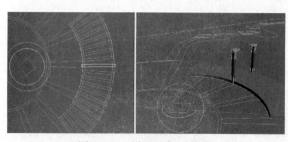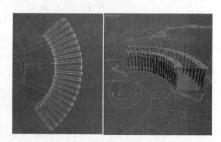

图5.659　设置坐标系位置　　　　　　图5.660　旋转复制廊柱

⑤根据最后效果删减廊柱数量,如图5.661所示。

⑥制作廊柱座椅,如图5.662所示。

⑦复制底座至回廊顶部位置,修改挤出数值为100,如图5.663所示。

⑧将制作好的回廊模型,放置在场景中合适的位置,如图5.664所示。

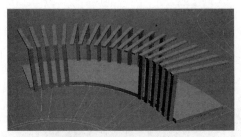

图5.661 调整廊柱数量

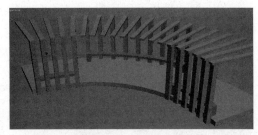

图5.662 制作座椅

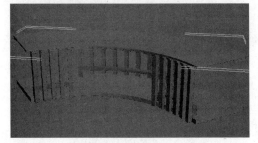

图5.663 制作顶部模型

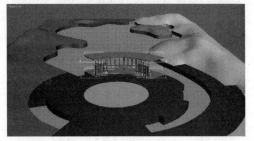

图5.664 放置模型

⑨使用同样的方法制作出直廊,如图5.665所示。

3)制作现代亭子模型

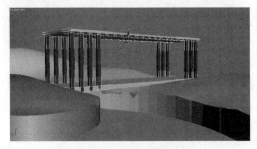

图5.665 制作直廊模型

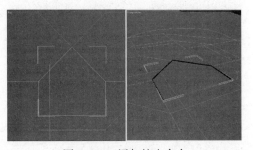

图5.666 添加挤出命令

①按照CAD图形的标示绘制出样条线,添加【Extrude】(挤出)命令,挤出【Amount】(数量)为50,在修改面板中勾去【Cap Start】(封顶)、【Cap End】(封底)的选择,得到的是一个面片,如图5.666所示。

②添加【Shell】(壳)命令,在修改面板中【Inner Amount】(内部数量)、【Outer Amount】(外部数量)均为20,如图5.667所示。

③对之前的样条线进行分离复制,将分离复制出的样条线添加【Extrude】(挤出)命令,挤出【Amount】(数量)为10,如图5.668所示。

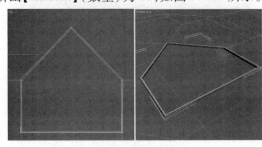

图5.667 添加壳命令

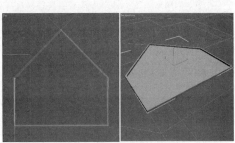

图5.668 玻璃表面

④对这两个物体添加【FFD2×2×2】命令，移动控制点到合适的位置，如图5.669所示。

⑤进入 【Hierarchy】（层次）面板，点击【Affect Pivot Only】（仅影响轴心点），将坐标轴放置在 CAD 图形中四块物体交汇处，如图5.670所示。

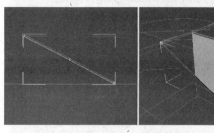

图5.669　调整控制点

图5.670　调整物体坐标轴

⑥按照新设定的坐标系统进行旋转复制物体，如图5.671所示。

⑦使用同样的方法制作出亭子第二层模型，如图5.672所示。

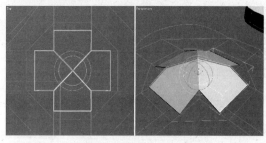

图5.671　旋转复制物体

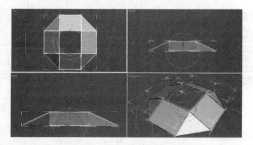

图5.672　亭子第二层模型

⑧使用【Circle】（圆）命令绘制柱子截面，添加【Extrude】（挤出）命令，制作出柱子，使用移动复制出其他三根柱子，放置在合适的位置，如图5.673所示。

⑨使用【Ngon】（多边形）命令，绘制出亭子底座，添加【Extrude】（挤出）命令，挤出【Amount】（数量）为400，如图5.674所示。

⑩对底座的外轮廓样条线进行分离复制，对分离复制出的样条线进行轮廓设置，轮廓数值为300，然后【Extrude】（挤出）命令，挤出【Amount】（数量）为100，如图5.675所示。

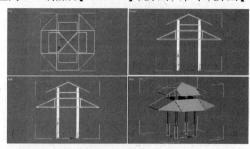

图5.673　制作柱子

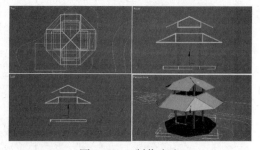

图5.674　制作底座

⑪观察发现围栏没有入口的地方，进入线段层级，进行删除，同时连接断开的点，如图5.676所示。

⑫将围栏进行复制，并制作支撑模型，如图5.677所示。

⑬将制作好的亭子进行成组，命名为"亭子"，放置在场景中合适的位置，如图5.678所示。

图 5.675　添加挤出命　　　　　图 5.676　修改围栏模型　　　　图 5.677　支撑细节模型

4)制作园桥模型

①按照 CAD 图形桥的尺寸,先在顶视图绘制一矩形作为辅助物体,如图 5.679 所示。

图 5.678　亭子模型及其位置　　　　　　图 5.679　辅助矩形

②将矩形进入孤立模式,切换至左视图,捕捉两个端点绘制圆弧,如图 5.680 所示。

③对弧线进行轮廓,轮廓数值为 100,添加挤出命令,挤出数值为 2 000,生成桥面,如图 5.681 所示。

图 5.680　绘制圆弧

④使用分离复制的方法,制作出护板部件,如图 5.682 所示。

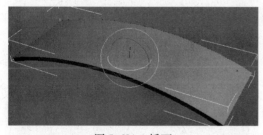

图 5.681　桥面　　　　　　　　图 5.682　制作护板

⑤对园桥模型进行成组,命名为"园桥",复制一个桥,将模型放置在合适的位置,如图 6.683 所示。

5)制作四季盒模型

①按照 CAD 图形尺寸在顶视图中绘制样条线,添加挤出命令,挤出数值为 2 800,如图 5.684 所示。

图 5.683　园桥模型及其位置

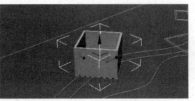

图 5.684　四季盒

②制作辅助物体,确保穿过四季盒,如图 5.685 所示。

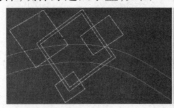

图 5.685　制作辅助物体

③选择四季盒,查找创建几何体卷展栏下的复合对象,点击【Boolean】(布尔)命令,选择 A-B 模式,点击【Pick Operand B】(拾取 B 物体),点击紫色辅助物体,结果如图 5.686 所示。

④使用同样的布尔运算制作出其他 3 个四季盒,如图 5.687 所示。

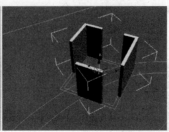

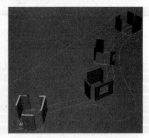

图 5.686　布尔运算后结果　　　　　　　图 5.687　其他 3 个四季盒

6)制作园路模型

①按照 CAD 图形使用【Line】(线)命令在顶视图中绘制出北面地块中园路的外轮廓,将其转换为可编辑多边形,如图 5.688 所示。

②将园路与北面地块单独显示,将园路放置在地块的正上方,将地块模型复制一份放置原处,如图 5.689 所示。

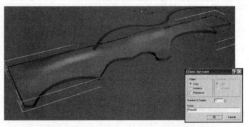

图 5.688　制作园路模型　　　　　　　图 5.689　单独显示地块及园路

③选择园路模型,在复合对象卷展栏中,点击【Conform】(包裹)命令,在修改面板中,选择【Move】(移动)、【Along Vertex Normals】(沿顶点法线)、【Hide Wrap-To Object】(隐藏包裹物体),点击【Pick Wrap-To Object】(拾取包裹物体),在视图中点击下方的地形模型,结果如图 5.690 所示。

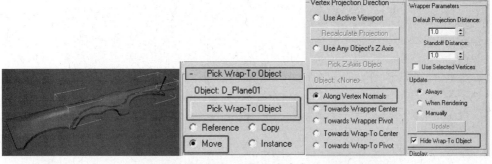

图 5.690 添加包裹命令

④发现附着在地块上的园路,在末尾的地方有一处错误,将园路再次转换为可编辑多边形,选择 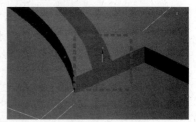【Vertex】(顶点)层级,将没有附着在地块上的两个点移动到地块上,如图 5.691 所示。

⑤选择 ■【Polygon】(多边形)层级,右键单击,在弹出的对话框中选择【Extrude】(挤出)前面的 ■ 按钮,在弹出的对话框中设置挤出数量为 100,如图 5.692 所示。

图 5.691 移动点

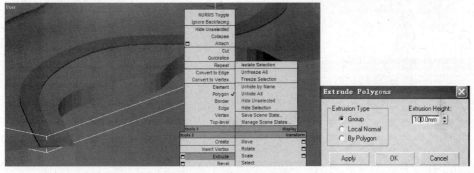

图 5.692 添加挤压命令

⑥使用同样的方法制作出南面地块中的园路,如图 5.693 所示。

⑦在整体环境下,再对各个模型的位置再做细节调整,场景模型最终效果如图 5.694 所示。

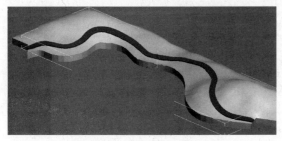

图 5.693 制作南面地块园路

图 5.694 场景模型完成效果

子任务 2 材质编辑

1)编辑平台材质

①选择亲水平台模型,先将其进入孤立模式,按下 M 键,调出材质编辑器,找到一个

空白材质球,将其赋予给亲水平台模型,并将该材质球更名为"平台",选择"平台"材质球,在其【Diffuse】(漫反射颜色)通道中添加一张铺地位图,设置【Specular Level】(高光级别)和【Glossiness】(光泽度)参数分别为22和17,单击 ■ 按钮,显示纹理,以【Instance】(实例)的方式复制贴图至【Bump】(凹凸)通道中,设置凹凸【Amount】(数量)为50,添加【UVW Map】(UVW贴图),设置贴图类型为长方体,参数设置为2 000×2 000×2 000,如图5.695所示。

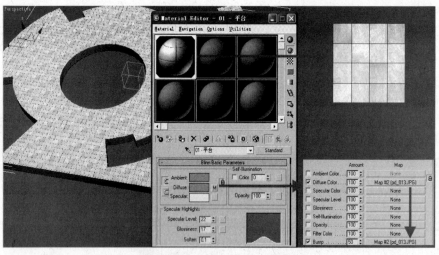

图5.695　制作亲水平台材质

②选择亲水平台中央圆形广场模型,先将其进入孤立模式,按下M键,调出材质编辑器,找到一个空白材质球,将其赋予给广场模型,并将该材质球更名为"广场",选择"广场"材质球,在其【Diffuse】(漫反射颜色)通道中添加一张拼花位图,设置【Specular Level】(高光级别)和【Glossiness】(光泽度)参数分别为22和17,单击 ■ 按钮,显示纹理,以【Instance】(实例)的方式复制贴图至【Bump】(凹凸)通道中,设置凹凸【Amount】(数量)为50,添加【UVW Map】(UVW贴图),设置贴图类型为平面,参数使用其默认值即可,如图5.696所示。

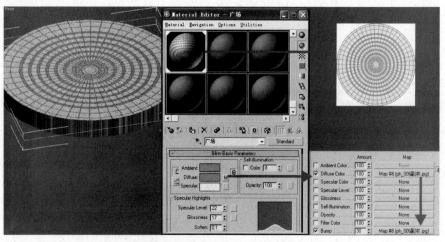

图5.696　制作中央广场材质

③使用同样方法制作出儿童区平台模型材质,如图5.697所示。

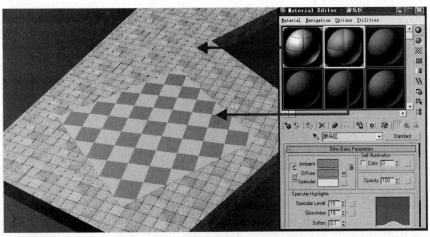

图 5.697　儿童游乐区平台材质制作

2）编辑地形材质

①选择南北 3 块地形模型,先将其进入孤立模式,按下 M 键,打开材质编辑器,找到一个空白材质球,将其赋予给地形,并将该材质球更名为"地形"。

②选择"地形"材质球,在【Diffuse】(漫反射颜色)通道中添加一张草地位图,设置【Specular Level】(高光级别)和【Glossiness】(光泽度)参数分别为 22、17,单击 ￼ 按钮,显示纹理,以【Instance】(实例)的方式复制贴图至【Bump】(凹凸)通道中,设置凹凸【Amount】(数量)为 80,添加【UVW Map】(UVW 贴图),设置贴图类型为长方体,参数设置为 5 000 × 5 000 × 5 000,如图 5.698 所示。

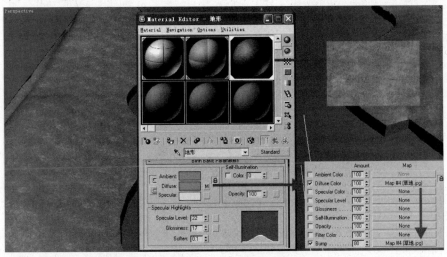

图 5.698　制作地形材质

3）编辑园路材质

①选择两条园路模型,先将其进入孤立模式,按下 M 键,打开材质编辑器,找到一个空白材质球,将其赋予给地形,并将该材质球更名为"园路"。

②选择"园路"材质球,在其【Diffuse】(漫反射颜色)通道中添加一张铺地位图,设置【Specular Level】(高光级别)和【Glossiness】(光泽度)参数分别为 29、24,单击 ￼ 按钮,显示纹理,以【Instance】(实例)的方式复制贴图至【Bump】(凹凸)通道中,设置凹凸【Amount】

（数量）为70,添加【UVW Map】（UVW 贴图）,设置贴图类型为长方体,参数设置为 500 ×
500 × 500,如图 5.699 所示。

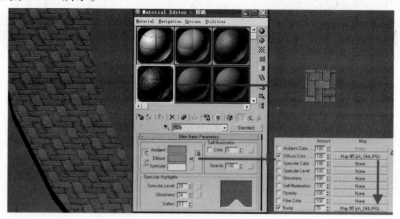

图 5.699　制作园路材质

4) 编辑廊材质

①选择回廊模型,先将其进入孤立模式,将组打开,按下 M 键,打开材质编辑器,找到一
个空白材质球,将其赋予给回廊顶部模型,并将该材质球更名为"玻璃"。

②选择"玻璃"材质球,设置其【Diffuse】（漫反射颜色）,设置【Specular Level】（高光级
别）和【Glossiness】（光泽度）参数分别为 88、39,单击██按钮,显示背景色,如图 5.700 所示。

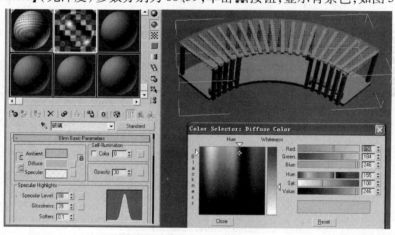

图 5.700　设置玻璃材质基本参数

③打开【Extended Parameters】（扩展参数）面板,设置为向内衰减,数值为 50,同时设置
过滤颜色,如图 5.701 所示。

④在【Reflection】（反射）材质通道中添加一张 VaryMap,数量设置为 40,如图 5.702
所示。

⑤剩下的模型都属于木头材质,选择一个空白材质球,将其赋予给模型,并将该材质球
更名为"木头",选择"木头"材质球,在其【Diffuse】（漫反射颜色）通道中添加一张木纹位图,
设置【Specular Level】（高光级别）和【Glossiness】（光泽度）参数分别为 28、23,单击██按钮,
显示纹理,以【Instance】（实例）的方式复制贴图至【Bump】（凹凸）通道中,设置凹凸
【Amount】（数量）为 50,添加【UVW Map】（UVW 贴图）,设置贴图类型为长方体,参数设置为
1 000 × 1 000 × 1 000,制作完回廊材质后,将组关闭,如图 5.703 所示。

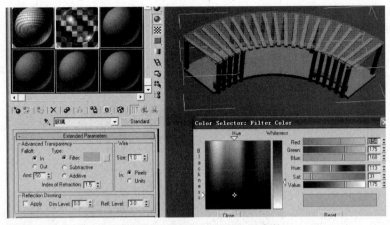

图 5.701　设置玻璃材质扩展参数

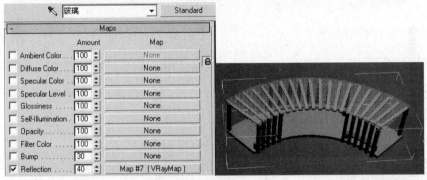

图 5.702　设置玻璃材质通道

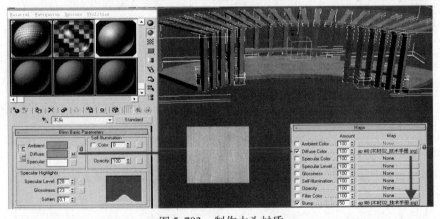

图 5.703　制作木头材质

⑥使用同样的方法制作出直廊的材质,如图 5.704 所示。

5)编辑现代亭子材质

其中亭子的木头、玻璃、平台都是使用之前已经调整好的材质进行赋予,剩下的扶手材质是将材质球的漫反射颜色设置为白色即可,如图 5.705 所示。

6)编辑四季盒材质

①单独显示四季盒,选择其中一个四季盒,在修改面板中点击【Attach】(附加)后面的 ■ 按钮,在填出的对话框中点击【All】(全部),再点击确认,将四个四季盒附加到一起。

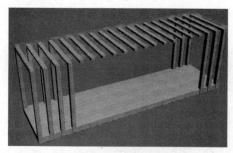
图 5.704　制作直廊材质

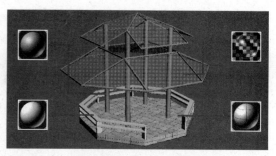
图 5.705　现代亭子材质

②选择四季盒顶部多边形设置为 1 号 ID,剩下的多边形设置为 2 号 ID,如图 5.706 所示。

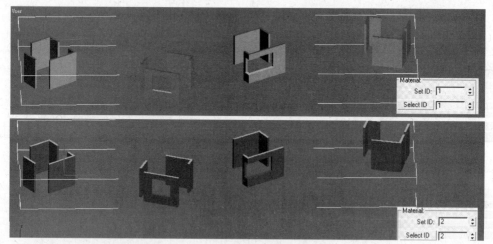
图 5.706　设置四季盒 ID 编号

③使用多维子材质赋予该模型,其中 ID 编号为 1 的顶部材质,设置其【Diffuse】(漫反射颜色),设置【Specular Level】(高光级别)和【Glossiness】(光泽度)参数分别为 13 和 18,如图 5.707 所示。

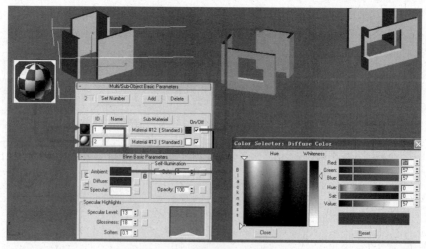
图 5.707　设置 1 号 ID 子材质

④设置 ID 编号为 2 的墙面材质,设置其【Diffuse】(漫反射颜色),如图 5.708 所示。

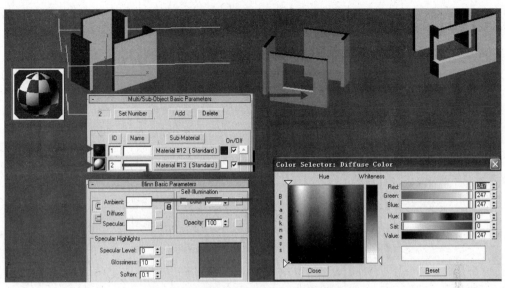

图 5.708　设置 1 号 ID 子材质

说明:为了避免在渲染时墙面出现大面积曝光,所以此处 2 号 ID 墙面材质没有设置高光级别和光泽度。

7)编辑园桥材质

①选择园桥模型,先将其进入孤立模式,将组打开,按下 M 键,打开材质编辑器,找到一个空白材质球,将其赋予给桥板,并将该材质球更名为"桥板"。

②选择"桥板"材质球,在其【Diffuse】(漫反射颜色)通道中添加一张防腐木位图,设置【Specular Level】(高光级别)和【Glossiness】(光泽度)参数分别为 19 和 27,单击█按钮,显示纹理,以【Instance】(实例)的方式复制贴图至【Bump】(凹凸)通道中,设置凹凸【Amount】(数量)为 80,添加【UVW Map】(UVW 贴图),设置贴图类型为长方体,参数设置为 575 × 5 241 ×1 000,剩下的挡板则是使用之前的木头材质,如图 5.709 所示。

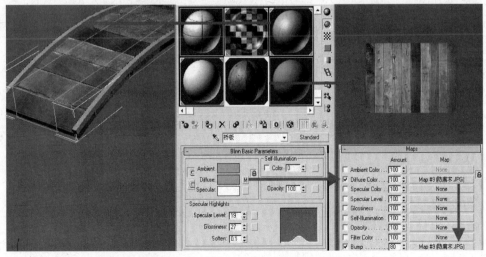

图 5.709　制作园桥材质

8)编辑水面材质

由于水面要在后期制作中使用图片,所以在此只是将漫反射颜色设置为蓝色,作为示意,如图5.710所示。

图5.710　水面材质

子任务3　创建摄影机

①在创建面板中单击 【Cameras】(摄影机)/【Target】(目标)按钮,在顶视图中创建一个目标摄影机,如图5.711所示。

②将透视视图转换为摄影机视图,在前视图中调整摄像机和目标点的高度,设置镜头参数,调整摄影机和目标点的位置,如图5.712所示。

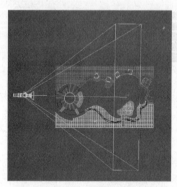 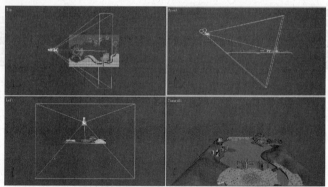

图5.711　创建摄影机　　　　　　　　图5.712　调整摄像机

③显示出安全框,渲染视图如图5.713所示。

子任务4　渲染测试和灯光设置

1)渲染测试

①按下【F10】快捷键,打开【Render Scene】(渲染场景)对话框,选择【Render】(渲染器)选项卡,进行渲染测试设置。

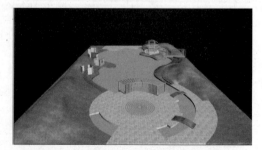

图5.713　渲染摄像机视图效果

②打开【V-Ray:Global switches】(全局开关)卷展栏,取消【Default Lights】(默认灯光)、【Hidden Lights】(隐藏灯光)的勾选,勾选【Max depth】(最大深度)为1,如图5.714所示。

③打开【V-Ray:Image sampler（Antialiasing)】（图形采样）卷展栏,设置【Image sampler】（图像采样器）的【Type】（类型）为【Fixed】（固定),勾去【On】（开)选项,如图5.715所示。

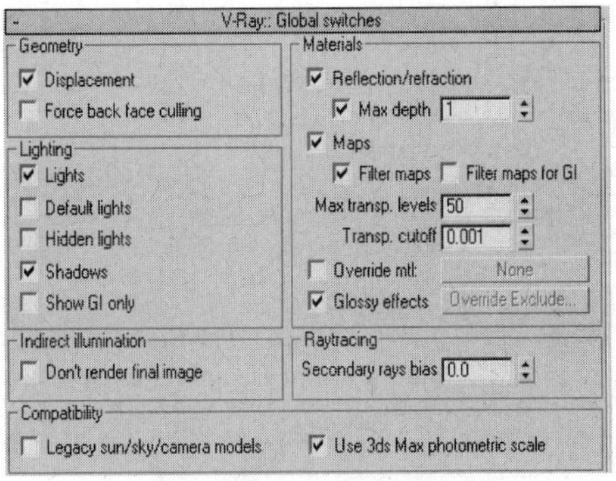

图5.714 设置全局开关参数

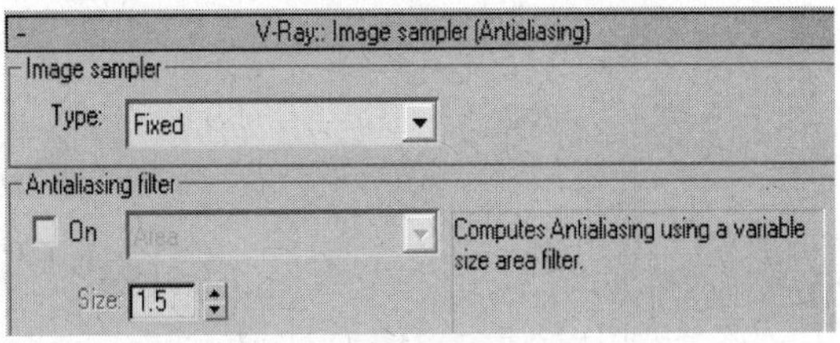

图5.715 设置图像采样(反锯齿)参数

④打开【V-Ray:Indirect illumination(GI)】（间接照明GI）卷展栏,勾选【On】（开)前面的复选框,设置【Secondary bounces】（二次反弹)的【Multiplier】（倍增值)为0.9,【GI engine】（全局光引擎)为【Light cache】（灯光缓存),如图5.716所示。

⑤打开【V-Ray:Irradiance map】（发光贴图）卷展栏,设置【Current preset】（当前预置)为【Very Low】（非常低),【HSph. subdivs】（半球细分)为20,【Interp. samples】（插补采样)为20,勾选【Show calc. phase】（显示计算状态)、【Show direct light】（显示直接光),如图5.717所示。

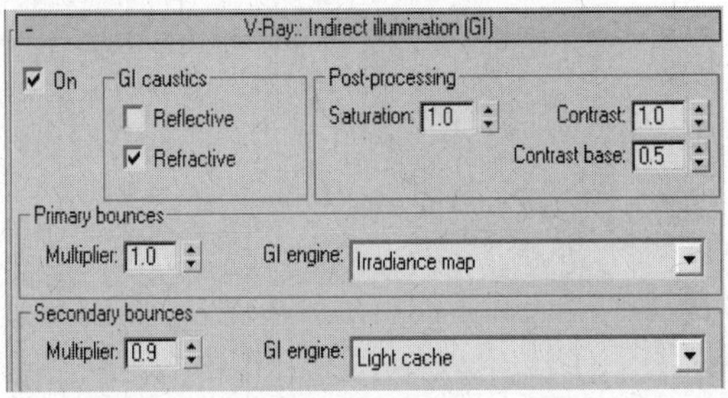

图5.716 设置间接照明(GI)参数

图5.717 设置发光贴图参数

⑥打开【V-Ray:Light cache】（灯光缓存)卷展栏,设置【Subdivs】（细分)为100,如图6.718所示。

⑦切换到顶视图,进入创建面板,在几何体面板中单击【Sphere】（球体)按钮,在顶视图创建一个【Radius】（半径)为8 800的球体,将球体转换为可编辑多边形,在前视图中删除球体的下半部分,使用缩放及移动工具调整球体形状,如图5.719所示。

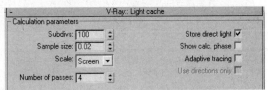

图5.718 设置灯光缓存参数

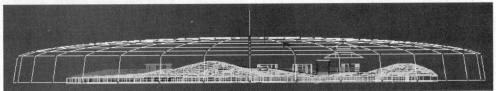

图5.719 制作球天模型

⑧打开材质编辑器,赋予球天一个空白的材质球,在【Diffuse】(漫反射颜色)通道中添加一张天空环境的位图,并在【Self-lllumination】(自发光)中的【Color】(颜色)设置为100,并在修改面板中添加【Normal】(法线)和【UVW Map】(UVW贴图)修改器,贴图类型为柱形,如图5.720所示。

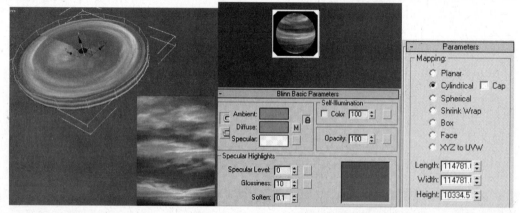

图5.720　制作球天材质

⑨选择球天模型,右键单击,在右键菜单中选择【Object Properties】(对象属性)命令,在弹出的对话框中,勾去【Visble to Camera】(对摄像机可见)、【Receive Shadows】(接收阴影)、【Cast Shadows】(投射阴影)。

⑩渲染摄影机视图,如图5.721所示。

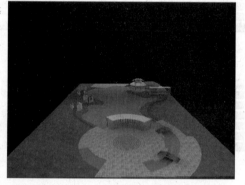

图5.721　渲染摄像机视图效果

2)灯光设置

①在灯光创建面板中单击【Target Directional Light】(目标平行光)按钮,在顶视图合适位置单击并拖拽鼠标,创建一盏目标平行光作为场景的主光源,并调整灯光的位置。设置灯光参数依次为:勾选【On】(启用)阴影选项,并选择【VRayShadow】(VRay阴影);设置灯光颜色为暖色系;灯光【Multiplier】(倍增值)为0.5;设置【Hotspot/Beam】(聚光区/光束)为45 134.0,【Falloff/Field】(衰减区/区域)为47 401.0,如图5.722所示。

②渲染摄影机视图,渲染结果如图5.723所示。

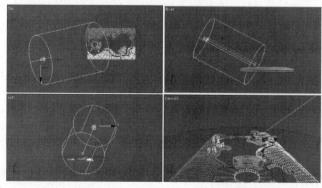

图5.722　主光源位置及灯光参数

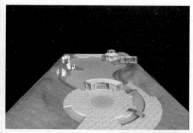

图5.723　渲染摄影机视图效果

子任务5　渲染输出

①设置渲染光子参数:打开【V-Ray:Global switches】(全局开关)卷展栏,勾选【Don't render final image】(不渲染最终的图像)选项,勾去【Max depth】(最大深度)选项,如图5.724所示。

②打开【V-Ray:Image sampler(Antialiasing)】(图像采样)卷展栏,设置【Image sampler】(图像采样器)【Type】(类型)为【Fixed】(固定),关闭【Antialiasing filter】(抗锯齿过滤器),如图5.725所示。

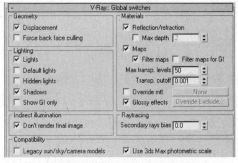

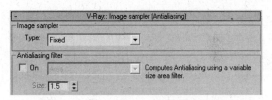

图5.724　设置全局开关参数　　　　图5.725　设置图像采集(反锯齿)参数

③打开【V-Ray:Irradiance map】(发光贴图)卷展栏,分别设置各参数,并勾选【Auto save】(自动保存)选项,单击【Browse】(浏览)按钮,设置保存光子路径,勾选【Switch to saved map】(切换到保存的贴图)选项,如图5.726所示。

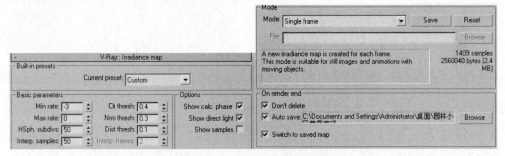

图5.726　设置发光贴图参数

④打开【V-Ray:rQMC Sampler】(rQMC采样器)卷展栏,设置参数如图5.727所示。

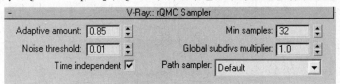

图5.727　设置rQMC采样器采样器参数

⑤打开【V-Ray:Light cache】(灯光缓存)卷展栏,设置【Subdivs】(细分)为1 000,并勾选【Auto save】(自动保存)选项,单击【Browse】(浏览)按钮,设置保存光子路径,勾选【Switch to saved cache】(切换到保存的缓存文件)选项。

⑥打开【Common】(公用)选项卡,使用系统默认的【Output Size】(输出大小)为640×480。

⑦渲染摄影机视图,渲染效果如图5.728所示。

⑧光子文件渲染完毕后,在【V-Ray:Global switches】(全局开关)卷展栏中勾去【Don't render final image】(不渲染最终的图像)选项。打开【V-Ray:Image sampler (Antialiasing)】(图像采样)卷展栏中,设置参数如图5.729所示。

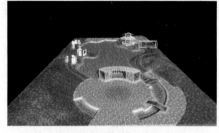

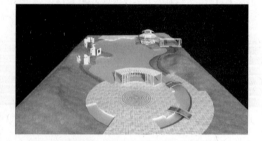

图5.728　渲染摄影机视图效果　　　　　　图5.729　设置图像采样(反锯齿)参数

⑨由于在渲染光子时勾选了【Switch to saved map】(切换到保存的贴图)、【Switch to saved cache】(切换到保存的缓存文件)选项,系统会在渲染光子结束后,自动调用光子。

⑩进入【Common】(公用)选项卡,单击【Files】(文件)按钮,设置保存路径,文件命名,设置保存类型为TGA格式,单击保存按钮,在弹出的对话框去勾去【Compress】(压缩),单击【OK】按钮。

⑪设置【Output Size】(输出大小)参数为2 500×1 875,如图5.730所示。

⑫渲染摄影机视图,效果如图5.731所示。命名为"小区园林黄昏景观.max"。

图5.730　设置输出大小参数　　　　　　　图5.731　摄影机视图渲染效果

经过Photoshop后期制作后最终效果如图5.732所示。

图5.732　小区园林黄昏景观最终效果

任务8　办公楼建筑模型制作的操作技能

子任务1　创建模型

1）创建墙体模型

①打开3ds Max软件,设置单位为mm。

②单击创建命令面板中的 /【Rectangle】(矩形)命令,在前视图中创建一个19 800 ×
41 500的大矩形和一个1 500 ×2 300的小矩形,移动并配合捕捉命令,将小矩形的左下角与
大矩形的左下角对齐,如图5.733所示。

③选择小矩形,将其分别向右移动1 200,向上移动1 150。在 按钮上右击,将弹出的
对话框右侧的X轴向参数改为1 200;将Y轴向参数改为1 150,按键盘上的【Enter】键,结果
如图5.734所示。

图5.733　两个矩形的相对位置　　　　　图5.734　移动小矩形

④选择小矩形,单击 按钮,在弹出的【Array】(阵列)对话框中设置参数,如图5.735所
示。单击【OK】按钮,阵列结果如图5.736所示。

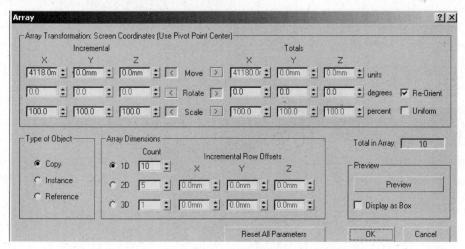

图5.735　设置阵列参数

⑤同进选择10个小矩形,继续阵列,【Array】(阵列)对话框参数设置如图5.737所示。
单击【OK】按钮,阵列结果如图5.738所示。

⑥将场景中将所有的矩形附加到一起,然后施加【Ectrude】(挤出)命令,数量设置为
240,命名为"南墙"。

图 5.736　阵列复制结果

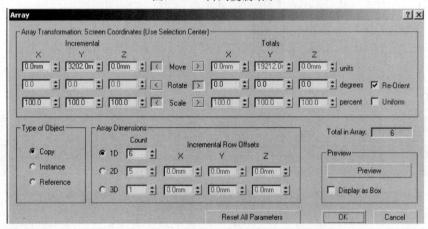

图 5.737　设置阵列参数

⑦选择墙体复制一个,命名为"北墙",然后将"北墙"隐藏,以备后用。

2)创建窗户模型

①单击创建命令面板中的 ⚙/【Rectangle】(矩形)命令,在前视图中用捕捉方式绘制一个大小与窗洞相同的矩形,然后再绘制三个矩形做为窗洞,将四个矩形附加到一起后对其施加【Ectrude】(挤出)命令,数量设置为60,命名为窗框,如图 5.739 所示。

②单击创建命令面板中的 ⚙/【Rectangle】(矩形)命令,在前视图中绘制一个与窗框大小相等的矩形,对其施加【Ectrude】(挤出)命令,数量设置为5,命名为"玻璃",位置如图5.740所示。

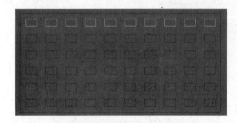

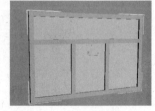

图 5.738　阵列复制结果　　　　图 5.739　绘制的窗框　　　图 5.740　玻璃的位置

③在视图中同时选择"窗框"和"玻璃",将它们成组,命名为"窗户"。然后通过捕捉功能,用复制方式将每一个空洞均复制一个窗户,结果如图 5.741 所示。

3)创建南立面模型

①单击【Box】(长方体)命令,在左视图中创建一个 50×800×39 200 和一个 100×800×39 200 的长方体,分别命名为"装饰板"和"阳台底板",位置如图 5.742 所示。

图 5.741　窗户的位置

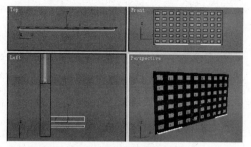

图 5.742　造型的位置

②单击创建命令面板中的 /【Rectangle】(矩形)命令,在前视图中创建一个 900 × 39 200 的辅助矩形,用它来限制阳台栏杆的位置,即阳台扶栏高度为 900。辅助矩形的位置如图 5.743 所示。

③使用【Box】(长方体)命令将阳台及扶栏制作出来,删除辅助矩形,并复制到所有楼层,结果如图 5.744 所示。

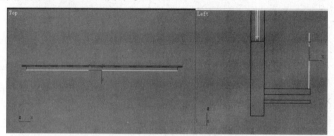

图 5.743　辅助矩形的位置

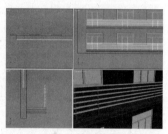

图 5.744　制作的阳台及扶栏

④在顶视图中绘制 11 个矩形(大小均为 800 × 100),将其挤出 10 350,命名为"阳台分隔墙",位置如图 5.745 所示。

⑤使用【Line】(线)命令,在前视图绘制一条闭合曲线,并对其挤出 1 000,命名为"墙体外框",位置如图 5.746 所示。至此,办公楼的南立面制作完成。

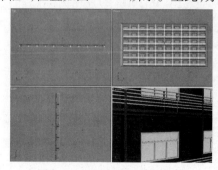

图 5.745　阳台分隔墙的位置

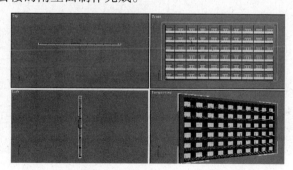

图 5.746　墙体外框的位置

4)创建办公楼其他部分模型

①使用【Box】(长方体)命令,在顶视图中绘制一个 24 500 × 240 × 19 900 的长方体,命名为"侧墙",位置如图 5.747 所示。

②使用【Box】(长方体)命令,绘制长方体,分别命名为"装饰砖墙"和"横板",位置如图 5.748 所示。

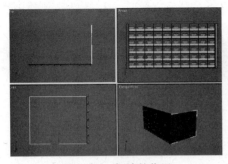

图 5.747　侧墙的位置

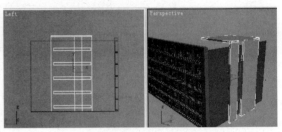

图 5.748　装饰砖墙和横板的位置

③使用【Box】(长方体)命令,在顶视图绘制一个 24 500×41 000×370 的长方体,命名为"房顶",位置如图 5.749 所示。

④绘制顶部阳台。使用【Box】(长方体)和【Line】(线)命令绘制顶部阳台和装饰杆,如图 5.750 所示。

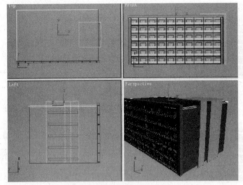

图 5.749　房顶的位置

图 5.750　顶部阳台和装饰杆的形状和位置

⑤同时选择右侧立面的所有图形,按空格键,打开■按钮将它们锁定,在前视图镜像复制一个,结果如图 5.751 所示。

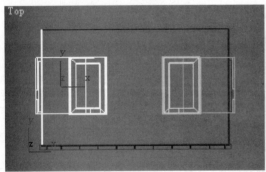

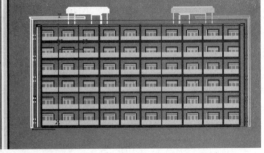

图 5.751　镜像结果

⑥将前面隐藏了的"北墙"显示出来,打开门洞,合并进来一个双开门("本书素材/项目五/任务 8——办公楼建筑模型制作/合并线架/双开门.max"),进行适当缩放放置在合适的位置;用【Box】(长方体)命令绘制台阶,放于门的下面;复制窗户、边框,放于适当的位置,从而完成北墙的整体制作,如图 5.752 所示。

⑦全部取消隐藏,再使用【Box】(长方体)命令,在顶视图绘制一个 24 500×41 000×370 的长方体,命名为"地面"位置如图 5.753 所示。绘制 6 个 21 000×41 430×10 的长方体,命

名为"楼板",将楼板复制 6 个,命名为"楼层地板",分别放于各楼层之间。至此办公楼模型制作完毕。

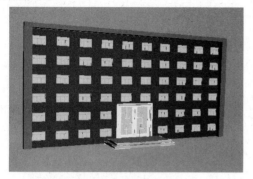

图 5.752   北墙造型

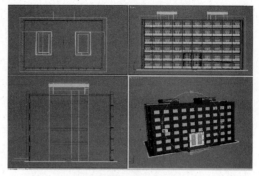

图 5.753   地面的位置

子任务 2   编辑材质

1)编辑蓝乳胶漆材质

①按【F10】键,打开【Render Scene】(渲染场景)对话框,将 VRay 指定为当前渲染器。

②按【M】键,打开【Material Editor】(材质编辑器),选择一个新材质球,命名为"蓝乳胶漆",单击【Standard】(标准)按钮,设置材质类型为 VRayMtl 材质。

③在【Basic Parameters】(基本参数)卷展栏中,设置漫射颜色为蓝色(RGB 分别为 85、90 和 150),如图 5.754 所示。

④在场景中选择所有的"墙体"和"墙框",单击🏠按钮,将"蓝乳胶漆"材质赋予给它们。

2)编辑白乳胶漆材质

选择一个新的材质球,命名为"白乳胶漆",用同样的方法制作一个"白乳胶漆"材质,在场景中选择"房顶"、"装饰板"、"阳台底板"、"阳台分隔墙"和"装饰杆",单击🏠按钮,将"白乳胶漆"材质赋予给它们。

3)编辑玻璃材质

①选择一个新的材质球,命名为"玻璃",使用默认的【Standard】(标准)材质即可。在【Shader Basic Parameters】(明暗器基本参数)卷展栏中设置材质的明暗器为【Phong】(塑性),颜色调整为灰蓝色,调整一下高光,如图 5.755 所示。

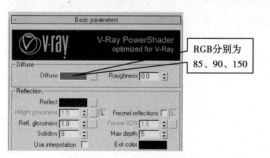

图 5.754   参数设置

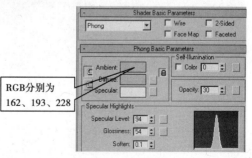

图 5.755   参数设置

②在【Maps】(贴图)卷展栏下的【Reflection】(反射)通道中添加一幅【VrayMap】(VR 贴图),反射数量设置为 45。

③在场景中选择"玻璃",单击按钮,将"玻璃"材质赋予给它,渲染透视图如图5.756所示。

4）编辑楼板材质

①选择一个新的材质球,命名为"楼板",按下【Standard】(标准)按钮,在打开的【Material/Map Browser】(材质/贴图浏览器)对话框中双击【Blend】(混合),系统弹出【Replace Material】(替换材质)提示框,选择【Keep old material as sub-material】(将旧材质保存为子材质)项后,单击【OK】按钮,如图5.757所示。

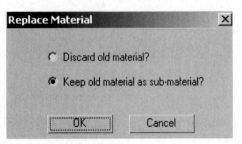

图5.756　玻璃材质渲染效果　　　　　　图5.757　提示框

②在【Blend Basic Parameters】(混合基本参数)卷展栏下单击【Mask】(遮罩)右侧的【None】按钮,在弹出的【Material/Map Browser】(材质/贴图浏览器)对话框双击【Bitmap】(位图),选择"本书素材/任务8——办公楼建筑模型制作/贴图/楼板灯.jpg"文件,单击【打开】按钮。

③单击按钮,返回上一级,单击【Material1】(材质1)右侧的按钮,将颜色调整为白色,再返回到上级面板,将【Material2】(材质2)的颜色设置为白色,【Self-llumination】(自发光)调整为100,此时材质球效果如图5.758所示。

④在场景中选择"楼板",单击按钮,将"楼板"材质赋予给它,渲染透视图,结果如图5.759所示。

图5.758　材质效果　　　　　　图5.759　楼板材质效果

5）编辑砖墙等模型的材质

①选择一个新材质球,命名为"砖墙",单击【Standard】(标准)按钮,设置材质类型为VRayMtl材质。单击【Diffuse】(漫射)右侧的按钮,在弹出的【Material/Map Browser】(材质/贴图浏览器)对话框双击【Bitmap】(位图),选择"本书素材/任务8——办公楼建筑模型制作/贴图/砖墙02.jpg"文件,单击【打开】按钮。

在【Maps】(贴图)卷展栏下的【Diffuse】(漫射)通道的贴图复制到【Bump】(凹凸)通道中,设置凹凸数量为-50。

②在视图中选择楼体两侧的装饰墙,单击按钮,将"砖墙"材质赋予给它们,对所赋予

的造型选择【UVWMap】（UVW 贴图）命令，并设置各项参数，如图 5.760 所示。

③制作装饰砖墙材质后的效果如图 5.761 所示。

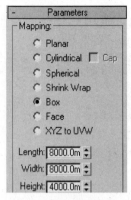

图 5.760　参数设置

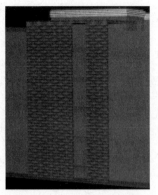

图 5.761　砖墙材质效果

④和前面编辑"乳胶漆"材质的方法相同，编辑一种灰白色材质作为地面、阳台栏杆、两侧横板和台阶的材质；编辑一种浅蓝色的材质作为窗框材质，再为"楼层地板"编辑一个大理石材质。渲染效果如图 5.762 所示。

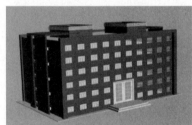

图 5.762　编辑完材质的渲染效果

至此，所有材质编辑完毕。

子任务 3　设置摄影机

①单击创建命令面板中的 📷/【Target】（目标）命令，在顶视图中创建一个目标点摄影机，命名为"摄影机 01"，并在视图中调整共其位置，如图 5.763 所示。

②设置"摄影机 01"的【Lens】（镜头）为 35，激活透视图，按【C】键将透视图转换为摄影机视图，如图 5.764 所示。

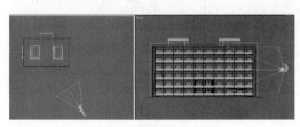

图 5.763　摄影机 01 的位置　　　　　　图 5.764　转换为摄影机 01 视图

③选择摄影机 01，将其隐藏。

④单击创建命令面板中的 📷/【Target】（目标）命令，在顶视图中再创建一个目标点摄影机，命名为"摄影机 02"，并在视图中调整共其位置，如图 5.765 所示。

⑤设置"摄影机 02"的【Lens】(镜头)为 35,激活透视图,按【C】键将透视图转换为摄影机视图,如图 5.766 所示。

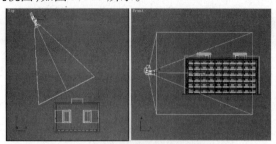

图 5.765　摄影机 02 的位置　　　　　　图 5.766　转换为摄影机 02 视图

⑥选择摄影机 02,将其隐藏。

子任务 4　设置灯光

①在灯光创建命令面板中单击 ⚞/【Target Direct】(目标平行光)按钮,在顶视图中创建一盏"目标平行光",进入修改命令面板,修改参数,如图 5.767 所示。

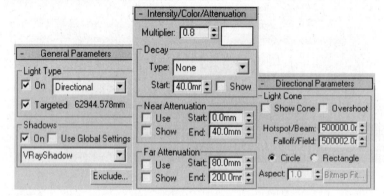

图 5.767　参数设置

②调整目标平行光的位置如图 5.768 所示。

图 5.768　目标平行光的位置

子任务 5　渲染输出

①按数字键【8】,打开【Environment and Effects】(环境和效果)对话框,调整背景的颜色为淡蓝色。

②按【F10】键,在打开【RenderScene】(渲染场景)对话框中,选择【Renderer】(渲染器)选项卡,设置【V-Ray:Global switches】(V-Ray::全局开关)、【V-Ray:Image sampler】(V-

Ray::图像采样)、【V-Ray::Indirect illumination(GI)】[V-Ray::间接照明(GI)]和【V-Ray::Ir-radiance map】(V-Ray::发光贴图)的参数,如图5.769、图5.770、图5.771和图5.772所示。

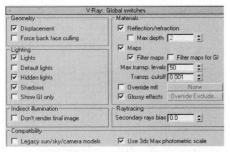

图5.769　全局开关参数设置

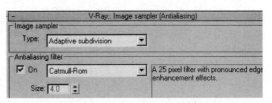

图5.770　图像采样参数设置

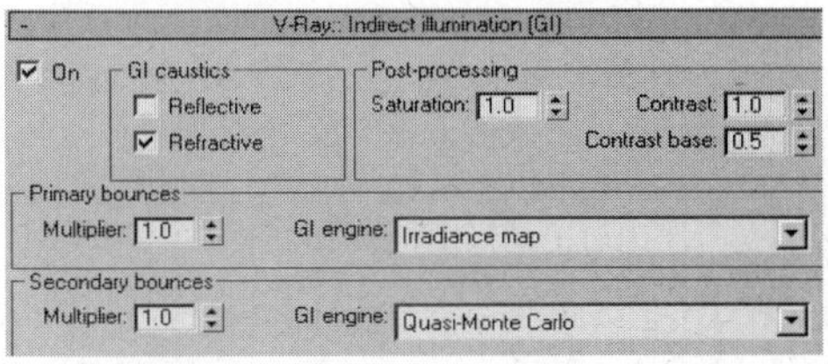

图5.771　间接照明参数设置 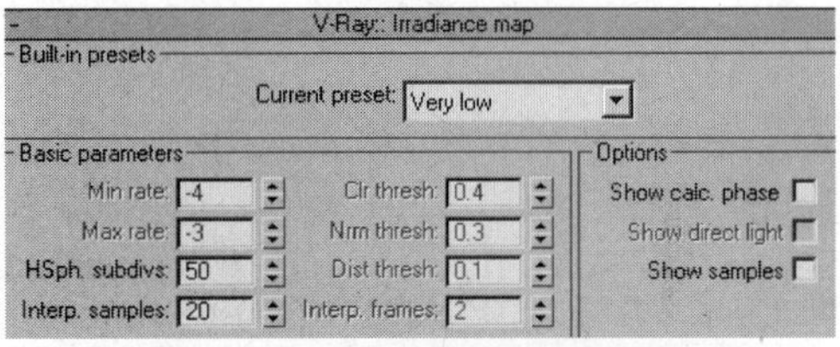　　　　　　图5.772　发光贴图参数设置

③在【V-Ray::Environment】(V-Ray::环境)卷展栏下,选择【GI Environment(skylight)override】[全局光环境(天光)覆盖]为开,如图5.773所示。

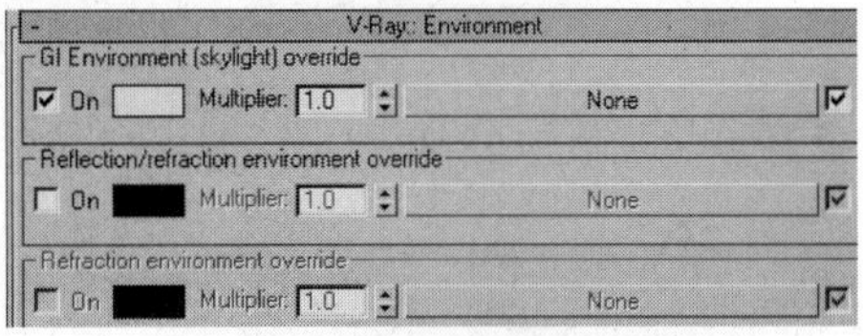

④单击【Render】(渲染)按钮,渲染开始,可以先将尺寸设置得小一些,320×240即可,分别渲染摄影机01和摄影机02视图,渲染的效果如图5.774和图5.775所示。

图5.773　启用天光

观察感觉效果不错即可以设置最终的渲染参数。需要把灯光和渲染参数提高,以便得到更好的渲染效果。此场景不采用渲染小光子图而后再渲染大图的方法,直接渲染最终的效果图。

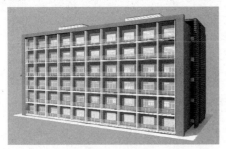

图5.774　摄影机01视图渲染效果

图5.775　摄影机02视图渲染效果

⑤选择【Target Direct】(目标平行光),修改【Vray Shadow Parameters】(VRay阴影参数)卷展栏下的各项参数,如图5.776所示。

⑥重新设置,按【F10】键,在打开的【RenderScene】(渲染场景)对话框中,选择【Renderer】(渲染器)选项卡,修改【V-Ray::Irradiance map】(V-Ray::发光贴图)的参数,如图5.777所示。

⑦当各项参数都调整完成后,就可以渲染成图了,将输出的图纸尺寸设置为2 000×1 500,单击【Render】(渲染)按钮,渲染开始,最终结果如图5.778所示。命名为"办公楼建

筑模型.max"。

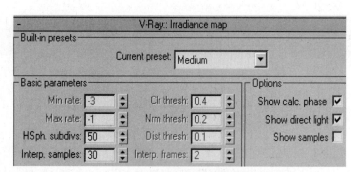

图5.776　参数设置　　　　　　图5.777　发光贴图参数设置

图5.778　最终两面的渲染效果

⑧为了方便 Photoshop 后期制作,在效果图对话框中单击██按钮,在弹出的【BrowseImages for Output】(浏览图像供输出)对话框中将文件保存为"办公楼建筑模型.tif",并存储Alpha通道。

巩固训练

1.绘制如图5.779、图5.780 和图5.781 所示的三款建筑模型。

图5.779　建筑模型　　　　　　图5.780　建筑模型

2. 绘制如图 5.782 所示的亭子长廊模型。

图 5.781　建筑模型

图 5.782　亭子长廊

3. 参考图 5.783 和图 5.784,制作街道景观效果。

图 5.783　街道景观效果　　　　　　　图 5.784　街道景观效果

4. 参考图 5.785、图 5.786、图 5.787 和图 5.788 所示的园林景观图形,制作三种园林小景观效果。

图 5.785　园林景观　　　　　　　　　图 5.786　园林景观

图 5.787　园林景观

图 5.788　园林景观

附录 3ds Max 常用快捷键

P——透视图(Perspective)

F——前视图(Front)

T——顶视图(Top)

L——左视图(Left)

C——摄影机视图(Camera)

U——用户视图(User)

B——底视图(Back)

{ }——视图的缩放

Alt + Z——缩放视图工具

Z——最大化显示全部视图,或所选物体

Ctrl + W——区域缩放

Ctrl + P——抓手工具,移动视图

Ctrl + R——视图旋转

Alt + W——单屏显示当前视图

Q——选择工具

W——移动工具

E——旋转工具

R——缩放工具

A——角度工具

S——顶点的捕捉

H——打开选择列表,按名称选择物体

M——材质编辑器

X——显示/隐藏坐标

" – 、+ "——缩小或扩大坐标

8——"环境与特效"对话框

9——"光能传递"对话框

G——隐藏或显示网格

O——物体移动时,以线框的形式

F3——"线框"/"光滑＋高光"两种显示方式的转换

F4——显示边

空格键——选择锁定

Shift＋Z——撤销视图操作

Shift＋C——隐藏摄影机

Shift＋L——隐藏灯光

参考文献

[1] 朱仁成,周安斌,等. 3ds Max5 室外建筑艺术与效果表现[M]. 北京:电子工业出版社,2003.

[2] 刑黎峰. 园林计算机辅助设计教程[M]. 北京:机械工业出版社,2004.

[3] 姜勇,李长义. 计算机辅助设计—AutoCAD2002[M]. 北京:人民邮电出版社,2004.6.

[4] 常会宁. 园林计算机辅助设计[M]. 北京:高等教育出版社,2005.

[5] 王静. AutoCAD2006 3ds Max7 Photoshop CS 装饰设计效果图制作教程[M]. 北京:电子工业出版社,2005.

[6] 亓鑫辉,刘晓. 3ds Max7 中文版火星课堂[M]. 北京:兵器工业出版社北京科海电子出版社,2005.

[7] 李绍勇. 3ds Max8 范例导航[M]. 北京:清华大学出版社,2006.

[8] 冯嵩,黄志涛. 3ds Max 三维造型入门与范例解析[M]. 北京:机械工业出版社,2006.

[9] 程鹏辉,贾甦燕,梁计峰. 3ds Max8 造型与效果图实例指导教程[M]. 北京:机械工业出版社,2006.

[10] 杨雪果. 3ds Max 高级程序贴图的艺术[M]. 北京:中国铁道出版社,2006.

[11] 车宇,夏小寒,王恺. 3ds Max 效果图制作循序渐进 400 例[M]. 北京:清华大学出版社,2007.

[12] 朱仁成,于晓等. 3ds Max9 + Photoshop CS2 园林效果图经内案例解析[M]. 北京:电子工业出版社,2007.

[13] 郑志刚,刘勇,何柏林. AutoCAD2006(中文版)实训教程[M]. 北京:北京理工大学出版社,2007.

[14] 周峰,王征. 3ds Max9 中文版基础与实践教程[M]. 北京:电子工业出版社,2008.

[15] 万志成. 3ds Max9 基础入门范例提高[M]. 北京:北京科海电子出版社,2008.

[16] 周初梅. 园林建筑设计[M]. 北京:中国农业出版社,2009.

[17] 张朝阳,贾宁. 3ds Max + Photoshop 园林景观效果图表现[M]. 北京:中国农业出版社,2009.